자동차차체수리
실기 문제집

★ **불법복사는 지적재산을 훔치는 범죄행위입니다.**
 저작권법 제97조의 5(권리의 침해죄)에 따라 위반자는 5년 이하의 징역 또는 5천만원 이하의 벌금에 처하거나 이를 병과할 수 있습니다.

 # Prologue

　차체수리 복원 수정방법의 원리를 생각하고 과정을 먼저 이해하면 실기 시험을 진행하는데 있어 그렇게 어려운 일만은 아닐 것이다.
　자동차차체수리 실기 시험은 반복된 많은 훈련을 필요로 한다. 연습되지 않고서는 실기시험을 치룰 수 없을 지도 모른다. 실기 시험의 유형을 잘 몰라서 어떻게 준비를 해야 할 지 많은 고민을 한 수검생들에게 이 책이 작지만 큰 힘이 되었음 한다.

　작업현장의 환경에 따라, 수검자의 환경에 따라 수검에 필요한 장비와 수공구를 사용하지 못하는 경우도 있을 수 있겠지만 이 책에서 제시된 내용들을 잘 숙지해서 응용하기 바란다.
　차체 변형부위 측정 및 교정, 패널 교환 작업, 부품 교환 작업 및 도어수정 부분을 정해진 시간동안 마치기 위해서는 어떤 작업을 먼저 진행해야 할 지 머릿속으로 계획을 세운 후 진행하기 바라며, 본인 스스로가 가장 자신 있는 작업부터 진행해 나가기 바란다.
　'잘 할 수 있을까' 라고 생각하기 보다는 '잘 할 수 있다' 라고 생각하고 자신있게 실기시험에 임하기 바라며, 합격의 영광이 여러분들과 함께 하기를 바란다.
　실기 시험은 누가 빨리 하느냐가 중요한 것이 아니라 정해진 시간동안 누가 얼마나 더 정확하게 하느냐가 승패의 주요인이다. 조급해 하지 말고 최선을 다하기 바란다.

　끝으로 이 책을 집필하면서 실기시험 문제를 나름대로 분석하고 수검생들의 이해를 쉽게 할 수 있도록 최선을 다해 집필하였으나 부족한 부분이 많을 것이다.
　많은 연구와 학습으로 부족한 부분들을 채워나갈 것을 약속하며 여러분들이 성취하고자 하는 일들을 꼭 이루기 바란다.

2009년 1월
지은이

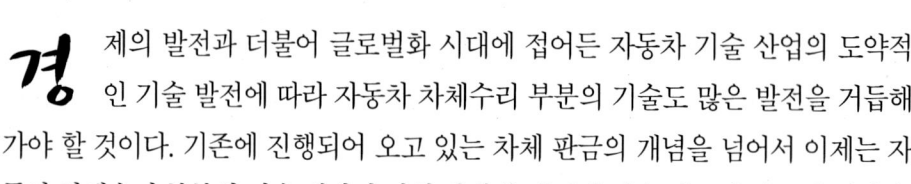

이 책의 머리말

경제의 발전과 더불어 글로벌화 시대에 접어든 자동차 기술 산업의 도약적인 기술 발전에 따라 자동차 차체수리 부분의 기술도 많은 발전을 거듭해 가야 할 것이다. 기존에 진행되어 오고 있는 차체 판금의 개념을 넘어서 이제는 자동차 차체수리 부분의 기술 개발과 작업 방법의 개선에 많은 연구가 필요할 때이다.

어깨 너머로 기술을 배우던 시대는 이미 지나간 지 오래 되었다. 첨단 장비와 계측 장비를 사용한 복원 수정 기법과 장비의 활용방법, 스포트 용접기와 MIG/MAG 용접기의 사용방법과 활용방법 등에 관련된 기술 개발이 지속적으로 이루어지고 있으며, 작업현장에서 사용되고 있다.

자동차 차체 재료 또한 단순하게 두껍게 만들던 시대를 지나 얇으면서도 매끄러운 강판 소재의 개발과 강도 및 내구성이 뛰어난 고장력 강판의 사용으로 차체 경량화를 꾀하고 있다. 이러한 고장력 강판은 열에 상당히 민감하게 반응한다. 하지만, 아직도 현장작업에서 가스 용접으로 강판을 복원하고 수리하는 경우가 많다.

이러한 시대적 변화에 따라 단순한 기능만을 소유하고 있는 것이 아니라 다기능화 된 전문가가 필요한 때이다.

차체수리 작업은 손상된 차량을 원래의 형태로 복원하는 작업을 말한다. 손상된 차량을 복원하기 위해서는 많은 작업 공정을 필요로 하게 된다.

손상된 차량의 진단, 계측 장비를 활용한 계측, 차체 고정, 수정하고자 하는 순서와 방법 예, 손상된 부품 탈거, 손상부위 인장, 교환 대상이 되는 손상 패널 절단, 신부품을 절단된 패널의 형태에 맞추어서 절단한 후 차체에 고정시켜서 용접, 용접되어진 곳을 깨끗하게 연삭한 후 부품들을 조립해서 단차와 간격을 맞추어야 하며, 용접되어진 모든 곳에 방청처리 작업을 해야 한다.

이러한 일련의 과정을 거쳐서 차체수리 복원작업이 진행된다.

차체수리 실기시험의 변화가 바로 이렇게 다양한 차체수리 복원 수리 기법을 조금이나마 배울 수 있는 좋은 기회라고 생각된다.

이 책의 차례

01 차체 변형부위 측정 및 교정

1. 차체 변형 결과 기록표 작성 방법 ─── 10
   - 차체 전체 변형 점검 ─── 11
2. 차체 고정 ─── 13
3. MZ 타워와 지그 설치 ─── 15
4. 손상된 차체 구조물의 변형 판단 ─── 17
5. 도면의 □ 속에 변형 방향 표시 방법 ─── 18
   - 길이, 폭의 변형 판단 ─── 19
   - 높이의 변형 판단 ─── 22
6. 인장 작업 ─── 23
7. 계측기에 의한 계측 ─── 26
   - 트램 게이지에 의한 계측 ─── 26
   - 센터링 게이지에 의한 측정 ─── 27

02 패널 교환 작업

1. 패널 교환 작업 ─── 30
2. 테이프를 이용한 절단선 표시 ─── 33
3. 스포트 용접 ─── 36
   - 구도막 제거 ─── 36
   - 스포트 용접 준비 ─── 37
   - 스포트 용접 조건 설정 ─── 38

　　　　시편 용접 ··· 38
　　　　방청처리 작업 ··· 38
　　　　패널 고정 ··· 39
　　　　본 용접 ··· 39
　　　　너겟의 위치 ··· 40

4. 패널의 탈거 — 40
　　　　스포트 드릴 커터 사용 ··· 40
　　　　드릴의 지름 ··· 41
　　　　패널 절단 공구의 사용 ··· 42
　　　　신품 패널 절단, 부착 ·· 43
　　　　구도막 제거 ··· 43

5. CO_2 용접 — 44
　　　　용접 조건 설정 ·· 44
　　　　맞대기 용접 부위 가접 ··· 45
　　　　플러그 용접 ··· 48
　　　　가접 부위 연삭 ·· 50
　　　　맞대기 용접 ··· 50
　　　　용접 부위 연삭 ·· 53

03 부품교환 작업 및 도어수정

1. 부품 교환 작업 — 56
　　　　부품 교환 작업 ·· 56

2. 도어 수정 — 59
　　　　도어 수정 수공구 및 장비 ······································ 59
　　　　스터드 용접기를 사용한 수정 ································ 60

3. 가스 용접 방법 — 70
　　　　연강판 절단 ··· 70
　　　　연강판 고정 ··· 71
　　　　산소-아세틸렌 가스 용접기 세팅 ··························· 72
　　　　시편 용접 ··· 74
　　　　가 접 ··· 74
　　　　본 용접 ··· 76

04 실기유형 [도어원형]

1. 패널 판금 성형작업 —————————————— 82

05 실기유형의 변화

1. 실기유형의 변화 ————————————————— 98

06 도어 분해 조립

1. 도어 분해 조립 ————————————————— 132
   - 도어 글라스 내려주기 ······················· 134
   - 윈도우 글라스 분리 ························· 134
   - 사이드 미러 커버 탈거 ······················ 134
   - 도어 트림 분리 ····························· 135
   - 보호 비닐 탈거 ····························· 137
   - 도어 모듈 탈거 ····························· 137
   - 아웃 사이드 핸들 탈거 ······················ 139
   - 도어 래치 탈거 ····························· 141
   - 와이어링 분리 ······························ 141
   - 도어 패널 분리 ····························· 142
   - 조립은 분해의 역순 ························· 142

07 전기용접과 가스절단

1. 전기 용접 ——————————————————— 144
2. 가스절단 ——————————————————— 149

08 부록 [차체수리 전개도]

1. 그랜저 XG ─────────────── 156
2. 티뷰론 ──────────────── 182
3. 트라제 XG ─────────────── 214
4. 매그너스 ──────────────── 236
5. 누비라II ──────────────── 249
6. 라노스 ───────────────── 263

09 부록 [실기시험문제]

1. 자동차 차체수리 기능사 실기 ──────── 2

차체 변형부위 측정 및 교정

chapter 1

chapter 01 차체변형 부위측정 및 교정

number 01 차체 변형 결과 기록표 작성 방법

차체를 수정하기 위해 가장 먼저 선행되어야 할 부분이 손상진단이다.

다음과 같이 변형되어 있는 차체를 육안점검만으로 어느 방향으로 어떤 변형이 이루어졌는지 확인해 보자.

변형되어진 차체는 반드시 육안점검과 동시에 계측기를 사용한 계측이 함께 이루어져야 정확한 변형 판단을 할 수 있지만 가장 우선적으로 차체의 손상을 확인하기 위해서는 육안점검이 우선이다.

그림에서 보듯이 현재의 변형 상태를 확인해보면 라디에이터 서포트 패널이 좌측으로 손상되어 있으며, 프런트 사이드멤버가 좌측 아래 방향으로 변형되어 있다. 프런트 사이드 멤버가 좌측 아래 방향으로 손상되었다는 것은 펜더 에이프런도 함께 좌측 아랫방향으로 변형되어 있음을 예측할 수 있고 펜더 에이프런의 변형으로 카울 사이드 어퍼 패널에도 변형이 일어났음을 예측할 수 있다.

또한 좌측 사이드멤버가 좌측 아래방향으로 변형이 되었다 라는 것은 우측 사이드 멤버와 펜더 에이프런 패널 또한 좌측으로의 이동이 있음을 알 수 있다.

오른쪽 그림에서 볼 수 있듯이 라디에이터 서포트 패널과 사이드 멤버 좌, 우측 그리고 펜더 에이프런 좌우측이 모두 스포트 용접으로 하나의 구조물을 형성하고 있는 일체형이기 때문에 좌측으로의 변형이 발생되었다 라는 것은 엔진룸을 형성하고 있는 구조물 전체가 좌측으로의 변형이 일어났음을 알 수 있다.

1 차체 전체 변형 점검

전체 변형 점검 결과를 종합해 보면 전체적으로 엔진룸을 형성하고 있는 구조물 전체가 좌측으로의 변형이 일어났으며, 라디에이터 서포트 패널 손상, 좌측(LH) 사이드 멤버의 아랫방향으로의 변형, 좌측(LH) 펜더 에이프런의 변형, 우측(RH) 사이드 멤버 및 펜더 에이프런패널 좌측으로의 변형을 들 수 있다.

■ 교정할 부위

교정할 부위를 살펴보면
ⓐ 라디에이터 서포트 패널
ⓑ 프런트 사이드 멤버(LH)
ⓒ 프런트 펜더 에이프런(LH)
ⓓ 카울 사이드 어퍼 패널(LH)
ⓔ 프런트 사이드 멤버(RH)와 펜더 에이프런(RH)

■ 내용 및 상태

교정할 부위가 정해졌으면 이제 어떤 변형이 일어났는지 내용 및 상태에 대해서 기록할 수 있어야 하는데 기록하는 방법은 다음과 같다.
ⓐ 라디에이터 서포트 패널 좌측으로의 변형
ⓑ 프런트 사이드 멤버 좌측(LH) 아랫방향으로의 변형

ⓒ 펜다 에이프런 좌측(LH) 아랫방향으로의 변형

ⓓ 카울 어퍼 사이드 패널(LH)의 변형

ⓓ 프런트 사이드 멤버 우측(RH), 펜더 에이프런 우측(RH)의 좌측으로의 변형

■ 조치 사항(수리할 사항)

내용 및 상태에 대한 기록이 끝이 난 후 이제 수리해야 할 사항에 대해서 기록을 해야 하는데 기록하는 방법은 다음과 같다.

ⓐ 라디에이터 서포트 패널의 교환

ⓑ 프런트 사이드멤버(LH) 수정 및 부분교환

– 프런트 사이드 멤버의 경우 손상상태에 따라 전체를 교환할 수 도 있고 부분적으로 교환할 수도 있으며, 손상이 경미할 경우에는 수정이 가능하다. 대부분 손상 범위가 경미할 수 있으므로 수정 및 부분교환이라고 기록해도 무방할 것이다.

ⓒ 펜다 에이프런패널(LH) 수정

ⓓ 카울 어퍼 사이드 패널(LH) 수정

ⓔ 프런트 사이드 멤버(RH)와 펜더 에이프런(RH) 부분 수정

프런트 사이드 멤버의 변형이 우측으로 발생하였다면 반대로 기록하면 될 것이다.

손상진단에 앞서 먼저 기억해야 할 것은 차체 구조의 명칭이다. 물론 잘 알고 있겠지만 엔진룸을 구성하고 있는 차체구조물은 그림에서 보듯이 라디에이터 서포트 패널, 프런트 사이드 멤버 좌우측, 펜더에이프런 좌우측, 카울패널, 대시패널 등으로 이루어져 있다.

▶ 엔진룸의 구조

　육안점검으로 차체 변형이 어떻게 이루어졌으며, 교정할 부위와 교정 내용 및 상태 조치사항에 대해서 어느 정도 파악이 되었다면 차체 변형 결과 기록표에 기록하기 전에 시험장에서 우선적으로 선행되어야 할 작업이 차체 고정 및 계측기를 사용한 계측방법이다. 차체 고정 작업과 계측작업이 모두 끝이 난 뒤에 차체 변형 결과 기록표를 작성할 수 있도록 한다. 육안점검으로 변형된 부위를 어느 정도 파악한 후에 계측기를 사용해서 차체 변형을 다시 한번 점검해 본다면 정확하게 차체 변형이 어떻게 이루어졌는지 확실하게 정립할 수 있을 것이다.

　그렇다면 가장 우선적으로 작업이 되는 차체 고정 방법에 대해서 알아보자.

　현재 차체 프레임 수정장비로 많이 활용화 되어 지고 있는 셀레트 장비를 사용해서 고정하는 방법과 계측하는 방법, 수정하는 방법에 대해서 알아본다.

number 02 차체 고정

　프레임 수정기 위에 설치된 실 클램프를 이용해서 차체에 기본고정 작업을 하기 위해서는 그림과 같이 놓여있는 실 클램프를 움직여 기본고정위치로 옮겨준다.

　기본고정의 위치는 언더바디의 플로어 패널 사이드 실 좌우 4곳으로 프런트 필라 밑 부분과 리어 필라 밑 부분이 되겠다.

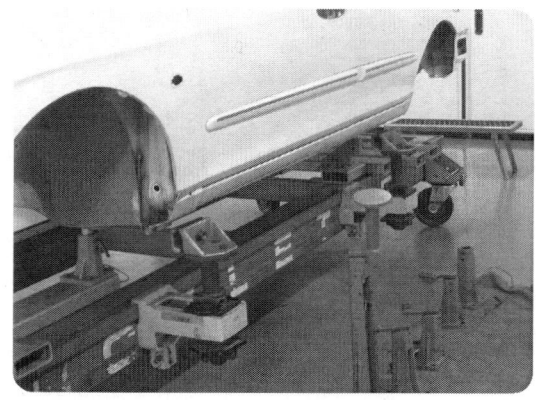
▶ 고정하고자 하는 위치로 옮김

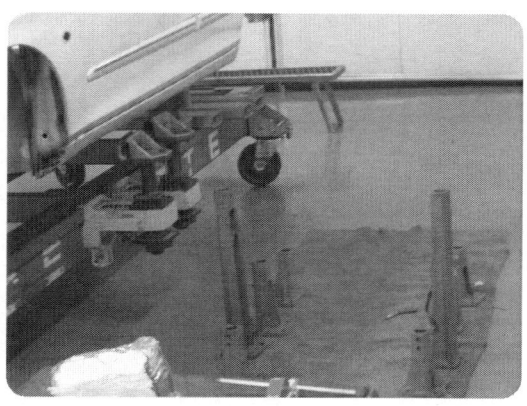
▶ 사이드 실 초기의 모습

➠ 프런트 필라 밑부분에 고정

➠ 리어 필라 밑부분에 고정

실 클램프를 이용해서 플랜지 부위에 고정을 하기 위해서는 실 클램프의 위치와 높이를 적당하게 조절해 주어야 한다.

➠ 높이 조정

➠ 클램프 높이 고정

적당한 높이로 조정이 이루어지고 난 후 실 클램프 볼트를 힌지 핸들로 조아 차체 플랜지 부위에 단단히 고정해 준다.

이로써 차체에 실 클램프를 이용한 기본 고정 작업이 모두 끝이 난다.

▶ 실 클램프 볼트 조임

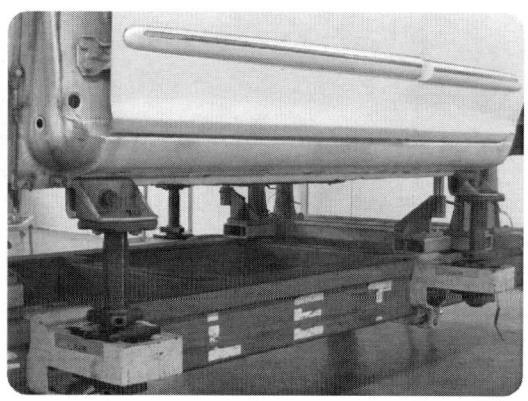
▶ 기본 고정 작업 완료

number 03 MZ 타워와 지그 설치

기본 고정 작업이 완료되면 도면에서 제시한 위치에 MZ 타워와 지그를 벤치 위에 설치한다.

실 클램프로 차체를 고정한 것은 변형된 부위를 수정하기 위한 당김 작업을 하기 위해서이며, MZ 타워와 지그를 설치하는 이유는 어느 부위에 어느 정도의 변형이 이루어졌는지 정확하게 파악하기 위해서이다.

▶ MZ타워와 지그 설치 준비

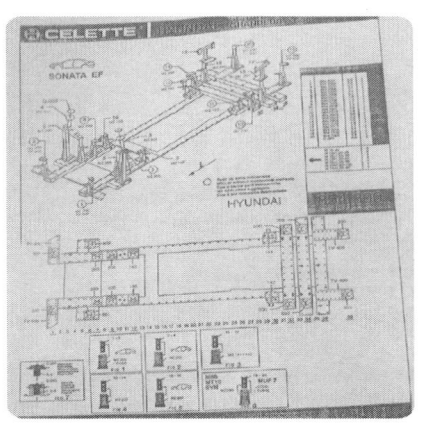

▶ MZ타워와 지그 설치 도면

▶ MZ타워와 지그 설치된 모습

▶ MZ타워와 지그 설치

MZ 타워 및 지그를 벤치 위에 임시적으로 설치한 후 MZ 타워를 벤치 위에 고정하기 위해 볼트로 체결을 해준다. 이때 사용되는 볼트는 MZ타워에 맞는 규정의 볼트를 사용해야 한다.

▶ 볼트 체결

▶ 볼트 조임

number 04 손상된 차체 구조물의 변형 판단

 MZ타워와 지그를 모두 설치한 후 차체 구조물이 어느 부위에 어느 정도의 변형이 이루어졌는지 판단을 하는데 주어진 도면 위에 차체 구조물의 변형 형태를 화살표 기호로 표시를 한다. 구조물의 변형 방향을 결정하여 화살표로 표시하는 것이 쉬운 것처럼 보일지 모르나 자칫 잘못 판단하게 되면 올바른 방향이 아닌 반대 방향으로 표기하기가 쉬우므로 주의를 해야 한다.

▣▶ 변형 부위 확인

▣▶ 도면 작성

 변형된 차체 구조물에 설치된 지그를 보면서 변형된 부위를 어떻게 표시하는지 대해 살펴보자.

차체수리기능사 실기

number 05 도면의 □ 속에 변형 방향 표시 방법

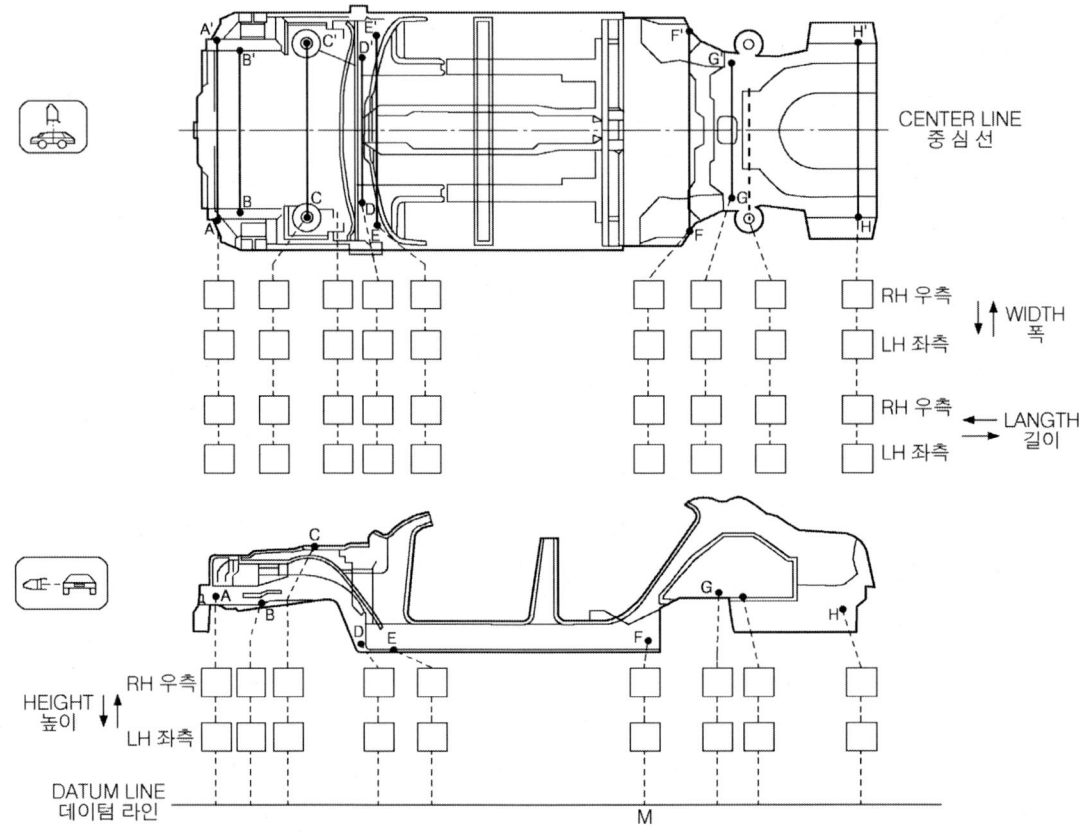

 육안 점검에서도 살펴보았듯이 변형되어 있는 차량을 보고 도면 위에 어떻게 변형되었는지 기호로 표시 할 수 있다면 손상된 차량의 손상 분석과 계측장비를 이용한 계측을 통해 어느 정도의 변형이 이루어졌는지 개략적으로 판단할 수 있는 능력이 있다고 본다.

 즉 어느 정도의 수리계획을 충분히 할 수 있다고 볼 수 있다는 것이다.

 변형의 판단은 일종의 수리계획이다. 손상되어 있는 차량을 보고 어떤 손상이 이루어졌는지 판단하여 어떻게 수리를 진행할 것인가를 미리 머리 속으로 계획 하는 것을 말

한다. 손상진단이 제대로 이루어지지 않은 상태에서의 수정작업은 차체 구조물 정렬작업에 있어 크나큰 오류를 범할 수 있기 때문에 가장 먼저 변형 판단의 기준이 올바로 정립되어야 하며, 변형 판단의 기준은 반드시 계측 장비를 통해서 판단되어져야 한다.

계측장비와 전용 지그를 사용한 변형 판단의 기준은 차체 구조물 정렬 작업에 있어서 가장 정확하고 완벽한 작업을 할 수 있도록 도와주는 보조적인 역할을 할 것이다. 차체 구조물이 변형 판단은 길이와 폭, 높이의 변형 판단이 이루어진다.

1 길이, 폭의 변형 판단

위의 그림에서 보듯이 길이와 폭은 평면상태로 차량을 보고 판단하는 것이다. 즉 관찰자의 눈의 위치가 차량을 위에서 보고 있는 상태라고 생각하면 된다. 그렇다면 폭은 어떻게 기호로 표시하면 되는지 그림을 통해 살펴보자.

아래의 손상 차량은 앞에서 살펴보았듯이 프런트 좌측(LH)부위의 손상으로 프런트 사이드멤버(LH)의 손상과 펜다 에이프런(LH) 및 기타 관련 부품 및 구조물의 손상이 발생되었다. 육안점검 만으로 폭과 길이의 변형을 판단하고자 할 때 어떤 변형이 이루어졌는지 대략적으로 판단해 보자.

▶ 변형된 차체 모습

폭의 경우 위의 도면에서 A지점은 우측(RH)과 좌측(LH) 모두 ↓ 으로 표시를 해야 한다. 즉 좌측으로의 변형이 이루어져 있기 때문이다. B지점 또한 우측과 좌측 모두 좌측으로의 변형이 이루어졌기 때문에 변형 방향을 표시하기 위해서는 화살표 방향을 좌측으로 변형되었다 라는 표시로 위 도면에서는 화살표 방향을 ↓ 좌측으로 표시를 해야 한다. 반대로 차량의 손상이 우측으로 발생되었다면 화살표 방향은 우측으로인 ↑ 으로 표시를 해야 한다.

폭의 화살표 표시는 손상된 차량을 평면상으로 봤을 때 좌측으로의 변형인지 우측으로의 변형인지를 판단하는 것이다. 폭의 방향을 화살표로 표시하기 위해 가장 좋은 방법은 변형된 차량의 정면에서 봤을 때 손상의 형태가 좌측으로의 변형인지 우측으로의 변형인지를 먼저 파악하고 지그를 각 포인트마다 측정한 후 화살표를 표시하면 된다. 화살표의 표기는 손상된 방향으로의 표기임을 기억하면 된다.

예를 들어 그림과 같이 변형의 상태를 확인했다면 어떤 변형이 이루어졌는지 살펴보자.

▶ 변형의 확인

▶ 좌측으로의 변형

그림에서 변형의 확인을 통해 알 수 있듯이 폭의 변형은 좌측으로 변형되었음을 확인할 수 있다. 즉 화살표의 표시는 ↓로 표시하면 된다. 좌측으로의 변형상태를 보고 어떻게 수정해야 하는지 판단할 수 있는 것이다. 또 한 가지 길이의 변형을 살펴보면 어떤 변형이 이루어졌는지 가늠할 수 있겠는가?

그림에서 볼 수 있듯이 사이드 멤버가 뒤쪽으로 밀려들어간 상태를 확인할 수 있다. 그렇다면 어떻게 화살표를 표시하면 될까?

화살표의 표시는 → 하면 된다. 왜냐하면 손상의 진행방향이 안쪽으로 밀려들어간 형태를 보이고 있기 때문이다.

길이의 경우에는 위의 도면에서 볼 수 있듯이 화살표의 표시를 ←, → 으로 표시를 한다. 길이의 경우에는 손상된 부위가 대체적으로 안쪽으로 밀려들어가기 때문에 길이가 짧아지는 경향이 있다. 그렇다면 손상이 진행되는 방향의 표시인 →으로 표시를 하면 무리가 없다. 좌측으로의 손상이냐 우측으로의 손상이냐에 따라서 화살표의 표기를 RH, LH구분을 잘해서 표시해 주면 이상이 없다. 정면으로의 손상은 좌우측 모두가 안쪽으로 밀려들어가는 손상이 발생하기 때문에 화살표 표기를 →로 하면 된다. 물론 지그를 통해서 판단을 해야 하겠지만 육안으로도 충분히 판단이 가능하다. 손상이 어떤 방향으로 진행되는지의 판단여부만 정확하게 내려진다면 길이방향의 화살표 표시는 그렇게 어려운 일이 아니다.

▶ 길이 변형 확인

하지만 주의할 사항이 있다. 정면 충돌에 의해 전면부가 안쪽으로 모두 밀려들어간 상태의 변형은 화살표 표시를 →로 하면 되지만 문제가 되는 부분은 프런트 부분의 측면 손상 시에는 주의를 해야 한다.

그림과 같이 좌측으로의 변형된 손상일 경우에는 좌측부분의 길이변형 표시를 →로 할 수 있지만 우측으로의 길이 변형 표시를 →하면 틀리는 경우가 있다. 왜냐하면 좌측으로의 변형과 함께 손상 진행 방향이 좌측으로 진행되면서 우측의 길이 부분이 늘어날 가능성이 있기 때문이다. 즉 길이 변형의 표시를 ←로 표시를 해야 한다. 길이 변형의 표시 부분에서 이 부분이 가장 애매한 부분으로 틀리기 쉬운 부분이기 때문에 길이 변형 표시 방법의 원리를 잘 이해하기 바란다.

 차체수리기능사 실기

2 높이의 변형 판단

폭의 변형 판단보다 길이의 변형 판단이 쉬우며, 길이의 변형 판단보다 높이의 변형 판단이 쉽다. 왜냐하면 높이의 판단은 육안으로도 충분히 확인할 수 있기 때문이다.

그림에서처럼 좌측으로 변형되면서 아랫방향으로 변형되었기 때문에 좌측의 화살표 표기 방법은 ↓로 하면 된다. 물론 이 부분도 반드시 지그로 확인을 해야 한다.

➡ 변형된 차체 모습

앞의 그림에서 A와 B지점은 좌우측 모두 ↓로 표시할 수 있다.

하지만 C지점은 주의할 필요가 있다.

좌측 아래 방향으로 변형이 되면서 우측부분이 윗방향으로 변형될 수 있으므로 지그로 측정 결과 변형된 포인트에는 화살표 표시를 ↑로 하면 된다. 또한 좌측 부분의 C지점도 A와 B지점이 아래 방향으로 변형되면서 C지점이 꺾이어 올라가는 변형이 나타날 수 있으므로 지그의 정확한 측정으로 화살표 표기를 하면 된다.

높이 측면의 변형 방법은 좌우측의 높낮이 판단이기 때문에 그렇게 어려운 부분이 아니니다.

number 06 인장 작업

손상된 차체 구조물의 변형 판단이 모두 이루어지고 나면 어느 방향으로 어떤 방법으로 수정을 해야 하는지 정립이 되었기 때문에 손상된 부분을 수정하기 위한 작업을 진행한다.

수정작업에 앞서 가장 먼저 풀링 유니트를 벤치의 앞부분으로 가져와 벤치에 고정해준다. 벤치에 고정해 줄 때 핀 하나만으로 간단하게 고정시킬 수 있는 것이 장점이다.

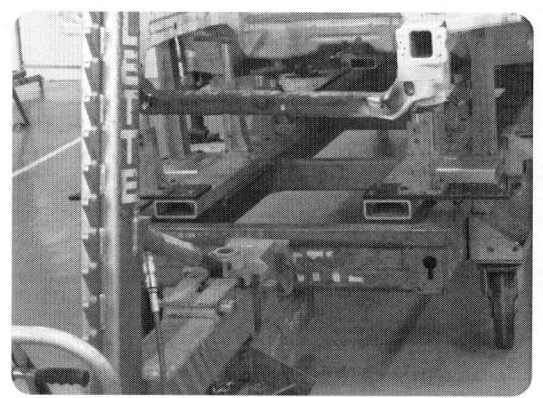
▶ 풀링 유니트

▶ 핀으로 고정된 모습

풀링 유니트를 벤치 앞에 설치 후 당김 작업을 용이하게 하기 위해 사이드 멤버 앞에 돌출되어 있는 나사산을 에어톱으로 절단해준다.

▶ 에어톱으로 나사산 절단

에어톱으로 나사산을 절단한 후 인장작업에 필요한 클램프를 좌측 사이드 멤버 좌우측에 모두 고정시켜 준다.

클램프를 양쪽으로 모두 고정시켜 주는 이유는 변형되어 있는 사이드 멤버 전체를 원래의 형태로 되돌려 주기 위해서이다.

한쪽면 만을 클램프로 물려서 당김 작업을 할 경우에는 당겨지는 한쪽 면은 당겨지면서 늘어날 것이고, 다

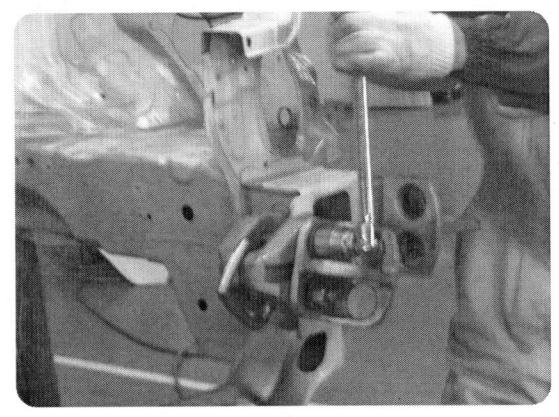

▶ 사이드 멤버 양쪽면에 클램프로 고정

른 한쪽면의 변형된 부위는 그대로 변형된 상태에서 당겨지기 때문에 사이드 멤버의 변형이 제대로 복원되지 않는 결과를 가져올 수 있기 때문에 사이드 멤버의 당김 작업은 사이드 멤버 양쪽면을 모두 클램프로 체결 후 당김 작업을 해주는 것이 훨씬 좋은 방법이다.

클램프를 사이드 멤버에 체결 후 체인을 이용해서 풀링 유니트와 클램프 사이를 연결시켜 준다. 이 때 반드시 안전고리도 함께 설치해 주어야 한다는 것을 잊어서는 안된다. 안전고리의 설치는 작업자의 안전을 지키는 최선의 방법이다.

안전고리의 설치 이유는 체인의 끊어짐과 클램프의 이탈로 인해 발생될 수 있는 안전사고를 미연에 방지하기 위해서이다.

안전고리의 설치 위치는 차체와 당김작업을 하기 위해 설치된 체인 사이로 고정시켜 주면 된다.

클램프와 체인을 모두 설치 후 당김 작업을 진행한다. 여기서 주목해서 봐야 할 것이 있다. 바로 풀링 유니트의 위치와 체인의 각도이다. 풀링 유니트는 약 15° 정도 옆으로

뉘어져 있고, 체인은 위로 많이 올라가 있는 상태다. 왜 이렇게 설치를 해야 하는 것일까?

그 해답은 간단하다.

좌측으로 변형되었기 때문에 당김작업은 변형된 반대 방향으로 진행해야 하며, 아랫방향으로 변형되었기 때문에 변형 위치보다 조금 높게 해서 당겨내어 줌으로써 원래의 위치로 되돌아오게 할 수 있기 때문이다.

▶ 클램프와 체인. 안전고리의 체결

당김 작업과 동시에 변형되어진 곳을 해머링 작업해 줌으로써 변형된 부위를 수정해 준다. 해머링 작업은 변형된 부위를 수정해 줌과 동시에 변형되어진 곳의 응력을 제거해 주고, 변형되어진 모습으로 다시 되돌아가려고 하는 스프링 백 현상을 방지해 준다.

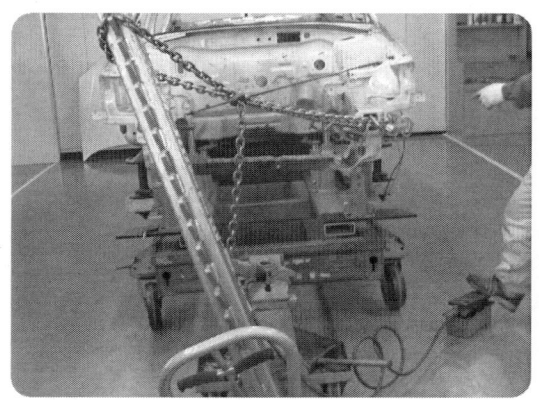 

▶ 당김 작업   ▶ 해머링 작업

 차체수리기능사 실기

number 07 계측기에 의한 계측

1 트램 게이지에 의한 계측

트램게이지는 주로 대각선 및 길이의 측정에 사용된다.

▶ 트램게이지의 대각 계측

▶ 트램게이지의 대각 계측

특히 가장 많이 계측되는 부위가 엔진룸의 대각선 길이 측정으로 상부바디의 변형 여부를 판단할 수 있다. 대각선의 길이 계측으로 어느 방향으로 어느 정도의 변형이 이루어졌는지 쉽게 확인할 수 있다. 측정 위치는 펜더 에이프런의 펜더 볼트가 체결되는 마지막 부분과 반대편 펜더 볼트가 체결되는 처음 부분으로 대각을 비교 계측한다.

대각선의 측정 결과 그림처럼 한쪽 대각선의 길이가 길게 측정이 된 경우에는 어느 쪽으로의 변형이 이루어졌는지 파악할 수 있어야 한다. 대각선의 측정 결과 어느 한쪽 부분이 길다는 것은 길게 측정된 부분으로 차체가 변형되어

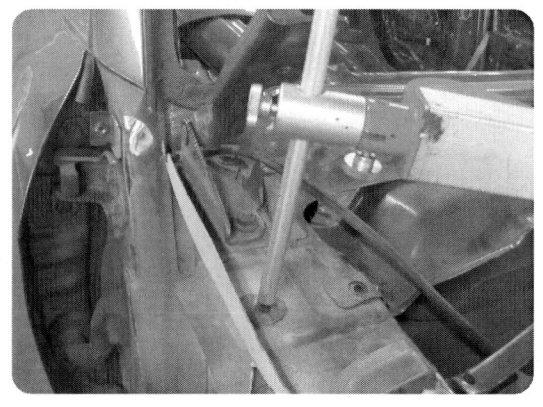
▶ 측정 위치

졌다는 것이다.

즉, 좌측으로 길게 측정되었으면 차체가 좌측으로의 변형을 일으켰으며, 우측으로 길게 측정되었으면 차체는 우측으로 변형되었다라는 것을 의미한다.

트램 게이지로의 측정결과를 잘 이해할 수 있어야 한다.

▶ 측정 위치

2. 센터링 게이지에 의한 측정

센터링 게이지는 언더바디의 중심부를 측정함으로써 프레임의 이상상태를 확인하는 계측기로 주로 프레임의 상하, 좌우, 비틀림 변형을 계측할 수 있다.

센터링 게이지의 설치 위치는 엔진룸 부위에 1 ~ 2조를 설치하고, 언더바디의 플로어 부분에 2조를 설치하며, 리어 사이드 멤버 부위에 1조를 설치한다.

센터링 게이지는 4 ~ 5조를 세트로 해서 차체의 언더바디 부분에 설치하게 되는데 설치하는 부분은 수직바의 행거로드와 핀을 언더 바디 멤버 부위의 홀 부위에 고정을 해 준다.

수직바의 길이를 정확하게 맞춘 후 수평바의 위치와 센터핀을 일치시키고 변형 부위를 판단하면 된다.

위의 그림처럼 센터링 게이지를 설치 후 변형 여부를 판단할 경우 수평바와 센터핀이 좌측 아래로 내려감을 볼 수 있다. 즉 차체가 좌측으로 변형되었음을 알 수 있고, 사이드 멤버가 좌측 아래로 변형되었음을 알 수 있다. 또한, 좌측 사이드멤범의 아래 변형으로 인하여 우측 사이드 멤버가 반대로 올라가 있음을 확인할 수 있다.

이처럼 센터링 게이지를 차체의 언더바디에 설치한 후 프레임 중심선의 변형여부를 판독할 수 있다.

차체의 변형 여부를 판단할 때는 반드시 육안점검 뿐만 아니라 계측기를 사용한 동시 계측으로 정확하고 확실한 변형을 판단할 수 있어야 하겠다.

센터링 게이지의 계측에 있어서 가장 중요한 부분은 센터링 게이지를 차체에 부착시킨 후 변형 여부를 판단할 때의 기준점은 가장 앞에 설치된 프런트 사이드 멤버 부위의 센터링 게이지와 리어 사이드 멤버에 설치된 센터링 게이지가 아니라 플로어 패널 부분에 설치된 센터링 게이지가 기준점이 된다는 것이다.

차체를 전면부위에서 센터링 게이지로 계측할 때에는 2번과 3번 게이지가 기준점이 되는 것이고 후면부위에서 계측할 때에는 2번 게이지가 기준점이 된다는 것을 반드시 기억하기 바란다.

패널 교환 작업

chapter 2

패널 교환 작업

　용접된 패널을 교환할 때에 가장 많이 사용되는 수공구에는 에어 톱과 스포트 드릴 커터가 가장 많이 사용된다. 에어 톱은 절단 작업에 사용되며 스포트 드릴 커터는 스포트 용접된 너겟을 탈거할 때 사용된다.

　용접된 패널의 교환 작업은 주로 프런트 필러(A piller), 센터 필러(B piller), 리어 필러(C piller), 쿼터 패널(quater panel), 리어 앤드 패널(back panel) 등으로 내판 패널의 교환 작업이 아닌 주로 외판패널의 교환 작업이 많이 이루어진다.

　차체수리 실기 시험에 있어서 패널 교환 작업은 필라 부위의 외판패널 교환 작업이 주로 많이 나오게 될 것이다. 구품의 외판패널의 일부분을 절단하여 떼어낸 후 신품 패널에서 일부분을 절단한 패널을 다시 구품의 외판패널의 절단된 부위에 맞추어서 용접하는 형태의 교환 작업이 될 것이다.

　패널 교환 작업에 있어서 가장 중요한 것은 도면에서 제시한 치수대로 절단하는 작업이다. 치수에 맞지 않게 절단작업이 될 경우에는 교환 작업에 많은 어려움을 겪게 된다.

　패널의 절단을 어떻게 하느냐에 따라 교환 작업의 성패가 좌우된다고 해도 과언은 아니다.

　구품 패널에서 패널을 떼어낼 때 정해진 기준점이 어디인지 정확하게 파악한 후 펜으로 절단하고자 하는 위치를 표시한 후에 패널을 절단하고 신품패널에서도 마찬가지로 정해진 기준점을 중심으로 해서 치수를 정확하게 패널에 표시한 후 패널을 절단해야 한다.

치수의 잘못된 오작으로 다음 작업 공정인 용접작업은 충분히 할 수 있을지 모르지만 패널 교환 작업에 있어 상당한 시간을 소비하게 됨으로써 정해진 시간을 넘기게 될지도 모르기 때문에 절단작업에 있어서의 신중성은 대단히 중요하다.

절단 작업이 끝이 나면 다음 공정인 신품패널에서 떼어낸 패널을 구품 패널에 맞추어서 용접작업을 진행해야 한다.

용접 작업 또한 상당히 중요한 요소로서 패널 교환 작업에 있어서 절단 작업과 동일하게 중요한 작업 공정 중 하나이다.

패널 교환 작업에 있어 주로 사용되는 용접은 CO_2 용접(탄산가스 아크용접)과 스포트(SPOT) 용접이다.

용접된 패널을 교환 작업할 때에 패널을 절단 하는 것도 중요하지만 용접 작업으로 패널을 정확하게 접합하는 기술도 상당히 중요하다. CO_2 용접과 스포트 용접 작업은 패널 교환 작업에 있어 항상 함께 사용되어져야 한다.

그렇다면 주어진 패널을 가지고 패널 교환 작업방법과 순서에 대해서 알아보자.

number 01 패널 교환 작업

패널이 주어지면 교환 작업이 되는 기준점이 어디인지 정확하게 파악한 후 패널 표면에 펜으로 표시해 준다.

▶ 주어진 패널

▶ 기준선 표시

기준선을 표시할 때에는 버니어 캘리퍼스 또는 직각자를 이용해서 표시해 주는 것이 유리하다.

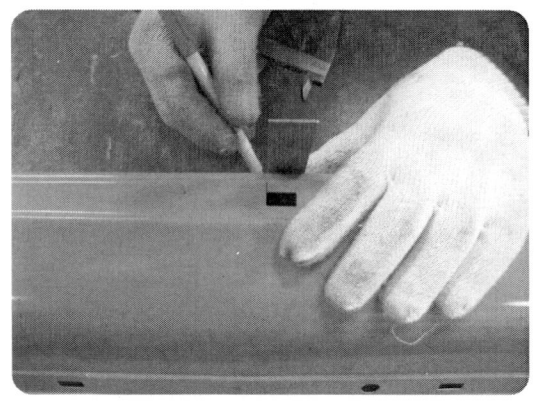
▶ 상단 평면 부위 표시

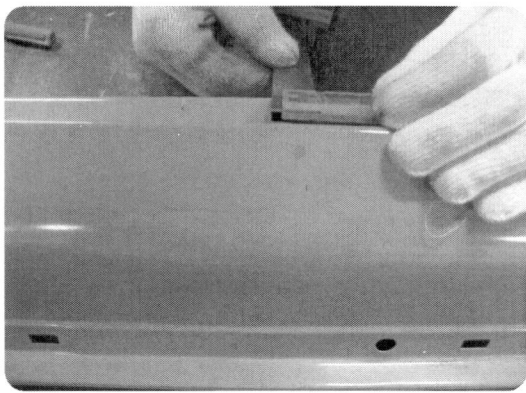
▶ 상단 중앙 부위 표시

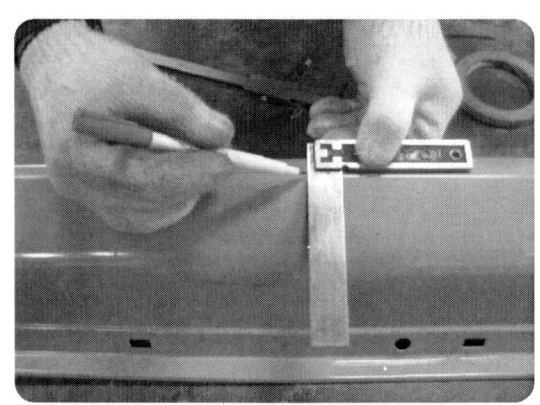
▶ 곡면 하단 부위 표시

직각자를 활용해서 기준점이 되는 부위를 전체적으로 표시해 준다. 이때 주의할 사항은 그림에서 보여 지듯이 패널은 평면과 곡면이 함께 형성되어 있음을 알 수 있다. 직각자를 이용해서 평면부위의 표시는 쉬울 수 있으나 곡면부위의 표시는 상당히 어려우므로 정확하게 표시 될 수 있도록 주의를 기울여야 한다.

 **테이프를 이용한 절단선 표시**

기준점의 표시가 끝이 나면 종이테이프를 사용해서 기준점을 표시해 준다.

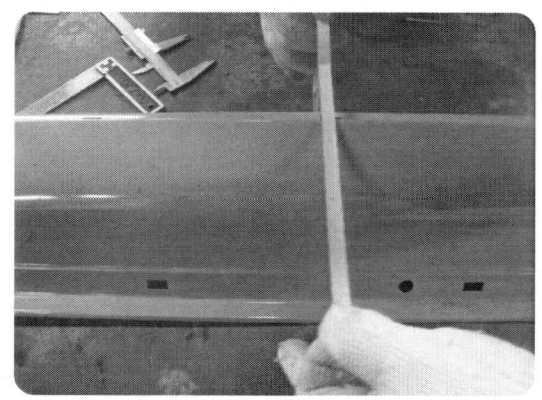 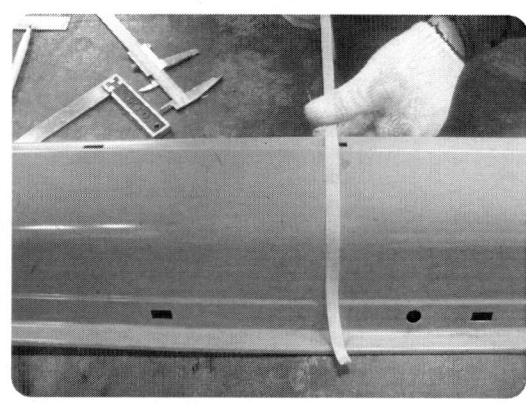

▶ 종이테이프로 기준점 표시

기준점을 종이테이프를 이용해서 표시한 후 기준점에서 패널을 절단할 범위만큼 다시 버니어 캘리퍼스로 길이를 측정한 다음 패널 표면에 펜으로 표시해준다.

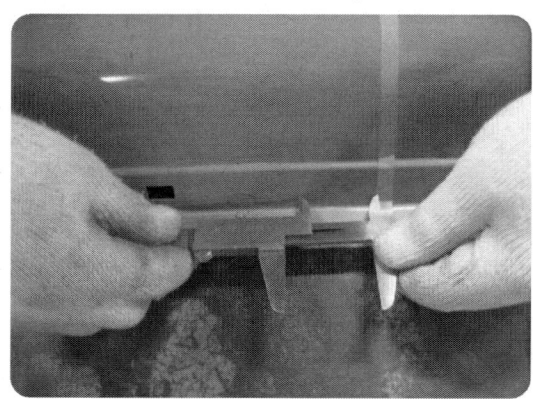 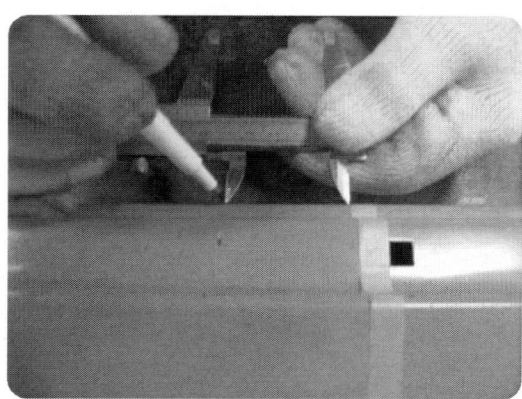

▶ 버니어 캘리퍼스로 절단 위치 선정 ▶ 패널 상단 부위 표시

펜으로 표시를 한 다음 기준선의 설정과 동일하게 종이테이프를 이용해서 절단위치를 표시해 준다.

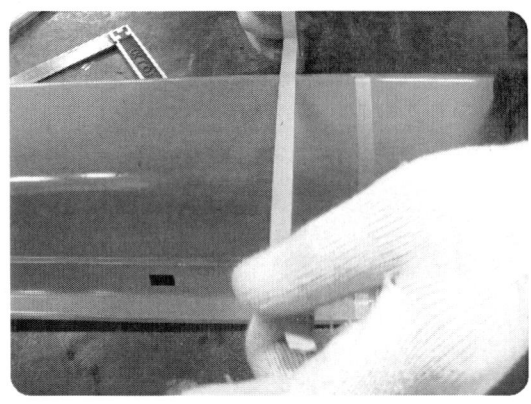
➡ 종이테이프로 절단선 표시

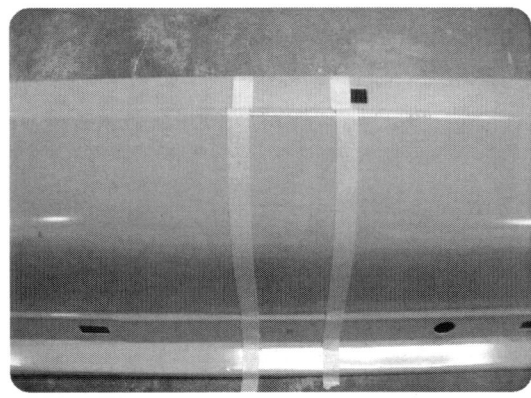
➡ 종이테이프 부착 모습

절단선 한쪽의 표시가 끝이 나면 도면에 제시된 절단 범위 만큼 치수를 버니어 캘리퍼스로 측정한 후 또 한번 패널 표면에 표시 해준다.

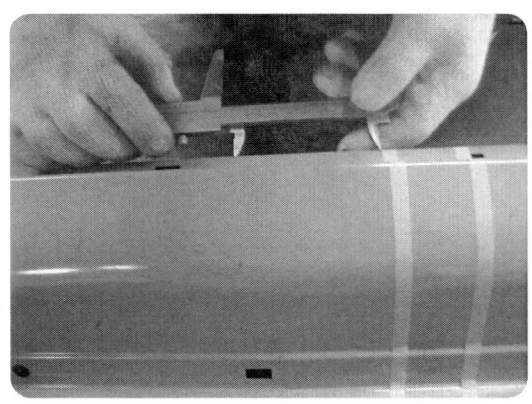
➡ 버니어 캘리퍼스로 절단위치 표시

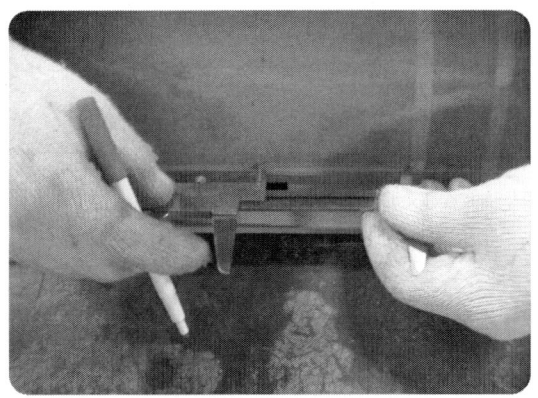
➡ 버니어 캘리퍼스로 절단위치 표시

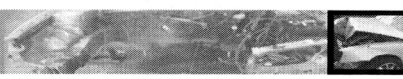

패널 표면위에 절단할 위치를 펜으로 표시한 후 동일한 방법으로 종이테이프를 사용해서 절단위치를 표시해 준다.

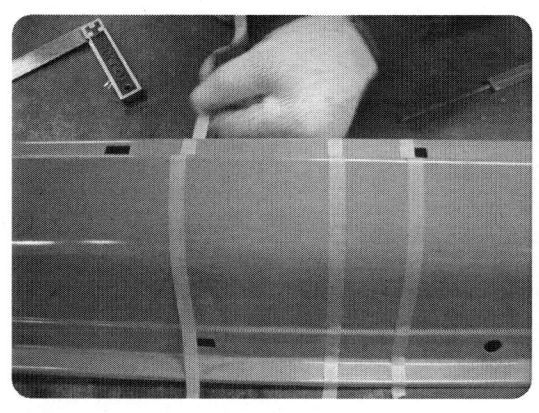
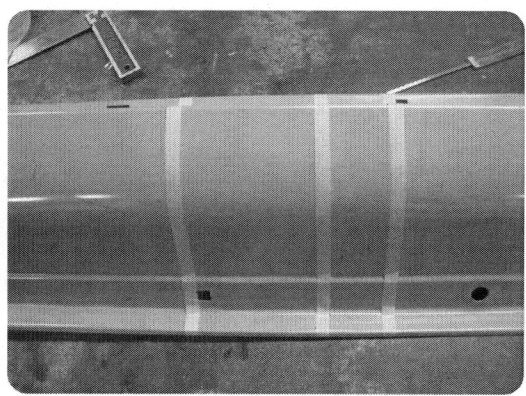

▶ 종이테이프로 절단선 표시

종이테이프를 사용해서 절단하고자 하는 범위의 위치를 모두 표시한 후 패널의 내측에 철판을 대고 스포트 용접 준비를 한다.

주어지는 철판의 제작은 판금가위로 절단하여 사용하면 편리하다.

내판 패널의 경우 치수에 맞게 절단된 패널을 줄 수도 있고 직접 패널의 규격에 맞게 절단하여 사용하게 할 수 도 있다.

▶ 스포트 용접 될 내판 제작

주어지는 문제의 유형이 조금은 다를 수 있으므로 여러 가지 방안을 준비하는 것이 좋다.

 차체수리기능사 실기

number 03 스포트 용접

1 구도막 제거

스포트 용접을 하기 앞서 용접되어지는 모든 곳은 구도막을 제거해야 한다. 패널 뒷면에 부착할 철판과 외판패널의 앞면과 뒷면 모두 용접되어지는 부분의 구도막을 에어 샌더와 회전 와이어 브러시를 사용해서 제거해 준다.

▶ 외판 패널 앞면의 구도막 제거

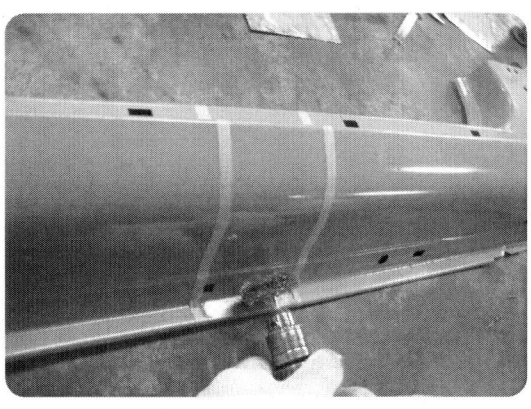
▶ 회전 와이어 브러시를 이용한 정밀 제거

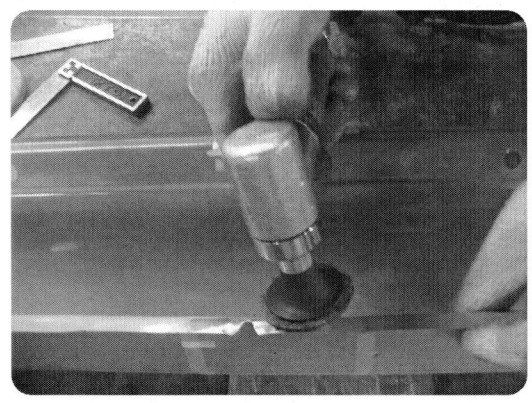
▶ 외판 패널 뒷면의 구도막 제거

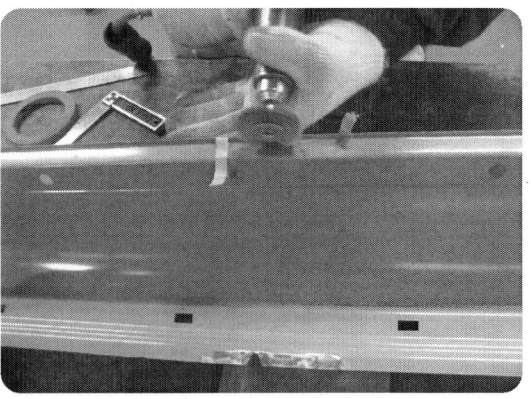
▶ 회전 와이어 브러시를 이용한 정밀 제거

2 스포트 용접 준비

스포트 용접되어 지는 곳의 구도막 제거 작업이 끝이 나면 스포트 용접기를 준비한다. 스포트 용접은 스포트 용접기 마다 차이를 나타낼 수 있으므로 주의한다.

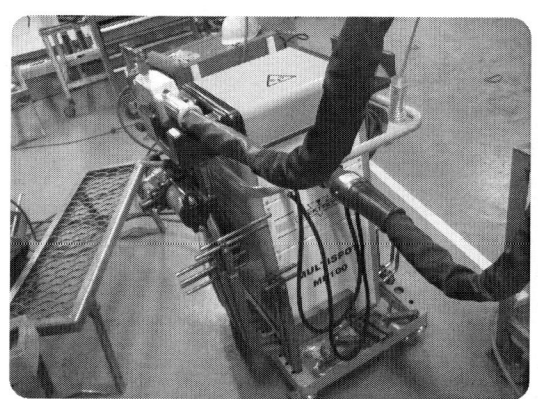

➡ 스포트 용접기

스포트 용접기를 용접할 위치로 가지고 와서 스포트 용접기에 에어 호스를 연결하고 전원을 연결한 상태에서 용접할 준비를 한다.

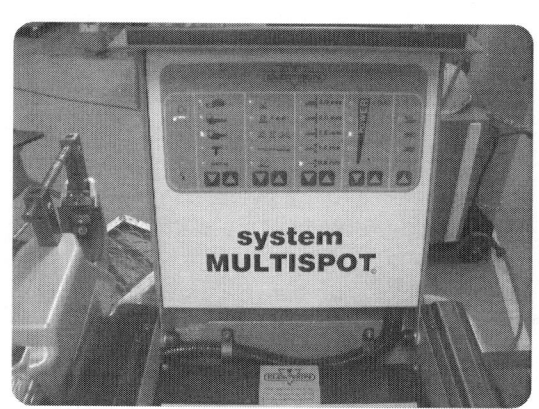
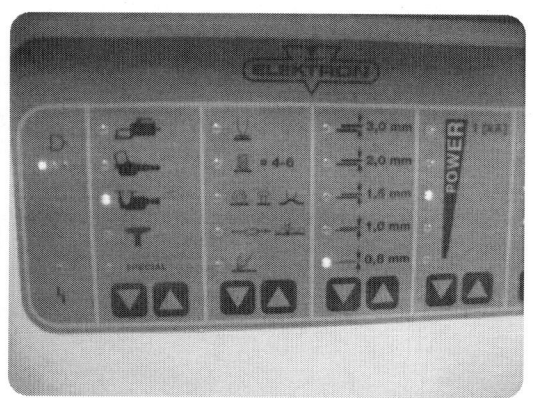

➡ 용접 준비 단계   ➡ 전원 연결 상태 확인

3 스포트 용접 조건 설정

스포트 용접기의 계기판에 나타난 형태를 좌측에서 살펴보면
첫 번째가 **전원이 연결된 상태를 표시**하며,
두 번째는 패널 형상에 맞는 **전극 팁과 건 암의 형태**를 나타내고,
세 번째는 용접되는 **패널의 두께**를 나타내며,
네 번째는 **용접전압**을 나타낸다.

용접되는 패널의 두께와 형상에 따라 전극 팁과 건 암은 달리해야 하며 용접전압 또한 다르게 설정하여 용접해야 한다.

4 시편 용접

용접기의 세팅이 이루어지고 나면 반드시 해야 할 작업이 시편 테스트 작업이다. 용접하고자 하는 동일한 두께의 폐재 패널을 사용해서 시편 테스트를 한 후 정상적으로 세팅이 되었다고 판단이 될 경우 용접작업을 진행한다.

시편 테스트는 두 장의 패널을 용접한 후 패널을 탈거해 봤을 때 한 장의 패널에 구멍이 발생되었다면 용접조건이 제대로 세팅되었음을 의미한다.

5 방청처리 작업

용접 조건이 모두 세팅된 후 용접하고자 하는 패널 뒷면의 구도막을 제거한 부위에 용접용 방청제를 도포해 줌으로써 방청처리 작업을 해준다.

▶ 외판 패널 내측에 용접용 방청제 도포

6 패널 고정

용접용 방청제를 도포 후 패널 뒷면에 용접될 철판과 외판패널을 바이스 플라이어로 견고하게 고정해 준다.

▶ 바이스 플라이어로 고정

7 본 용접

바이스 플라이어로 패널이 움직이지 않도록 고정한 후 스포트 용접을 진행한다. 좁은 범위의 용접이기 때문에 순서와 방향에 상관없이 차례대로 용접을 진행하면 된다.

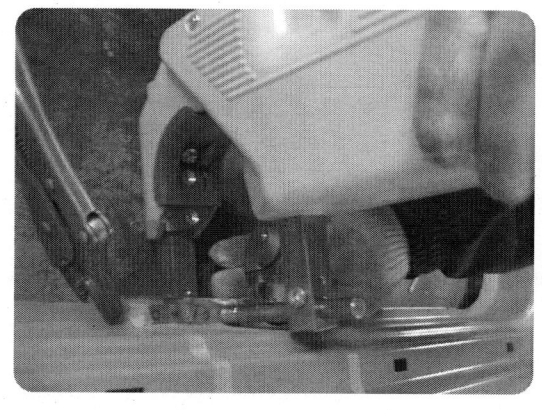

▶ 패널 상단 부위 용접   ▶ 패널 하단 부위 용접

8 너겟의 위치

스포트 용접점의 위치 즉, 너겟의 형성 위치는 항상 패널의 중간 지점이어야 한다.

너겟의 크기는 팁의 형상을 잘 조정하여 적당한 크기의 형상으로 접합되어져야 한다.

차체 용접 강도를 충분히 확보하기 위해서는 너겟의 크기가 너무 크다든지, 또는 너무 작다든지 하면 용접 강도 및 용접 불량의 원인이 될 수 있으므로 너겟의 크기는 항상 동일하게 유지될 수 있도록 팁의 형상을 잘 조정해 주어야 한다.

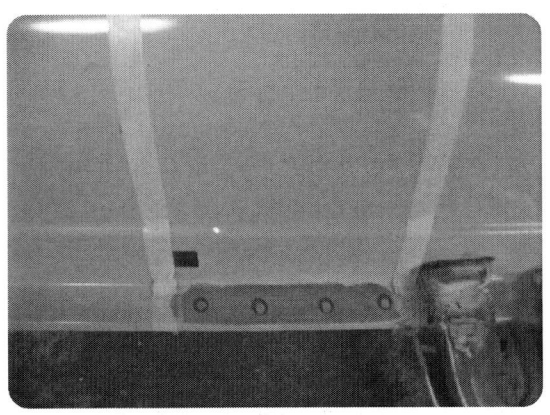
▶ 스포트 용접 점(너겟의 형성)

number 04 패널의 탈거

1 스포트 드릴 커터 사용

스포트 용접이 끝이 난 후 스포트 드릴 커터를 사용해서 스포트 용접된 용접 점을 탈거해 준다.

스포트 용접점을 탈거할 때에는 전용공구인 스포트 드릴 커터를 사용하는 것이 용접점을 깨끗이 탈거하는데 있어 유리하다.

▶ 스포트 드릴 커터의 사용

일반 드릴을 사용해서 탈거할 수도 있지만 일반드릴을 잘못 사용하다 보면 내판패널까지 손상을 입힐 수 있으므로 주의해서 사용하는 것이 좋다.

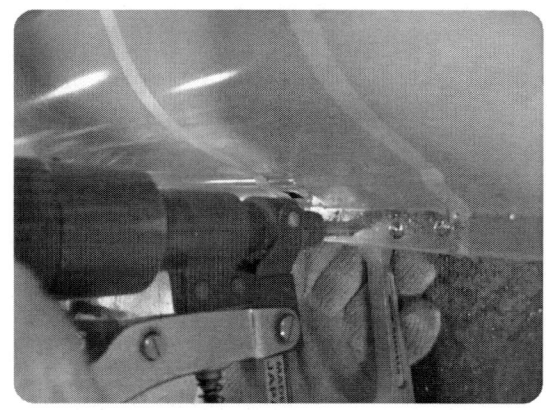

▶ 스포트 용접점의 탈거

2 드릴의 지름

스포트 용접점을 탈거하기 위해 사용하는 드릴의 지름은 용접점보다 조금은 넓은 것을 사용하는 것이 탈거작업을 쉽게 할 수 있다.

용접점과 동일한 지름의 드릴 날을 사용한다든지, 또는 좁은 드릴날을 사용해서 탈거하다보면 홀이 뚫린 주변에 탈거되지 않은 잔여패널이 그대로 외판패널에 남아있기 때문에 정을 사용해서 탈거해 주어야 한다.

정을 사용해서 탈거하는 과정에서 패널의 변형을 일으키는 경우가 발생하기 때문에 패널이 편평하지 못하게 되고 해머와 돌리를 사용해서 패널 주변을 정형 작업해 주어야 하는 부수작업의 공정이 늘어나게 되므로 용접점보다 넓은 드릴날의 사용을 권장한다.

▶ 용접점의 탈거된 모습

▶ 용접점의 탈거된 모습

차체수리기능사 실기

3 패널 절단 공구의 사용

스포트 드릴 커터를 사용하여 스포트 용접된 용접점을 탈거한 후 절단하고자 하는 패널을 에어톱으로 절단하는 작업을 진행한다.

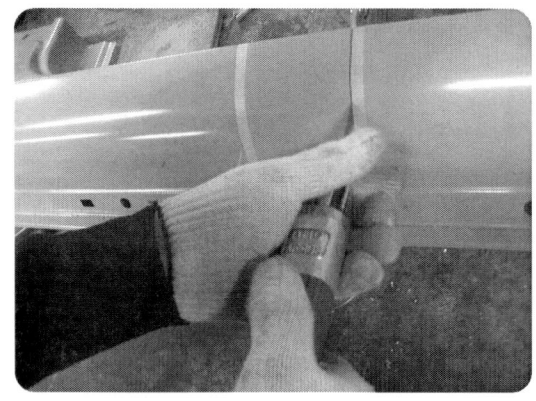

▶ 에어톱으로 절단 부위 절단

에어 톱으로 패널을 절단할 경우 절단면이 깨끗하며 패널의 변형이 거의 없기 때문에 후속 작업 공정인 용접 작업을 용이하게 해 준다.

패널을 절단하는 공구에는 여러 가지가 있지만 에어 톱의 사용을 권장한다.

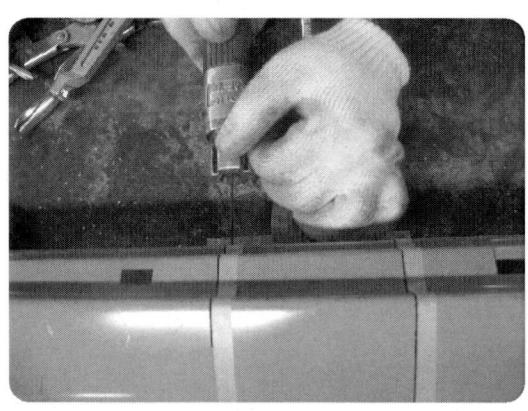

▶ 에어톱으로 절단 부위 절단

위의 그림에서도 볼 수 있듯이 에어 톱으로 패널을 절단할 때 절단하고자 하는 부위에 종이테이프를 붙여 절단 작업을 용이하게 하는 것을 볼 수 있다.

절단하고자 하는 위치를 어림짐작으로 대충 절단작업을 할 경우 정확하게 절단되지 않을 뿐만 아니라 톱날의 움직임으로 인해 절단선이 정확하게 바르지 못하고 비뚤어진 절단선을 얻게 된다. 비뚤어지게 절단된 부위는 다음 작업 공정인 신품 패널 맞춤 부분에서 길이의 오차와 함께 많은 어려움을 겪게 되므로 반드시 절단선을 표시할 수 있는 테이프류를 사용해서 절단선을 표시해 주는 것이 좋다.

4. 신품 패널 절단, 부착

에어톱으로 구품 패널에서 절단하고자 하는 패널을 절단 한 후 절단된 패널을 떼어내고 신품패널에서 동일한 위치와 크기의 패널을 다시 절단한 후 떼어낸 뒤 신품 패널을 맞추어 준다.

패널을 절단하는 작업도 중요하지만 신품 패널을 어떻게 부착해야 하는지도 상당히 중요하다. 신품 패널을 부착할 때에는 패널과 패널의 단차 및 프레스 라인의 정확성과 패널과 패널의 간격, 패널의 움직임을 방지하기 위해 패널을 고정해 주는 작업 등 외판 패널의 외관상 품질을 결정하는 가장 중요한 작업이기 때문에 패널 부착 작업은 패널 교환 작업에 있어서 가장 중요한 부분이다.

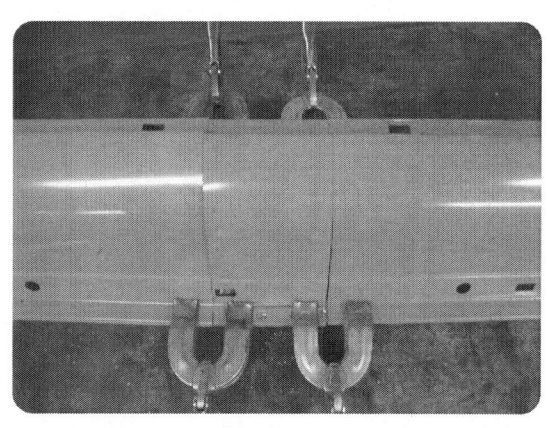
➡ 신품 패널의 부착

5. 구도막 제거

신품 패널을 바이스 플라이어를 사용해서 임시 고정한 후 맞대기 용접 되어 지는 부위를 디스크 그라인더와 회전 와이어 브러시를 사용해서 구도막을 깨끗이 연마해 준다.

그림처럼 신품 패널을 부착한 상태에서 구도막을 연마해 줄 수도 있고 신품패널을 부착하기 전에 구도막을 먼저 연마한 후에 부착할 수도 있다.

작업의 편리성과 시간의 단축을 위해 어느 방법이 우선되는지 파악한 상태에서 우선되는 작업 방법을 선택하면 된다.

▶ 맞대기 용접 부위의 구도막 제거

number 05 CO_2 용접

1 용접 조건 설정

구도막 연마가 끝이 나면 패널의 맞대기 용접을 위해 CO_2 용접기(탄산가스 아크용접기)를 준비하고 용접전압과 와이어 이송속도, 실드가스의 유량을 조절해 준다.

▶ 용접기의 조정   ▶ CO_2 용접기

② 맞대기 용접 부위 가접

　기본적으로 용접 조건을 맞춘 후 패널의 단차와 간격을 조정하면서 가접해 준다. 가접을 할 때 가장 중요한 것은 프레스라인을 정확하게 맞추는 부분이다. 프레스 라인이 정확하게 맞추어지지 않았을 때는 패널과의 턱이 발생하여 패널이 일정하지 않고 비뚤어져 보이는 현상이 발생될 수 있으므로 주의한다.

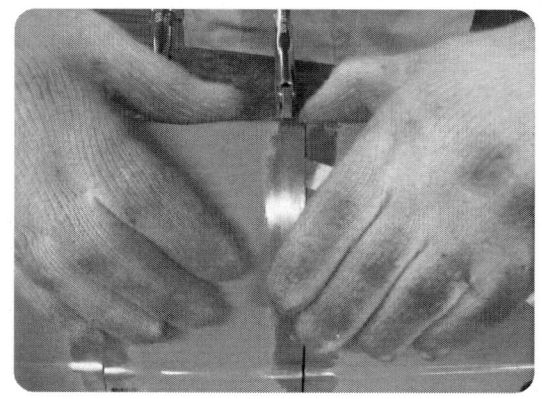

▮▶ 패널의 임시고정

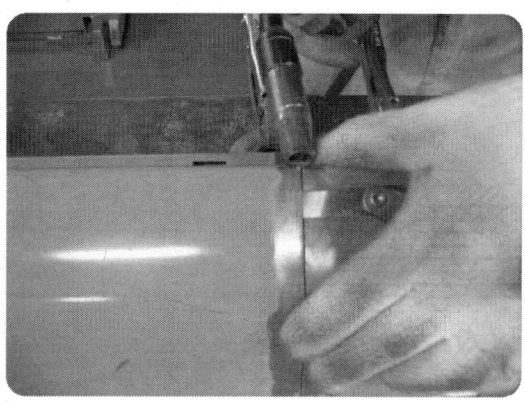

▮▶ 프레스 라인 가접

　패널과 패널의 간격과 단차를 조정하기 위해서는 틈새게이지 및 톱날을 사용하는 것이 좋다. 드라이브나 펀치 등을 이용하는 경우도 있지만 패널의 간격을 고려할 때 패널 간격 사이를 자유롭게 움직일 수 있는 것으로 조정해 주는 것이 좋다.

▮▶ 틈새게이지를 사용한 단차 맞춤

틈새게이지 및 톱날을 사용해서 패널의 간격과 단차를 맞추면서 패널 상단면의 가접이 끝이 나면 하단 부위의 가접을 진행한다. 하단부의 가접을 진행하기에 앞서 상단 부위에 가접할 때와 마찬가지로 틈새 게이지 및 톱날을 사용해서 패널의 간격과 단차를 맞추어 준다.

■➡ 패널 상단부위의 가접　　　　　　　■➡ 패널 하단 부위의 가접 준비

위의 그림에서 보듯이 패널 상단 부위의 가접에 있어서 주의할 사항은 가접의 순서이다. 가접은 아무 곳이나 먼저 하는 것이 아니라 각진 부위인 프레스라인 부분을 먼저 가접한 후 평면 부위에 가접을 해준다. 프레스 라인이 정확하게 맞추어져야 패널의 뒤틀림이나 수평을 정확하게 유지할 수 있기 때문이다.

하단 부위의 패널 단차 및 간격이 조정되고 나면 바이스 플라이어로 고정하고 CO_2 용접기로 플랜지 부위의 가장자리에 가접을 먼저 해 준다. 플랜지 가장 자리 부위에 가접을 먼저 해주는 것은 패널의 간격을 일정하게 유지하기 위해서이다.

■➡ 패널 하단부의 간격 조정

▶ 바이스 플라이어로 고정

▶ 플랜지 가장자리 가접

위의 그림처럼 로커 패널 하단부의 용접 작업은 그렇게 쉬운 작업이 아니다. 패널 형상이 곡면을 이루고 있으며, 범위가 넓기 때문에 용접 작업 시 패널이 수축되는 현상이 두드러지게 나타난다. 패널의 형상을 그대로 유지하고 패널의 수축을 방지하는 방법은 패널 표면에 가접을 많이 해서 본 용접 시에 패널이 받을 열 영향을 최소화 해주는 것이다. 열 영향이 적으면 적을수록 변형되는 양도 적을 것이다.

▶ 틈새게이지로 간격 조정

패널 하단부위의 넓은 면을 가접할 때에도 마찬가지로 틈새게이지 및 톱날을 이용해서 패널의 간격과 단차를 조정하면서 가접을 해 준다.

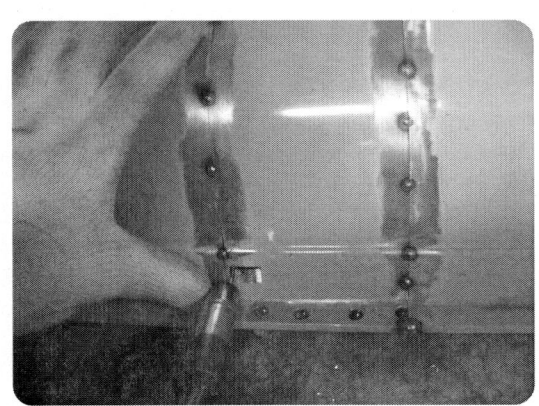

■➡ 하단 부위의 가접

③ 플러그 용접

맞대기 용접부위의 가접이 모두 끝이 나면 스포트 용접점을 탈거 한 위치에 바이스 플라이어로 고정하고 플러그 용접용 홀이 뚫려져 있는 곳에 플러그 용접을 해준다. 플러그 용접은 외판과 내판의 패널 중에 외판에 용접 홀을 뚫어 내판을 고정한 상태에서 용접 홀을 메워줌으로써 외판과 내판을 접합하는 형태의 용접작업을 말한다.

■ 플러그 용접 홀

플러그 용접 홀 또한 너무 작거나 너무 크게 되면 접합상태에 따라 용접 불량의 원인이 될 수도 있으며, 홀이 너무 클 때에는 용접 면이 넓어지기 때문에 비드 연삭시간이 오래 걸릴 수 있으며, 외관상 나타나 보이는 부분이기 때문에 외관 품질에도 영향을 미친다.

플러그 용접 홀은 홀 펀치를 사용해도 홀을 뚫을 수 있으나 대부분 스포트 드릴 커터를 사용해서 홀을 뚫어 준다.

■➡ 플러그 용접용 홀

홀의 크기는 용접 되는 범위에 따라 달라 질 수 있지만 대략적으로 Ø6 ~ 8㎜ 지름의 홀을 뚫어 주면 된다.

■ 플러그 용접조건 설정

플러그 용접을 할 때에도 용접기를 재조정해서 용접할 수 있도록 한다.

▶ 용접 조건 재조정

▶ 플러그 용접

■ 플러그 용접시 토치의 사용방법

플러그 용접 홀을 용입할 때에는 홀의 지름이 작은 경우에는 토치를 홀의 중앙에 위치하고 토치를 눌러 와이어를 돌출 시킨 후 홀의 중심으로부터 가장자리로 용입해 나간다. 반대로 홀의 지름이 클 경우에는 홀의 가장 자리부터 용입을 시작하여 홀의 중심으로 용입을 해준다.

▶ 플러그 용접

▶ 플러그 용접된 모습

플러그 용접 또한 플러그 용접 비드의 넓이가 너무 넓게 형성된다든지 비드 높이가 너무 높게 형성되면 연삭 시간이 오래 걸릴 뿐 아니라 외관상 품질도 나빠지기 때문에 항상 용접되는 플러그 용접은 플러그 용접홀의 크기보다 조금 더 크게 용입되게 용접해 주는 것이 가장 좋다.

④ 가접 부위 연삭

플러그 용접이 마치게 되면 맞대기 용접되어 질 부분에 가접된 부위를 에어 샌더를 사용해서 깨끗이 연삭해 준다. 가접된 부분의 돌출 부위를 깨끗이 연삭해 줌으로써 맞대기 작업을 용이하게 해준다.

▣▶ 가접 부위 연삭

▣▶ 에어 샌더기를 사용해서 연삭

⑤ 맞대기 용접

가접 부위가 연삭 된 후 패널 교환 작업의 마지막 공정인 맞대기 용접을 해 준다. 맞대기 용접이란 한 포인트 한 포인트 용접해나가는 점용접이 아니라 보통 연속적으로 30 ~ 40㎜정도를 연속적으로 용접해 나가는 작업을 말한다. 띄엄띄엄 용접해 나가는 것보다 연속적으로 용접해나가는 것이 패널에 전달되는 열의 영향을 적게 할 수 있으므로 패널 변형이 미세하게 일어난다. 연속용접으로 용접을 하기 위해서는 많은 연습량을 요구한다. 맞대기 용접되어 지는 부분의 비드 폭이나 넓이 등을 정확하게 조절하면서 용접하기 위해서는 많은 경험이 필요하고 자주 사용되어 져야 한다.

맞대기 용접 부위의 비드 폭이 넓다거나 비드 높이가 필요이상으로 높게 되면 용입 불량의 원인이 될 뿐만 아니라 연삭하는데 많은 시간을 필요로 하게 되어 작업자의 피로도를 증감시키는 결과가 된다.

➠ 연속 용접

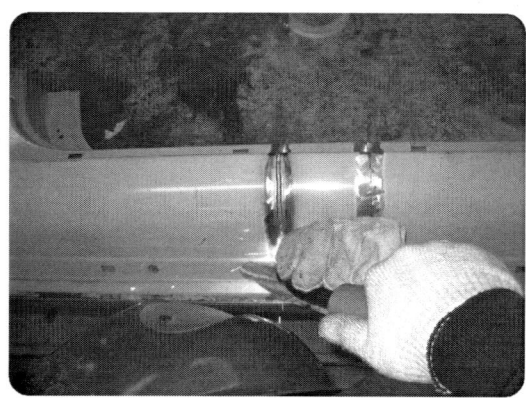
➠ 연속 용접

■ 맞대기 용접시 주의사항

연속 용접으로 비드의 높이와 넓이를 정확하게 용접하기 위해서는 많은 연습량이 필요할 뿐 아니라 용접 조건도 정확하게 맞출 필요성이 있다. 용접 전압과 와이어 이송 속도를 정확하게 세팅한 후에 용접을 해주어야 한다.

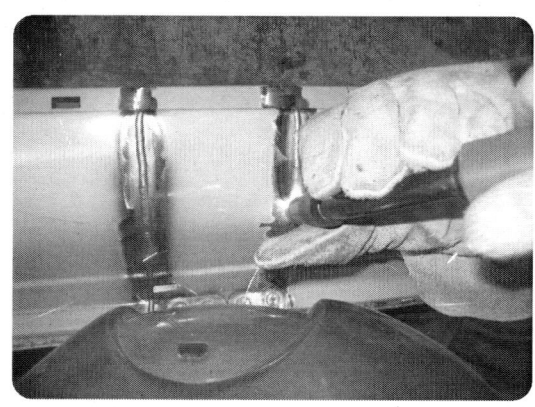
➠ 용접 비드와 넓이 조절

➠ 용접선의 정확한 파악

맞대기 용접 시에 용접선을 정확히 판단하면서 용접을 하기 위해 전진법으로 용접해주는 것이 유리하다. 후진법으로의 용접은 토치가 패널에 걸릴 수 있고 용접선이 토치에 가려 보이지 않기 때문에 용접선이 매끄럽게 정리되지 못하고 조금은 비뚤어진 용접 비드를 얻을 수 있다.

용접 작업에서 가장 중요한 것은 본 용접 전에는 반드시 동일한 재료와 두께의 패널로 시편 용접을 해 봄으로써 용접 조건을 정확하게 세팅해야 한다는 것이다.

용접 작업 전에 항상 생각할 것은 반드시 시편 용접을 통해 용접 조건을 정확하게 설정한 후에 본 용접을 진행해야 한다는 것이다.

➡ 맞대기 용접 마무리　　　　　　　➡ 맞대기 용접된 모습

■ 안전보호구 착용

또 한 가지 중요한 사항은 용접 작업 중에는 항상 안전보호구를 착용해야 한다는 것이다. 용접 마스크와 규격에 맞는 용접 면, 용접 장갑, 용접 앞치마 등 용접 작업을 진행하면서 발생될 수 있는 안전사고를 미연에 방지해야 한다.

안전사고의 발생원인은 모두 본인의 부주의에 있기 때문에 항상 안전사고를 미연에 방지할 수 있도록 노력해야 할 것이다.

6 용접 부위 연삭

맞대기 용접이 끝이 나면 모든 용접 작업의 공정은 끝이 난다. 용접 작업이 끝이 난 후 용접된 부위를 디스크 그라인더 및 샌더기를 사용해서 용접 비드를 깨끗이 연마해 준다.

▶ 디스크 그라인더로 연삭(1차 연삭)   ▶ 샌더기로 연삭(2차 연삭)

연삭 작업 시 주의할 사항은 너무 무리한 힘을 패널에 가하지 않는 것이다. 너무 많은 힘을 들여 샌더기로 연삭하다 보면 패널 변형 뿐 아니라 패널도 연삭하게 됨으로써 패널 두께의 감소도 가져온다. 1차적으로 디스크 그라인더로 어느 정도 연삭한 후 샌더기를 사용해서 깨끗하게 연삭해 주는 것이 좋다.

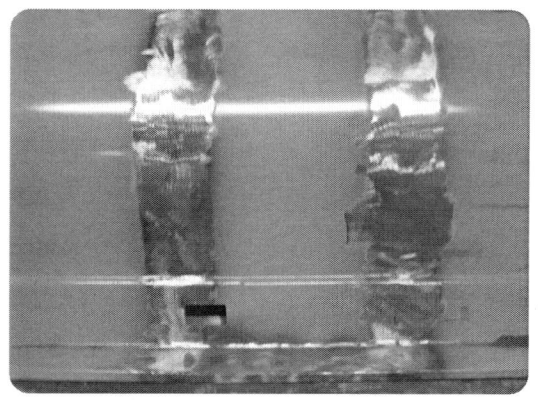

▶ 마무리 연삭 작업

디스크 그라인더로 연삭 부위 전체를 연삭하는 것 보다 샌더기로 연삭해 주는 것이 패널에 전달되는 열 영향이 미세하다.

연마 작업이 끝이 나면 패널 교환 작업의 모든 공정은 끝이 난다. 마지막으로 용접된 부위와 주변에 변형된 부위가 없는지 확인하고 변형된 부위가 있으면 수정을 해주고 변형된 부위가 없으면 모든 작업을 마무리 한다.

▶ 패널 교환 작업 마무리

부품교환작업 및 도어수정

chapter 3

부품교환작업 및 도어 수정

number 01 부품 교환 작업

 부품을 교환 하는 작업에는 헤드램프 교환 작업과 범퍼 교환 작업이 주로 이루어지며, 프런트 펜더와 도어 패널, 후드 패널, 트렁크 리드 등과 같은 경우에는 볼트온 패널 교환 작업으로 분류할 수 있다.

 부품 교환 작업 및 간단한 볼트 온 패널 교환 작업 같은 경우에는 차체수리 작업에 있어 가장 기초적인 작업이라 할 수 있다.

1 부품 교환 작업

■ 헤드램프 교환 작업

헤드램프를 교환하는 작업은 간단하다.

 하지만 현재 생산되어 지고 있는 차종에 따라 헤드램프를 교환할 때 범퍼를 탈거한 상태에서 헤드램프를 탈거해야 하는 차종도 있다. 거의 모든 차량이 범퍼와 헤드램프를 따로 탈거할 수 있도록 되어 있지만 헤드램프를 탈거하고자 할 때 범퍼를 먼저 탈거해

야만 하는 차종도 있음을 알아두자.

그림과 같은 차종에서 헤드램프를 교환 할 때의 방법이다.

부품을 교환 하는 작업은 간단히 이루어 질 수 있는 작업이기 때문에 간략하게 설명하고자 한다.

▶ 헤드램프

헤드램프의 경우에는 보통 볼트로 프런트 패널에 고정되어 있는 경우가 많다. 요즘은 볼트와 너트의 조합 형태로 결합되어 있는 경우도 있지만 대부분 볼트로 고정되어 있으며, 볼트의 개수가 보통 4개로 구성되어 있다.

그림과 같이 로체의 경우에는 볼트와 너트의 조합으로 결합되어 있다.

▶ 볼트의 위치

▶ 너트의 위치

헤드램프를 탈거하고자 할 때에는 볼트와 너트를 풀어주고 연결된 커넥터를 분리해 주면 차체에서 탈거된다.

■▶ 연결된 커넥터 분리

헤드램프를 탈거할 때 헤드램프 밑 부분이 범퍼에 조금 간섭되는 현상이 나타나는데 이럴 경우에는 일자 드라이버를 헤드램프와 범퍼 사이로 밀어 넣어 헤드램프를 조금만 들어 올려 주면 헤드램프를 탈기할 수가 있다.

 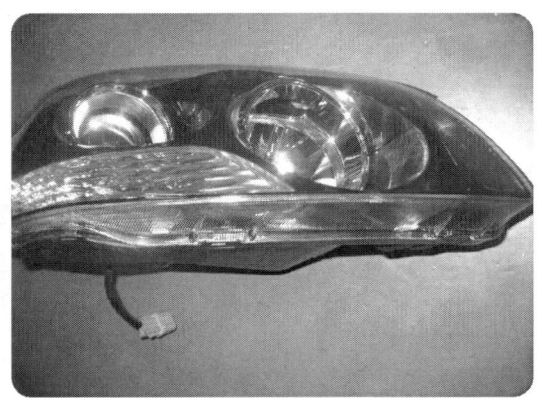

■▶ 범퍼 간섭 부위　　　　　　　■▶ 헤드램프 간섭 부위

조립은 탈거의 역순이다.

■ 리어 콤비램프 교환 작업

리어 콤비램프 같은 경우에는 너트로 차체에 결합되어 있는 것이 대부분이다. 헤드램프의 볼트와 같이 너트 4개로 고정되어 있다.

리어 콤비램프를 교환하고자 할 때에는 그림과 같이 너트 4개를 풀어서 탈거한 후 다시 조립해 주면 된다.

▶ 리어 콤비램프

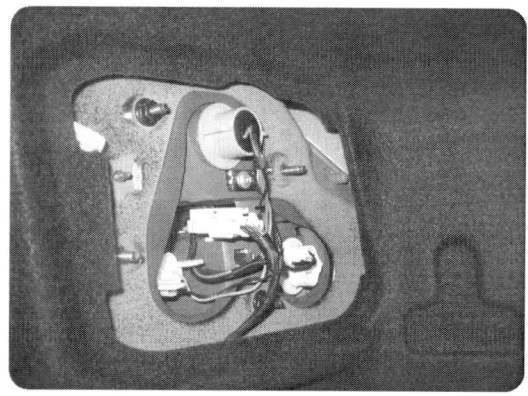
▶ 너트 4개로 고정되어 있음

number 02 도어 수정

1 도어 수정 수공구 및 장비

도어 패널을 수정할 때 사용되는 수공구는 해머와 돌리, 스푼 등이 있으며, 수정장비에는 스터드 용접기가 주로 사용된다. 도어 패널 내부에 손이 들어갈 수 있는 공간의 변형에는 해머와 돌리를 사용해서 수정해 줄 수 있지만 보강판이 부착된 곳의 수정은 해머와 돌리로 수정이 어려우므로 주로 스터드 용접기로 많이 수정해 준다.

2. 스터드 용접기를 사용한 수정

그림과 같이 변형 부위가 도어 상단에 발생되었다. 이런 경우 스터드 용접기를 사용해서 수정하는 방법에 대해 알아보자.

도어 패널과 같이 볼트 온 패널의 변형은 육안 점검만으로도 충분히 어느 정도의 변형인지 가늠할 수 있다. 하지만 변형 부위를 수정하고자 도막을 벗겨낼 때 어느 정도의 범위 만큼 샌딩 작업해야 하는지 구분되지 않을 수 있다.

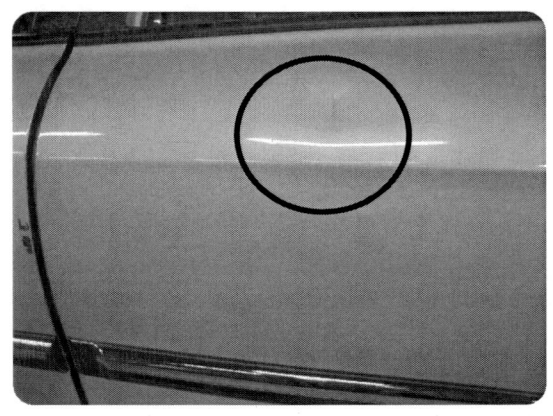

■ 변형 부위 표시

그러한 경우 그림과 같이 변형 패널 표면에 변형부위의 크기를 적당하게 표시 해 두는 것이 샌딩 작업에 있어 편리하다.

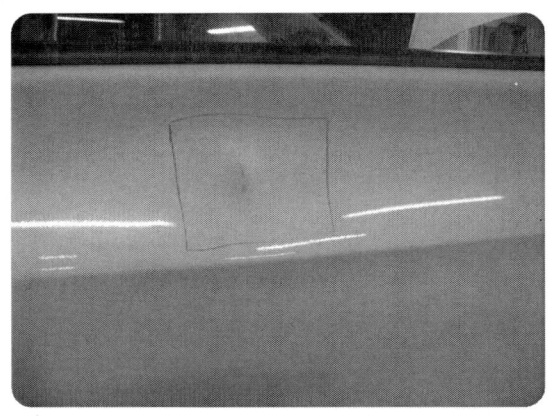

➡ 변형 범위를 패널 표면에 표시

■ 변형 부위 샌딩작업

변형 범위를 표시한 후 변형 부위를 수정하기 위해 샌더기를 사용해서 도막을 벗겨낸다. 도막을 벗겨낼 때에는 변형 부위보다 조금 더 넓게 도막을 벗겨 낼 수 있도록 한다. 왜냐하면 변형 부위를 원래의 모습으로 빠르게 복원하기 위해서이다.

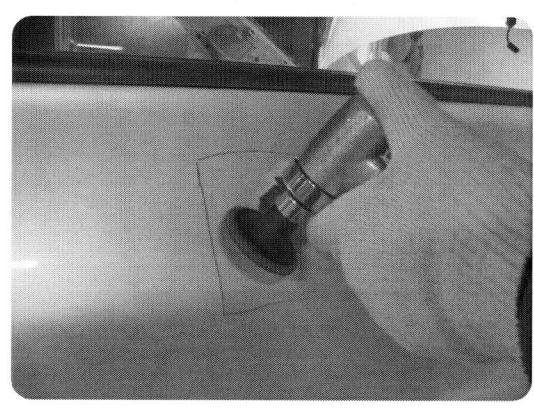
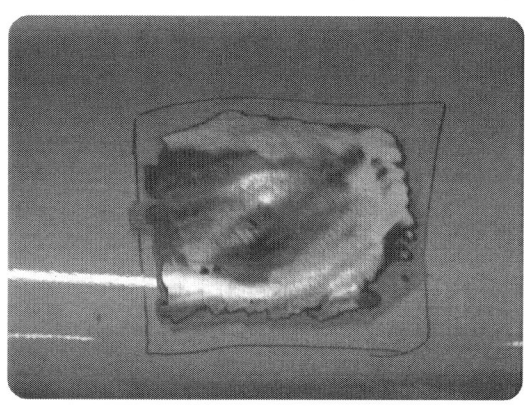

▶ 변형 부위 샌딩 작업

도막을 벗겨 낼 때 그림과 같이 잔여 도막이 남지 않도록 깨끗이 벗겨내어 준다. 왜냐하면 스터드 용접기를 사용해서 패널에 전기를 통하고자 할 때 도막으로 인해 스패터가 발생될 수 있기 때문이다.

변형 부위의 도막 제거가 마쳐지면 변형 부위와 가까운 곳에 어스 댈 수 있도록 패널 표면을 샌딩 해 준다.

▶ 어스 위치

■ 스터드 용접 조건 설정

도막을 모두 제거한 후에 스터드 용접기를 준비하고 스터드 할 수 있는 조건을 설정해 준다.

➡ 스터드 용접 조건 설정

■ 슬라이딩 해머작업

스터드 할 조건이 설정되면 변형 부위를 스터드로 잡아 당기면서 복원시켜 준다.

슬라이드 해머를 잡아 당길 때 너무 큰 힘으로 잡아 당기게 되면 패널이 솟아 오르게 되어 복원수정이 어렵게 된다. 그러므로 슬라이드 해머를 잡아 당길 때는 약한 힘으로 2번 정도 당겨주는 것이 가장 좋은 수정 방법이다.

 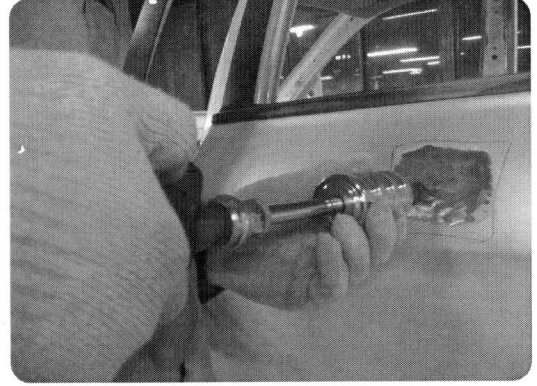

➡ 슬라이드 해머 당김 작업

스터드 용접기의 슬라이드 해머를 사용해서 수정할 때 그림과 같이 당겨내고자 하는 방향은 패널의 위치와 같은 위치로 당겨내 주어야 한다.

슬라이드 해머를 비스듬하게 해서 패널을 수정하게 되면 패널이 정확하게 수정 되는 것이 아니라 비스듬한 모양으로 조금은 솟아오른 산의 모양을 띄게 된다.

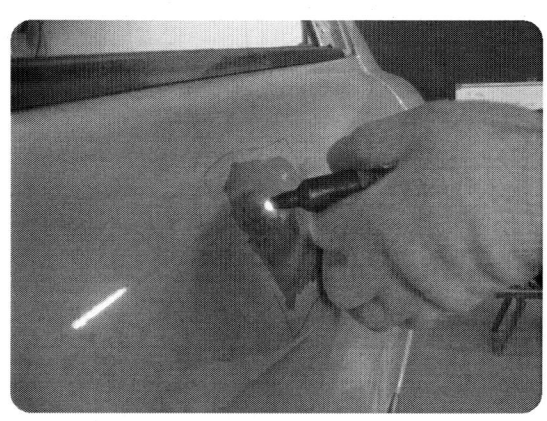

▶ 슬라이드 해머의 당김 방향

■ 거스러미 제거작업

변형 부위를 어느 정도 복원시켰으면 패널 표면에 발생된 거스러미를 제거해 주어야 한다. 거스러미를 제거해 주기 위해서는 주로 샌더기를 많이 사용하는데 파일을 이용한 제거 방법을 알아본다.

▶ 수정 부위에 거스러미 발생

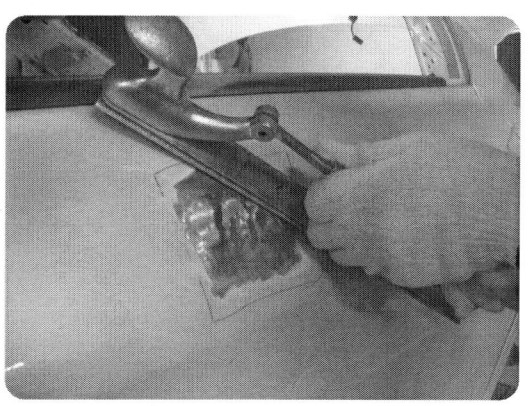
▶ 파일 작업으로 거스러미 제거

패널 수정 작업에 있어 파일 작업은 그림에서도 볼 수 있듯이 변형 부위를 쉽게 파악할 수 있다는 것이다.

샌딩 작업으로도 수정된 부위와 수정되지 못한 부위를 확인할 수도 있지만 파일 작업은 변형이 남아 있는 부위를 쉽게 확인할 수 있을 뿐만 아니라 패널 표면도 매끄럽게 복원시켜 준다.

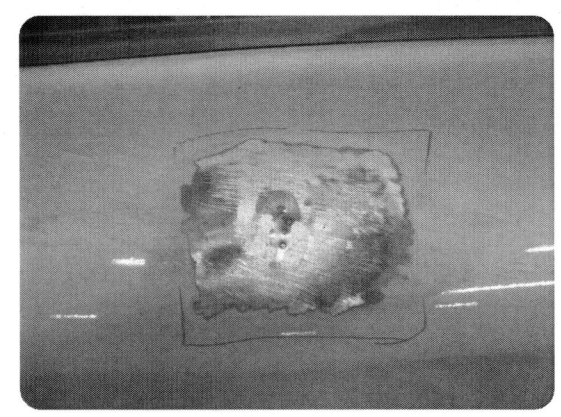

▶ 파일 작업 후 남아 있는 변형 부위

■ 파일 작업면과 샌더 작업면 비교

파일 작업 된 면과 샌더기로 작업된 면을 비교해보자.

아래 그림에서 보듯이 파일로 마무리된 모습과 샌더기를 사용해서 마무리된 수정의 모습이 확연히 다른 모습이라는 것을 알 수 있다. 물론 패널을 수정하는 능력에 따라서 수정된 모습도 다를 수 있겠지만 패널 수정 작업 시 파일의 사용은 권장할 사항이다.

패널 복원을 얼마만큼 정밀하게 하느냐에 따라서 평활도에도 차이가 있을 것이다. 파일작업과 샌딩 작업의 병행 작업으로 수정된 면과 수정되지 못한 면을 정확히 판단하여 패널 수정작업이 원활하게 진행될 수 있도록 하기 위한 노력과 연습이 필요하다.

▶ 파일로 작업된 면

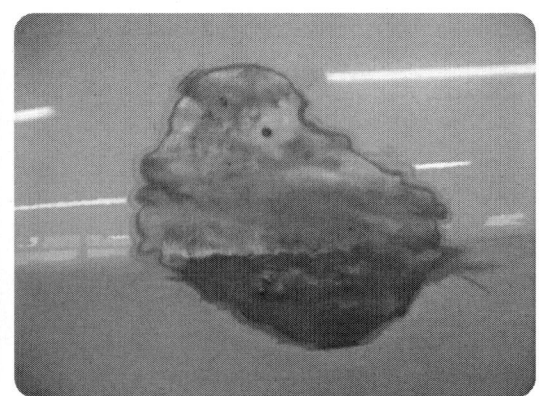

▶ 샌더기를 사용한 면

■ 반복 수정

파일 작업 후 수정되지 못한 부분을 확인한 후 스터드 용접기를 사용해서 다시 수정해 준다.

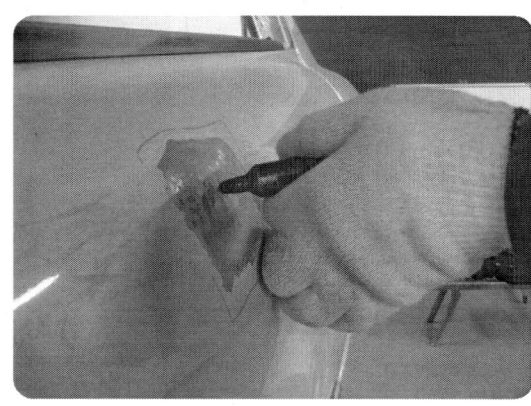 

▶ 반복 수정 모습

■ 해머링 작업

수정 작업과 함께 해머링 작업도 병행해 줌으로써 수정 작업을 신속히 진행한다. 스터드 용접기로 변형 부위를 당겨내면서 변형 부 주변을 약한 힘으로 해머링 함으로써 원래의 형상으로 빠른 수정 작업을 할 수 있다. 해머링 할 때 너무 강한 힘으로 패널을 두드리지 않도록 주의한다.

▶ 해머링 작업

다시 수정된 면을 파일로 면을 고르게 해 준 후 수정되지 못한 부분을 확인하고 수정되지 못한 부분이 있다면 다시 스터드 용접기를 사용해서 수정해 주면 된다.

너무 빈번하게 파일 작업을 한다든지 스터드 용접기로 패널을 잡아 당긴다든지 하면 패널이 쉽게 늘어날 수 있으며, 패널 두께가 감소할 수 있으므로 너무 오랜 반복 수정 작업은 그렇게 좋은 방법이 아니다.

파일 작업 후 변형 된 부위가 모두 수정되었으면 도어수정 작업을 마치게 된다.

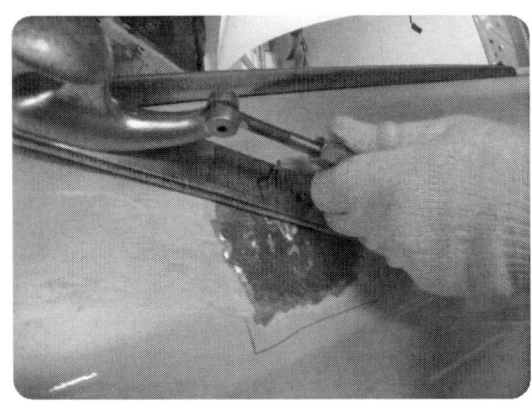
▶ 파일로 마무리 작업

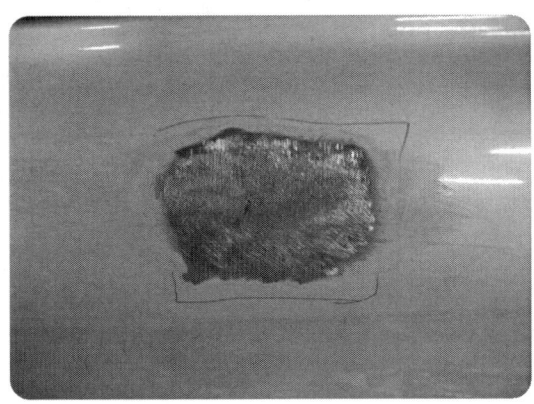
▶ 수정된 모습

■ 외판 패널 수정작업시 고려사항

외판 패널 수정 작업은 다음 공정인 도장 작업을 많이 고려해야 한다. 패널 수정면이 너무 많이 치솟아 있으면 퍼티 도포 뿐만 아니라 도장 작업이 곤란하다. 수정되는 패널 면은 퍼티가 도포되는 면을 감안하여 원래의 패널 면보다 조금 낮게 수정해 주는 것이 좋다.

너무 낮게 수정되면 많은 양의 퍼티가 도포되기 때문에 곤란하다. 패널 수정 작업에 의해 패널 표면에 발생한 스크래치나 기스 등을 깨끗하게 마무리하기 위해서는 퍼티작업은 필수공정임에 틀림이 없다. 그렇기 때문에 퍼티의 양을 최소화 하게 할 수 있도록 패널 수정 작업이 이루어져야 할 것이다.

■ 퍼티 작업

도어 패널 수정 작업이 완료된 후 퍼티를 도포하기 위해 퍼티가 도포될 면적만큼 종이 및 신문지를 사용해서 패널 표면에 부착해 준다.

종이 및 신문지를 사용해서 도포면을 정해 주는 것은 퍼티 작업 면적 만큼 퍼티를 도포하기 위해서이며 불필요한 곳까지 퍼티 도포하는 것을 방지하기 위해서이다.

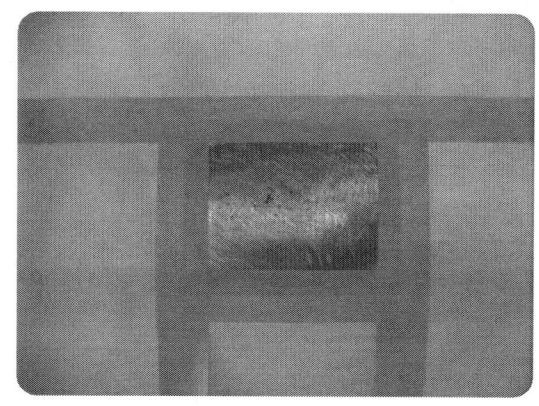

➡ 퍼티 도포 면

시험장에서 퍼티를 도포할 때에는 반드시 퍼티가 도포되는 면적만큼 종이 및 신문지를 사용해서 부착해 주는 것이 좋다.

종이 및 신문지를 사용해서 패널 표면에 부착 후 퍼티 작업을 하기위해 퍼티와 경화제를 적당한 비율로 혼합해 준다.

일반적으로 퍼티와 경화제의 비율은 100 : 1~3의 비율로 섞어준다. 날씨가 따뜻할 경우에는 100 : 1정도가 적당하며, 날씨가 차가울 때는 100 : 3정도가 적당하다.

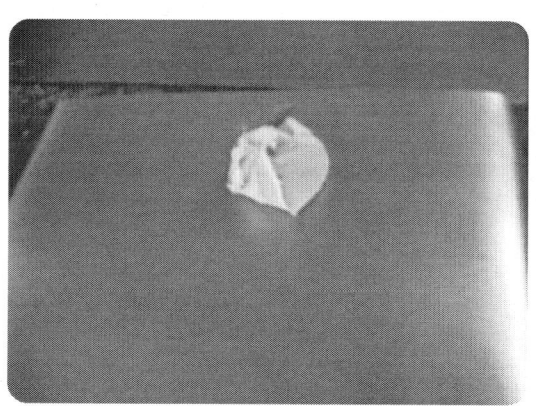

➡ 퍼티와 경화제의 비율

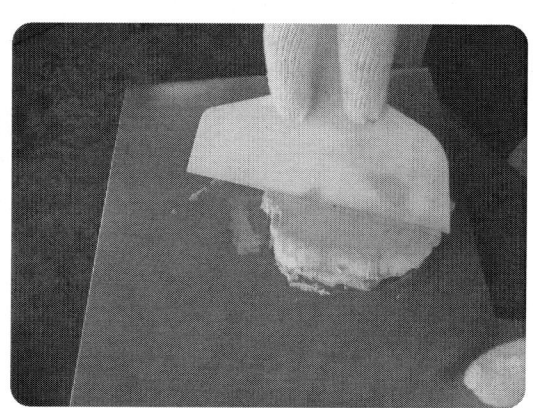

➡ 퍼티와 경화제 혼합

퍼티와 경화제를 혼합할 때에는 정확하게 비율을 정할 수 있는 디스펜서가 없기 때문에 감각으로 혼합할 수밖에 없는 상황이다. 감각에 의존해서 혼합할 경우 경화제가 많이 들어가면 경화하는 속도가 그만큼 빨라지고 경화제가 적을 경우에는 경화하는 속도가 늦게 된다는 것을 알고 있어야 한다.

어느 정도 혼합 된 상태에서 적당량을 주걱에 묻혀 패널에 도포해 준다. 퍼티를 도포해 줄 때에는 많은 양을 도포하기 보다는 적당량을 도포해 주는 것이 좋다.

퍼티가 경화되는 속도가 있기 때문에 많은 양을 도포했을 경우에는 그만큼 경화되는 속도가 늦게 된다.

패널 면에 퍼티를 도포한 상태에서 몇 분 정도 시간이 경과한 후 퍼티가 완전히 마르기 전에 종이를 떼어 낸다.

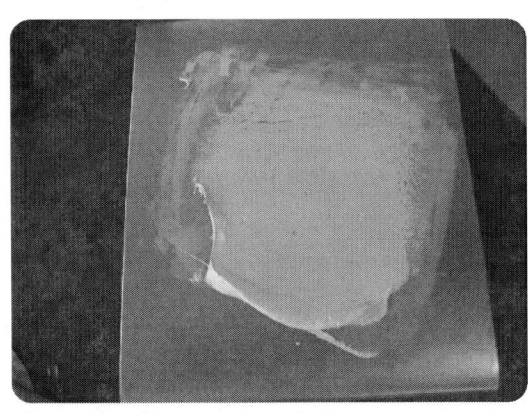
▶ 혼합된 상태

▶ 주걱에 적당량을 묻힘

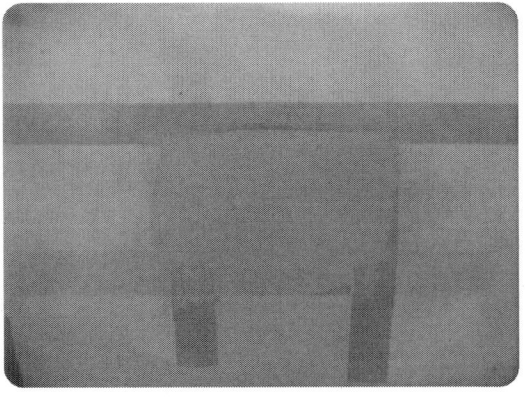
▶ 적당량 도포

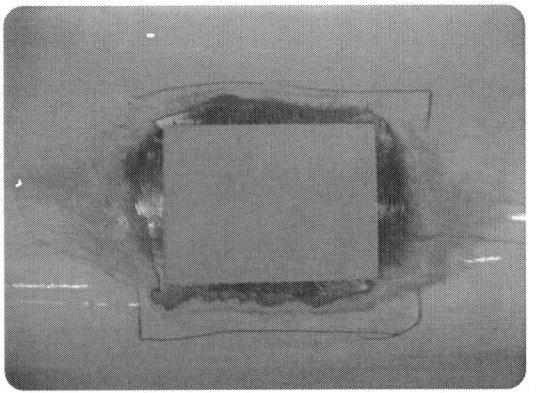
▶ 퍼티 도포 면

※ 다음 그림과 같이 도포된 퍼티는 도포면적을 나타내기 위해서이며, 퍼티 도포 두께와 패널 면과의 차이점을 알아보기 위해서 퍼티를 도포한 것이다. 실제적으로 퍼티의 도포는 도막 위에 스크래치 및 기스가 난 부위보다 조금 더 넓은 범위에 퍼티를 도포해 주어야 한다.

경화를 빨리 하기 위해 열풍기 또는 드라이 건을 사용해서 퍼티 도포된 면에 열을 가할 수도 있지만 시험장 여건 상 준비되지 못한 부분도 있기 때문에 겨울철과 같이 추운 날씨에는 드라인 건을 준비하는 것도 하나의 방법이다.

어느 정도 시간이 경과한 뒤 퍼티가 완전히 경화하게 되면 핸드 블록과 샌드 페이퍼를 사용해서 퍼티를 연마해 준다. 퍼티 도포의 원래의 목적은 패널 표면을 바로 잡기 위해서 도포하는 것이기 때문에 패널 표면과 함께 어느 정도 평활하다고 판단되면 퍼티 연마를 마치는 것이 좋다.

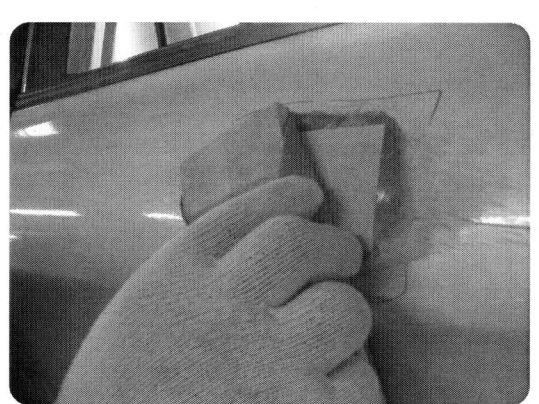 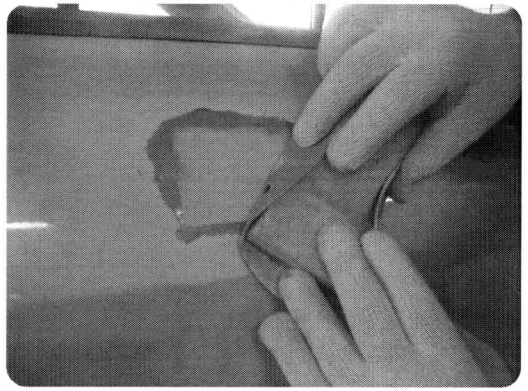

▶ 퍼티 연마

퍼티의 연삭까지 해서 도어 수정 작업의 모든 공정은 끝이 난다.

 차체수리기능사 실기

number 03 가스 용접 방법

판금작업에 있어서 가스 용접에 주로 많이 사용되는 것이 산소-아세틸렌 가스 용접이다. 차체수리 작업이 정립되기 전 판금작업이 성행할 때 산소-아세틸렌 가스의 사용이 대부분이었다. 아직도 많은 부분에서 산소-아세틸렌 가스 용접을 많이 사용하고 있는 것이 현실이다.

어떻게 보면 용접의 기초가 산소-아세틸렌 가스 용접이라 해도 과언은 아닐 것이다. 차체수리 작업에 있어서 현장에서의 산소-아세틸렌 가스 용접을 지양하고 있다. 하지만 동용접이나 연강판을 용접할 때 산소-아세틸렌 가스 용접을 사용하지 않을 수 없다.

▶ 산소-아세틸렌가스 용접기

이제 판금작업에서 차체수리 작업으로 변화해가는 시점에서 많은 현장작업에서 산소-아세틸렌 가스 용접이 아닌 스포트 용접이나 탄산가스 아크용접(CO_2)을 주로 사용하고 있다.

산소-아세틸렌 가스 용접기를 사용해서 주어진 연강판을 용접하는 방법에 대해서 알아보자.

1 연강판 절단

가장 먼저 2장의 연강판이 주어지면 정해진 치수대로 용접을 진행하면 되는데 문제는 1장의 연강판이 주어지면 도면에서 제시하고 있는 치수대로 절단해서 용접을 해야 한다는 것이다.

주어진 연강판을 가지고 연강판을 절단할 때에는 판금가위를 사용해서 절단할 수도 있겠지만 에어 톱을 사용해서 절단하는 것이 가장 좋은 방법이다.

현장작업에서도 패널을 교환할 때 가장 많이 사용되어 지고 있는 것이 에어 톱의 사용이다. 왜냐하면 가장 정확하고 깨끗하게 절단할 수 있기 때문이다.

➡ 에어 톱으로 패널 절단 모습

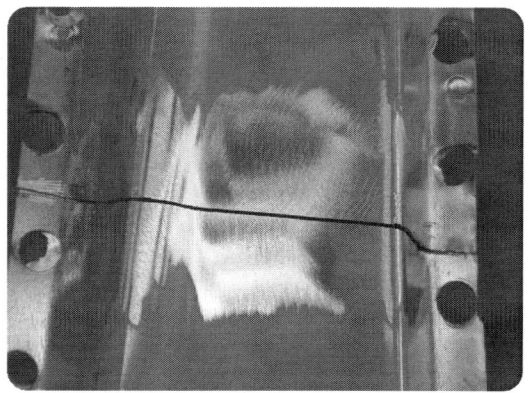
➡ 패널 절단된 모습

또한, 에어 톱으로의 절단은 패널에 전혀 변형을 주지 않는다는 것이 큰 장점이다. 주어진 연강판을 판금가위로 절단할 경우 연강판이 휘어지기 때문에 해머링 작업으로 연강판을 수정해야 하며, 패널 간의 간극 조정이 불량해진다.

에어 톱으로 절단면을 깨끗하게 절단했을 때 보다 소요되는 시간이 더 많이 걸리게 된다.

실기 시험은 주어진 시간 안에 모든 작업을 끝내야 하는 시간적인 부담이 따르기 때문에 시간을 줄일 수 있는 모든 방안을 강구하는 것이 좋다.

② 연강판 고정

에어 톱으로 연강판을 깨끗이 절단한 후 바이스 플라이어를 사용해서 용접하고자 하는 간격만큼 띄운 후 용접 준비를 한다.

패널과 패널의 간격은 에어 톱날 만큼이 지나갈 만큼의 간격이면 좋다. 보통 1 ~ 2mm정도의 간격이 가장 좋다.

간격이 너무 넓게 되면 용접하는데 있어 시간이 많이 소요되며 용접 진행 방향으로 패널에 전달되는 열 영향이 커지므로 용접 폭이 굉장히 넓어질 수가 있다.

용접 폭이 넓어진다는 것은 패널에 전달되는 열의 영향이 그 만큼 많다는 것이다. 패널에 열이 많이 전달되면 전달 될수록 패널 변형이 그만큼 더 많아진다. 패널이 넓어남과 수축함을 반복하면서 심한 변형을 일으킬 수 있기 때문에 주의를 해야 한다.

도면에서 주어진 간격보다 더 넓은 간격으로 용접되어 지는 것 보다 위 그림에서 보듯이 톱날이 지나갈 정도의

▶ 연강판 고정

간격만큼의 여유 공간을 두고 바이스 플라이어로 단단히 고정한 후 용접 준비를 하는 것이 가장 좋은 방법이다.

③ 산소-아세틸렌 가스 용접기 세팅

산소-아세틸렌 가스 용접을 많이 해 본 사람은 바로 작업을 진행해도 무관하지만 처음 접하거나 많은 연습량을 필요로 하는 사람은 다음과 같은 사항을 주의해야 한다.

산소와 아세틸렌의 사용은 주의를 기울여서 취급할 필요가 있다. 자칫 잘못 취급하다 보면 사고로 연결되기 때문에 항상 안전사고를 미연에 방지하는 것이 좋다.

▶ 산소용기와 레귤레이터

▶ 아세틸렌 용기와 레귤레이터

산소와 아세틸렌은 용기와 레귤레이터, 호스 등의 색이 정해져 있다. 산소 용기의 색상은 녹색이며, 아세틸렌 용기의 색상은 황색으로 되어 있다. 호스의 색상은 산소의 경우 녹색이나 검정으로 되어 있으며 아세틸렌의 경우에는 적색으로 되어 있다.

산소 용기는 약 150배로 압축된 산소로 용기 안에 충전되어 있기 때문에 밸브를 열 때에는 급하게 열지 않고 천천히 왼쪽으로 돌려 열어준다. 아세틸렌 용기 또한 마찬가지로 밸브를 돌려 열어 줄 때 천천히 왼쪽으로 돌려 열어주면 되겠다.

압력을 조정하는 레귤레이터의 압력은 산소의 경우 3~5kg/cm² 이며, 아세틸렌의 경우에는 0.3~0.5kg/cm² 이다.

압력 조정이 끝이 나고 토치에 점화할 때는 먼저 토치의 아세틸렌의 밸브만을 열고, 전용 점화용 라이터로 불을 켠다. 불이 켜지면 산소의 밸브를 조금씩 열면서 불꽃을 조정한다.

연강판을 가스 용접할 때에는 불꽃의 조정을 중성불꽃(표준불꽃)으로 해서 용접하는 것이 좋다.

▶ 불꽃 점화 모습

가스 용접이 끝이 난 후 불꽃을 끌 때는 처음에 아세틸렌의 밸브를 닫고, 마지막에 산소의 밸브를 닫는다.

4 시편 용접

본 용접을 진행하기 전에 반드시 폐자재를 사용해서 시편 용접을 해본다. 시편 용접을 통해서 토치의 각도 및 용접봉의 각도, 용접 비드, 용접 폭등을 미리 연습해 본다.

▶ 시편 용접

5 가 접

시편 용접을 통해 어느 정도 감각을 익히고 난 뒤 본 용접에 앞서 패널의 수축을 미연에 방지하고, 용접 간격을 그대로 유지하기 위해 본 용접을 하고자 하는 연강판 중간중간에 가접을 해준다.

가접은 본 용접을 하기 전에 임시적으로 이루어지는 작업이기 때문에 용접 비드가 너무 넓게 된다거나 용접되는 비드 높이가 너무 높게 형성되게 해서는 안 된다. 용접봉을 용접 간격 안에 위치하게 하고 두 장의 연강판을 가스 열을 이용해 조금만 녹여주면서 용접봉을 조금 녹여 접합하면 된다.

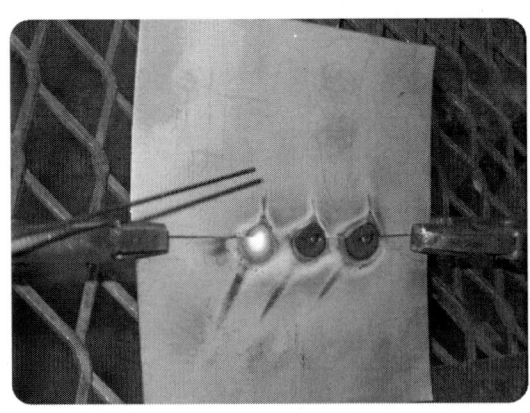

▶ 가접

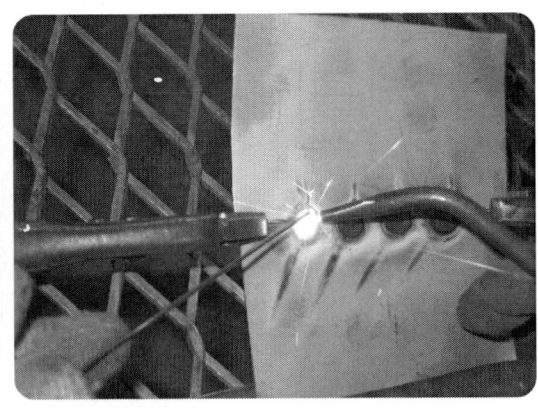

▶ 가접의 진행

가접을 할 경우에도 연강판은 가스열의 영향으로 패널이 수축하게 된다. 수축된 패널을 해머링 작업으로 편평하게 만들어준다.

본 용접을 진행하기 전에 연강판을 살짝 구부려 준다. 연강판을 구부려 주는 이유는 용접열에 의해 연강판이 수축되기 때문에 수축되는 양을 줄이고자 하는 것이다.

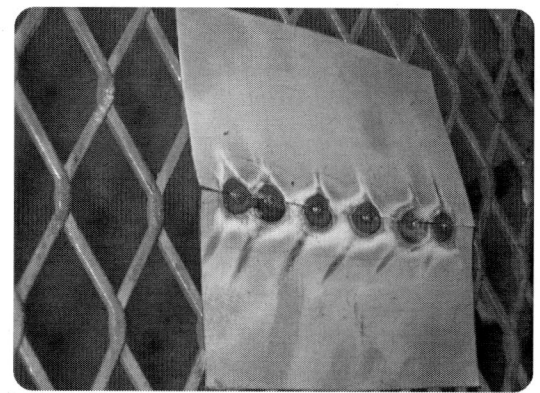

▶ 연강판의 수축

▶ 해머링 작업

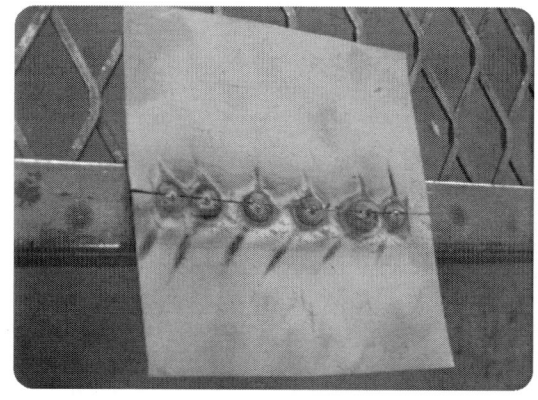

▶ 연강판 복원

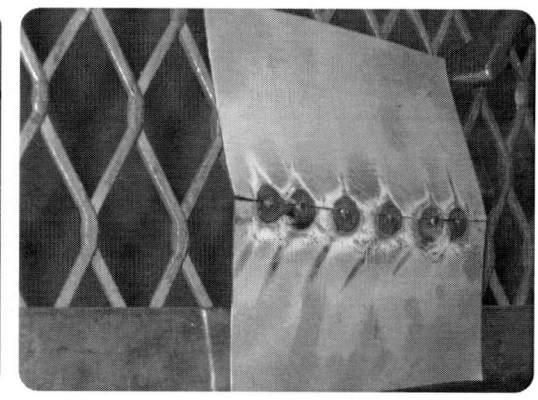

▶ 연강판을 구부려줌

6 본 용접

본 용접을 시작하기 전에 불꽃을 점화하여 토치의 불꽃을 다시 조정해 준다.

불꽃 조정이 끝이 난 후 토치와 용접봉을 잘 조절하면서 용접을 진행한다. 용접을 진행할 때 팁 끝 선단 부위가 패널에 닿지 않도록 주의를 해야 하며, 용접봉이 팁의 끝 선단에 닿지 않도록 해야 한다.

▶ 불꽃 재조정

토치와 용접봉의 거리는 동일한 거리를 유지하면서 본 용접을 진행해야 한다. 너무 멀리 떨어지면 용접 비드의 폭이 달라지며, 너무 가까이 접근하게 되면 팁 끝 선단에 닿게 되어 스패터가 발생되면서 구멍이 생기게 되는 현상이 발생될 수 있으므로 1cm 이상 떨어지지 않도록 주의해야 한다.

▶ 본 용접 진행

▶ 토치와 용접봉의 거리

그림과 같이 본 용접을 진행하면서 용접 비드의 폭과 높이를 정확하고 일정하게 조절하기 위해서는 토치의 각도와 용접봉의 각도를 일정하게 유지해야 하는데 토치의 각도는 보통 45°를 유지하고, 용접봉의 각도는 보통 30°를 유지하면서 용접을 진행하는 것이 좋다.

▶ 토치와 용접봉의 각도

또한, 용접 진행방향을 전진법이 아닌 후진법으로 용접을 하는 경우도 있는데 후진법으로의 용접은 진행하고자 하는 용접선이 토치에 가려져서 잘 보이지 않게 되기 때문에 정확한 비드의 형상을 얻기 어렵다. 그렇기 때문에 용접은 항상 전진법으로 진행할 수 있도록 많은 연습과 노력이 필요하다.

본 용접 작업이 끝이 나면 용접된 패널이 굉장히 뜨겁기 때문에 장갑 낀 손으로 만지게 되면 화상의 위험이 있기에 주의를 요한다.

본 용접이 끝이 나면 표면 비드 뿐만 아니라 백 비드가 정확하게 형성되었는지 확인한다. 백 비드가 형성 되었다 라는 것은 두 장의 패널이 정확하게 용접되어졌음을 알 수 있다. 백비드의 형성 없이 표면 비드만 형성되었을 경우에는 올바르게 용접되지 않았다는 것이다.

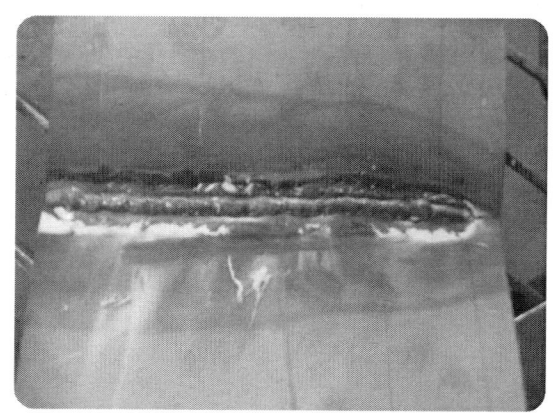

▶ 백 비드의 형성

뜨겁게 달구어진 패널을 바이스 플라이어로 고정한 후 해머로 변형된 패널을 골고루 편평하게 수정해 준다.

▶ 용접 후 해머 작업

수정 작업이 끝이 난 후 용접된 연강판을 그대로 놔두는 것이 아니라 용접 부위를 깨끗이 해주어야 한다. 회전 와이어 브러쉬를 사용해서 용접된 부분의 주변에 발생된 스패터와 거스러미를 깨끗이 정리해 줌으로써 가스 용접 작업의 모든 과정을 마치게 된다.

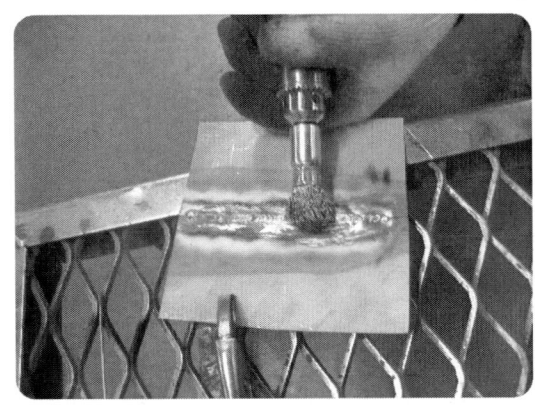

▶ 스패터 제거

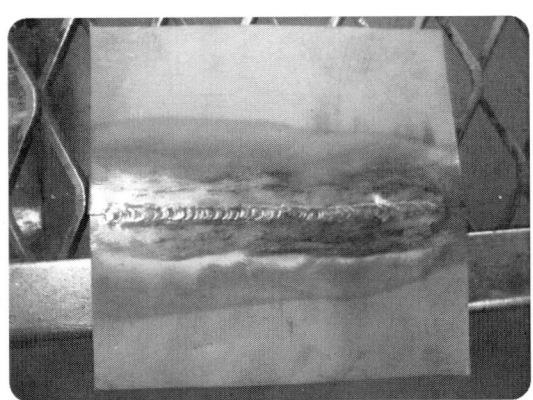

▶ 가스 용접 완료된 모습

실기유형
(도어원형)

chapter 4

실기유형(도어원형)

실기 시험은 수험생의 기능에 대한 숙련도를 평가하는 것으로 실제 업무와 비슷한 유형으로 진행되는 경우가 많다. 물론, 실기 평가를 치루는 시험장의 설비와 갖추어진 장비, 공구 등에 따라서 약간의 차이점은 있을 수 있으나 실기 평가를 검정하는 데에는 큰 차이점이 없다고 할 수 있다. 갖추어진 장비와 설비의 차이에 따라 평소 수험생이 연습하던 공간과 작업장의 환경이 달라서 조금은 낯설어 할 수도 있지만 실기 검정을 진행하다보면 짧은 시간에 익숙해지기 때문에 너무 조급히 서두를 필요는 없다.

실기 검정은 너무 조급히 서두르지 않고 조금의 여유를 가지면 충분히 할 수 있는 작업이다. 내가 아는 작업이라고 해서 너무 서두르거나 조급히 진행하다 보면 알고 있는 부분도 실수하게 된다. 그렇기 때문에 마음의 안정을 되찾는 것이 필요하고 차분히 실기 시험에 응시하는 것이 합격할 수 있는 제일 좋은 방법이다.

실기 시험장에 도착하면 대다수의 수험생들은 많은 긴장을 하게 된다. 낯선 공간과 낯선 시설, 시험 감독관 및 또 다른 수험생들로 인해서 긴장을 하게 되는데 긴장하는 시간이 오래 될수록 수험 당일의 시험에 실패할 가능성이 높다. 긴장을 풀기 위해서 수험장에서는 심호흡을 크게 한다든지, 아니면 비치되어 있는 커피와 녹차 등으로 잠시지만 조금의 여유를 찾는 것도 좋은 방법이 되겠다.

긴장이 어느 정도 해소되어야만 주어지는 도면을 정확하게 해석하고 이해할 수 있게 된다. 긴장이 된 상태에서는 주어진 과제의 도면을 읽거나 설명을 들었을 때 충분

히 이해가 되었다고 판단되었는데 막상 실제 평가에 들어가게 되면 서두른 나머지 실패할 확률이 높아진다. 그렇기 때문에 충분한 여유를 가지고 주어진 실기 평가의 도면과 유의사항을 정확히 분석해야만 실수하는 부분을 최소화 할 수 있다.

수험생들이 실패하는 요인을 보면 두 가지 요인이 가장 큰 것으로 분석이 되는데 하나는 위에서 언급한 대로 너무 긴장하는 것이고, 두 번째는 도면의 해석 부분이다. 주어진 과제의 도면을 정확히 이해하고 해석한 상태에서 시험에 응시를 해야 하는데 어느 정도 알고 있다고 판단한 상태에서 즉, 도면을 정확히 분석하지 못한 상태에서 바로 시험에 응시하는 것이다.

주어진 과제를 충분히 검토하고 분석한 상태에서 실기에 응시해도 늦지 않다. 충분한 여유시간이 있기 때문에 평소 연습한 대로 천천히 진행하면 충분히 마무리 할 수 있다. 충분한 실습을 했다고 해서 정확하게 분석되지 않은 상태에서 작업을 진행하지 말고 주어진 과제를 천천히 읽어보고 완전한 이해를 한 상태에서 응시하게 되면 실수를 최소화 할 수 있고 주어진 과제를 충분히 소화해 낼 수 있을 것이다. 과제의 분석과 치수를 정확히 분석하고 실기 검정에 임하기 바란다.

다음과 같은 과제가 제시되었다. 어떤 방법으로 패널을 교환하는지 분석해보자.

작업형 과제에서 중요한 것은 위에서 언급한대로 지시하는 도면의 해석과 치수의 정확성이다. 그렇기 때문에 작업형 과제를 진행하기 전에 다시 한번 도면을 정확하게 이해하고 치수를 파악한 후에 주어진 도어와 펜더에서 진행 할 작업의 준비를 한다.

가장 우선적으로 작업형 과제의 도면 분석과 치수의 확인이다. 어떤 유형의 작업인지 분석이 끝나면 작업에 필요한 여러 가지 수공구 및 에어 공구, 기타 소모공구 등을 준비한다. 현재 차체수리 실기 작업에서는 실기평가 기관에서 어느 정도 장비 및 공구 등이 수험생들을 위해 비치되어 있기 때문에 많은 수공구를 준비할 필요는 없다. 본인이 평소에 주로 사용하던 수공구와 에어 공구, 임팩트, 래칫 등은 수험생 지참항목을 잘 살펴보고 준비해 가는 것이 좋다.

차체수리 실기 시험에 필요한 에어 공구 및 동력공구 중에 빠뜨리면 안되는 것이 있다. 에어 톱, 에어 가위, 디스크 샌더 또는 블록 샌더, 디스크 그라인더, 스포트 드릴 커터 또는 전기 드릴 등은 꼭 지참해야 한다.

에어 공구 및 동력 공구는 작업형 과제를 진행하는데 반드시 필요한 부분이기 때문에 본인 스스로가 준비해 가는 것이 좋다. 물론 수험장에 비치된 에어 공구 및 동력 공구를 사용해도 되겠지만 준비되지 못한 수험생들이 서로 번갈아 사용하다 보면 쉽게 마모될 수 있고 고장을 일으키기 쉽기 때문에 실기 시험에 큰 영향을 받을 수 있어 반드시 본인이 가장 쉽게 사용할 수 있는 것으로 준비해 가는 것이 좋다.

패널 판금 성형 작업에 대한 요구사항에 대해 먼저 살펴보자.

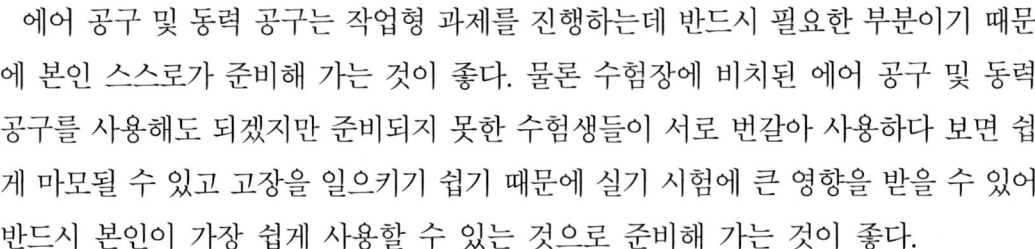

패널 판금 성형작업

■ **지급된 재료를 사용하여 주어진 도면과 같이 차체패널의 판금작업을 하시오.**
  ⓐ 자동차 도어에서 도면을 참조하여 절단 작업을 하시오.
  ⓑ 지급된 재료를 이용하여 절단된 자동차 도어의 형상으로 성형작업을 하시오.
  ⓒ 성형작업 된 철판을 절단한 부분에 끼워 맞춘 후 도면과 같이 용접하시오.

■ **용접 후 주어진 도면과 같이 퍼티 작업을 하고, 퍼티작업 부분을 수(手) 샌딩 작업으로 연마하시오(단, 용접부위는 퍼티작업 할 부분만 연마하고, 퍼티작업은 용접선을 중심으로 외부(기존 패널)에 50mm까지만 한다).**

공개된 도면이 없는 관계로 패널 판금 성형작업의 작업 유형에 대한 실기 실습 방법에 대해서 살펴보도록 하자.

위의 제시된 내용을 보면 도어에서 성형작업을 하는 과제로 수검장에 가면 도어 패널이 준비되어 있다. 도어 패널에서 원형으로 성형작업 하는 과정에 대해서 살펴보도록 한다.

다음과 같이 도어 패널이 주어지고 공개된 도면에 보면 도어 패널에 프레스 라인을 기준으로 원형으로 탈거하고 주어진 시편을 가공하여 다시 용접으로 접합하는 과제가 있다.

주어진 도어 패널에 시험위원이 정해주는 곳에 우선적으로 원형을 표시하고자 하는 기준점을 정하고 컴퍼스를 이용하여 치수를 측정한 후 도어 패널에 마킹 펜으로 표시를 한다.

보통 과제에서 주어지는 치수는 전체 길이가 150mm정도이며, 150mm의 1/2 지점을 중심으로 하여 원형 또는 사각형으로 절단하는 과제가 많이 출제된다.

도어 패널을 성형 작업할 모든 공구의 준비가 완료된 상태에서 주어진 패널인 도어의 과제에서 지시한 대로 원형의 길이 150mm가 되도록 기준점을 기준으로 컴퍼스를 이용하여 전체 원형의 길이가

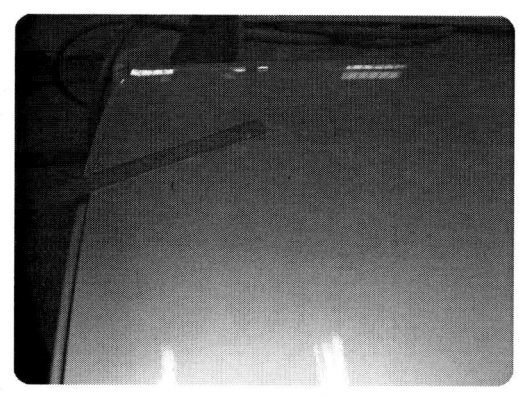

▶ 도어 패널 성형 준비작업

150mm가 되도록 도어 패널에 선을 표시해 준다. 도어 패널에 150mm가 되도록 표시하기 위해서는 컴퍼스로 철자에 길이를 표시할 경우 150mm의 절반 치수인 75mm를 기준으로 길이를 측정한 다음 도어 패널에 표시해 준다.

도어 표면에는 도장된 부분이 있기 때문에 일반 볼펜이나 샤프의 사용은 지양한다. 반드시 정확하게 선을 표시할 수 있는 금 긋기 바늘이나 네임 펜, 매직 등을 사용하면 된다.

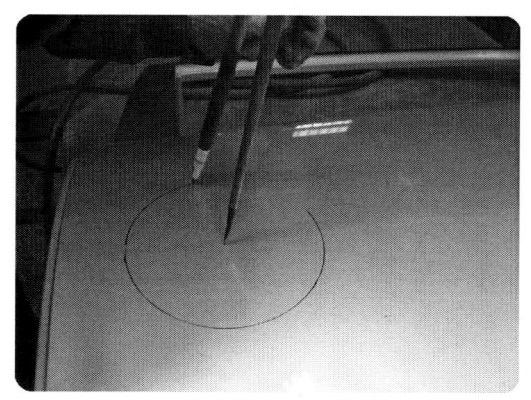

▶ 절단 부위 표시

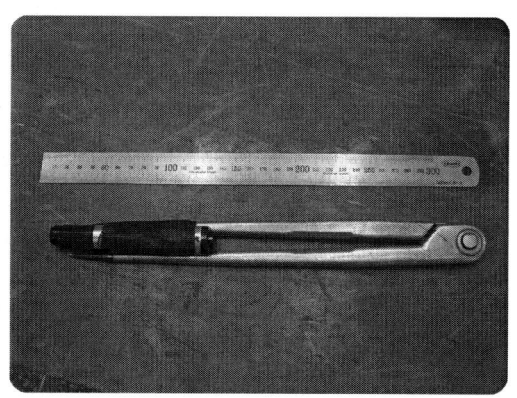

▶ 강철 자와 컴퍼스

도어 표면에 뾰족한 공구를 사용해서 선을 표시하고자 할 때 사용하는 자는 강철자의 사용이 좋다. 강철자와 함께 직사각형의 형태를 절단할 경우에는 직각자도 병행해서 사용하게 되면 반듯한 정사각형의 형태를 표시할 수 있다.

도어 표면에 과제에서 지시한 치수대로 원형을 표시한 다음 표시된 부분을 탈거해야 하는데 탈거하는 방법은 여러 가지가 있을 수 있다. 그 중에 주로 사용되는 부분은 원형의 중앙 부분을 해머와 정을 사용하여 조금 찢은 다음 찢어진 부위를 시작으로 판금 가위 및 에어 가위로 표시된 선을 따라 탈거하는 방법이 있다.

또 한 가지 방법은 표시된 선의 가장 자리에 그림과 같이 에어 드릴 및 전기 드릴을 사용하여 홀을 뚫은 후 뚫어진 홀을 시작으로 판금 가위를 사용하여 선이 표시된 부분을 따라 절단할 수도 있고 에어 톱을 사용하여 절단하는 방법도 있다.

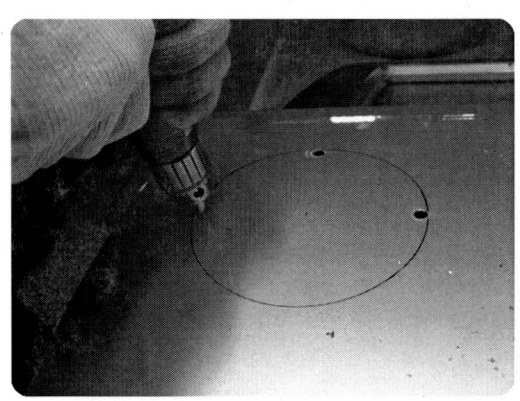

▶ 탈거 부위의 홀 가공

판금 가위의 사용으로 탈거할 경우 표시된 선을 따라 쉽게 절단할 수 있는 장점이 있는 반면에 손과 손목의 사용이 많기 때문에 너무 무리하여 한 번 만에 절단하려 하지 말고 한 면 한 면을 절단할 때 마다 잠시의 휴식을 취할 필요가 있다.

판금 가위의 날이 너무 무디어 있으면 패널이 쉽게 절단되지 않기 때문에 반드시 날의 점검이 필요하고, 무디어 있으면 잘 들 수 있도록 연마해 주는 것이 중요하다. 판금 가위로 절단할 때 주의할 사항은 떼어내는 주위의 패널이 쉽게 변형될 수 있기 때문에 너무 강한 힘으로 절단하는 것 보다는 부드럽게 절단이 진행될 수 있도록 하는 것이 좋은 방법이다.

에어 톱을 사용한 절단은 쉽게 절단 할 수 있다는 장점은 있으나 톱날을 잘 설정해야 한다는 단점이 있다. 프런트 펜더와는 달리 도어 내부에는 여러 보강판과 임팩트 바가 있기 때문에 톱날의 진행을 방해한다. 톱날의 떨림은 정해진 표시대로 절단하지

못하고 탈거부위의 주변 패널에 영향을 줄 수 가 있다. 그렇게 되면 후속 작업인 시편 부착작업에 어려움을 겪을 수 있기 때문에 주의를 해야 한다.

　보강판과 임팩트 바의 방해를 최소화하기 위해 에어 톱날을 짧게 한 다음 탈거하는 것이 좋으며, 에어 톱을 최소한 낮추어서 탈거 작업을 진행하는 것이 좋다. 현재 생산되는 차량의 도어는 프레스 라인이 거의 없으며, 빈 공간으로 된 부분이 많기 때문에 에어 톱의 사용이 훨씬 용이해졌다.

　에어 톱으로의 절단은 톱날의 마모가 쉽게 될 수 있기 때문에 톱날이 마모되었다고 판단되면 새것으로 교환하여 작업을 진행하는 것이 좋다. 어떤 수검생은 톱날이 마모되었음에도 불구하고 계속해서 탈거하는 데에만 집중을 하는 경우가 있는데 이러한 경우에는 탈거하는데 있어 힘이 들 뿐 아무런 도움이 되지 않으므로 새것으로 교환한 후에 탈거작업을 진행하는 것이 훨씬 좋은 방법이다.

　탈거 작업은 한 번으로 작업이 끝이 나고 그 다음 작업인 부착작업을 얼마나 신속하게 할 수 있느냐 하는 중요한 작업이기 때문에 성급히 서두르기 보다는 여유 있게 천천히 작업을 진행하는 것이 좋다. 판금 가위의 사용과 에어 톱의 사용은 본인이 연습할 때 쉽게 탈거할 수 있었던 것으로 사용하는 것이 좋다.

　주어진 치수대로 절단한 후에 탈거하려 할 때 잘 탈거되지 않는 경우가 있다. 이것은 패널 뒷부분에 보강판과 연결된 부위에 도포되어 있는 실러 때문이다.

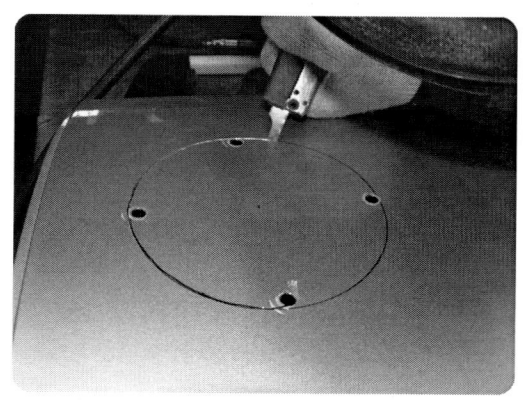
▶ 에어 톱을 사용한 탈거 작업

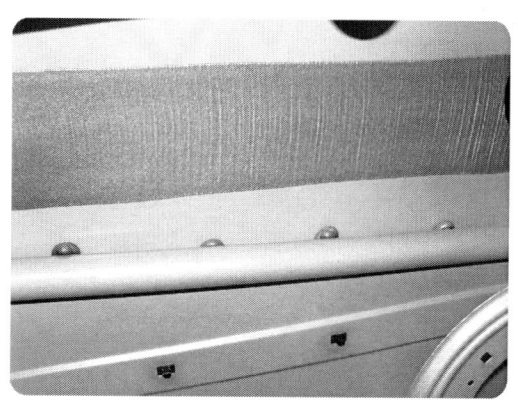
▶ 도어 패널 내부의 임팩트 바와 실러

패널이 떨어지지 않는다고 해서 무리한 힘으로 잡아당기면 보강판의 변형과 함께 주변 패널도 변형될 수 있기 때문에 절단된 패널을 살짝 구부려 패널 뒷면에 부착되어 있는 실러를 헤라 및 칼 등으로 제거해 준다.

이렇게 해서 탈거할 부위의 절단 작업이 완료되어도 탈거된 부위가 제대로 탈거되지 않은 경우가 있다. 특히 탈거된 모서리 부분은 약간의 치수가 다르게 절단되는 경우가 많기 때문에 판금 줄 등을 사용하여 절단 작업에서 발생된 거스러미 부분을 깨끗이 연마해 주는 것이 좋다.

⇛ 절단 부위 탈거   ⇛ 판금 줄을 이용한 거스러미 연마작업

줄을 사용하여 절단부위를 깨끗이 연마한 후에 치수대로 잘 절단이 되었는지 강철자를 이용하여 치수를 재어 본다. 주어진 치수대로 절단 작업이 되었을 경우 절단 과정에서 발생된 주변 패널의 변형 부분을 해머와 돌리 블록 또는 스푼(꺽쇠) 등을 이용하여 편평하게 다듬어 준다.

편평하게 다듬질 된 패널 부위를 디스크 샌더를 사용해서 구도막을 벗겨 주는 작업을 한다. 구도막의 샌딩 작업은 너무 무리하게 힘을 주어 할 필요가 없다. 절단된 면을 중심으로 구도막을 제거하는 이유는 용접성을 좋게 하기 위해서이다. 구도막이 있는 상태에서 용접을 하게 되면 스파크의 발생으로 홀이 생기거나 용접이 잘 되지 않는 경우가 있을 수 있다. 구도막을 연마할 때에는 구도막을 조금만 연마해서 철판이 조금만 드러나게 해 주면 된다.

탈거된 주변 패널 부위는 막힌 공간이 아니라 뚫려진 공간이기 때문에 샌딩 작업시 주의를 해야 한다. 잘 못하면 끝 부분에 부직포와 페이퍼가 접촉되어 부직포와 페이퍼의 끝단 부위가 회전으로 인해 잘려지는 경우가 있다. 잘려진 부직포와 페이퍼가 수검생의 얼굴 부위를 가격하게 되면 예기치 못한 사고가 발생될 수 있기 때문에 항상 안전에도 주의를 해야 한다.

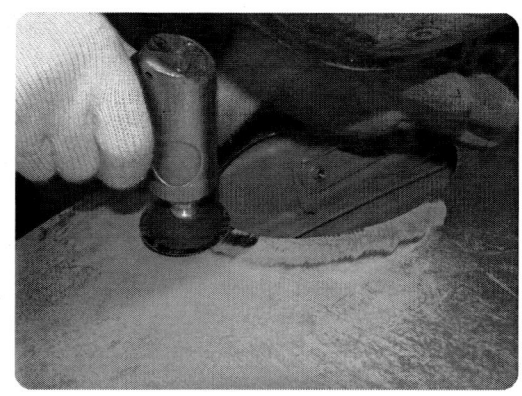
▶ 용접할 면의 구도막 제거

▶ 구도막이 제거 상태

디스크 샌더가 준비되지 않은 사람은 페이퍼 그라인더를 사용하는 사람이 많은데 페이퍼 그라인더의 경우에는 낱장으로 이루어져 있기 때문에 샌딩 작업시 더 많은 주의를 해야 한다. 고속으로 회전하는 도중 패널 끝단 부위에 걸려서 페이퍼가 절단될 경우 절단된 부위가 눈이나 얼굴 등의 피부에 박히는 경우가 발생될 수 있기 때문에 샌딩 작업 시는 안전을 위해 페이스 커버 등으로 얼굴을 가려 주는 것이 좋다.

탈거 된 패널 주변 부위의 샌딩 작업이 끝이 나면 주어진 시편을 가공한다. 주어진 시편의 크기는 200 × 200mm이다. 탈거된 부품의 길이가 150 × 150mm인 점을 감안하면 가로, 세로 약 50mm의 여유가 있다.

시편을 가공할 때 주의할 점이다.

시편을 가공할 때 전체 길이는 150mm로 절단하는 것이 아니라 148mm로 절

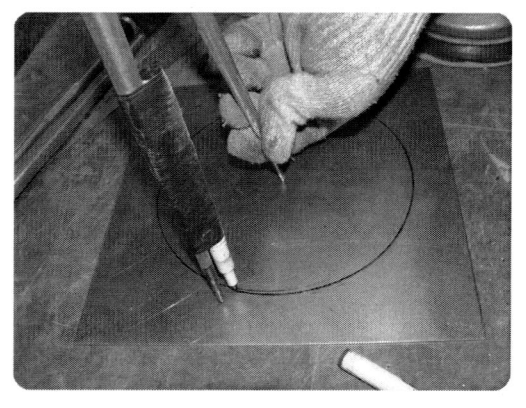
▶ 주어진 시편에 절단치수 표시

단하는 것이 좋다. 왜냐하면 좌·우 각각 1mm정도의 여유 공간을 주는 것은 가접 및 본 용접에서 용접을 용이하게 할 수 있는 것과 백비드 형성으로 완전한 용입을 할 수 있기 때문이다. 또한, 시편을 가공한 상태에서 탈거된 부위에 끼워 맞춰 넣기가 쉽기 때문이다. 너무 딱 맞게 절단했을 경우에는 공간의 여유가 없기 때문에 공간을 만들기 위한 작업이 의외로 오랜 시간이 걸릴 수 있으므로 주의해야 한다.

또 한 가지는 아래의 시편 절단 그림과 같이 프레스 라인이 없는 곳을 탈거했을 경우에는 주어진 치수보다 약 1mm정도 여유치수를 준 후 절단하면 되는데 구형 도어 패널의 경우 프레스 라인이 형성되어 있는 부분이 있다. 이러한 곳의 프레스 라인을 중심으로 탈거했을 경우에는 가로 길이에 대한 치수를 먼저 재어서 절단한 후 떼어낸 부분에 충분히 들어갈 수 있는 여유 공간이 형성되었는지 확인하고 세로 길이에 해당되는 부분을 절단해 준다.

세로 길이의 경우 프레스라인 부분을 가공해야 하는데 프레스라인 부분을 먼저 선정한 후 선을 그어서 표시한 다음 가급적 넓은 정을 가지고 프레스 라인 부분을 가격해서 홈을 만들어 준다. 정을 가지고 프레스 라인을 가격할 때 철판 다이 위에서 바로 가격하지 말고 두꺼운 박스나 고무 등을 두고 가격하는 것이 좋다.

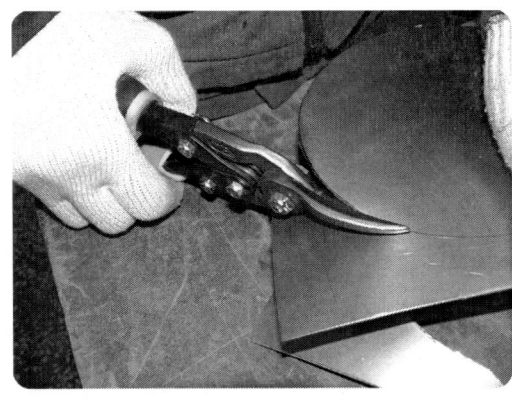
▶ 시편 절단

▶ (예) 프레스 라인의 형성

세로 길이는 현재 200mm인 상태에서 중간 지점인 100mm지점에 프레스 라인을 긋고 그 부분을 가격해서 프레스 라인을 만들어 주면된다. 프레스 라인이 어느 정도 선정되면 다시 반대방향으로 시편을 돌려 프레스 라인 부분의 홈이 아닌 홈의 윗부분

과 아래 부분을 시편 뒷부분에 일정하게 표시를 한 다음 표시된 부분을 정을 사용해서 두들겨 준다.

이렇게 되면 떼어낸 부분과 거의 비슷한 형상의 프레스 라인이 형성되는 것을 확인할 수 있다. 이렇게 프레스 라인이 형성된 후에 패널의 형상면을 확인한 후 약간의 라운드를 준 후에 세로 부분의 치수를 측정한다. 세로 부분의 길이는 이 상태에서 프레스 라인을 기준으로 윗 방향으로 74mm정도, 아래 방향으로 74mm정도를 측정해서 표시한 후 판금 가위를 가지고 절단 부위를 절단해 준다.

절단 부위의 길이를 측정할 때 주로 사용되는 것이 강철자이지만 버니어 캘리퍼스를 사용해서 길이를 표시한 후 측정하는 것도 좋은 방법이다. 시편의 가공과 치수의 조정이 완료되면 떼어낸 부위에 시편을 맞추어 본다.

손이 충분히 들어갈 수 있는 공간이 있기 때문에 패널 뒷면에 손을 넣어 시편을 잡고 시편을 맞추어 본다. 시편을 맞추어

▶ 시편 맞춤

본 후 가공해야 하는 면이나 수정되어야 하는 부위가 있으면 판금 줄과 디스크 샌더를 이용하여 가공부위를 연마해 준다.

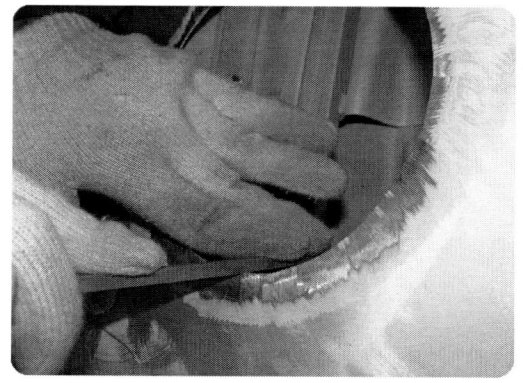

▶ 판금 줄 연마

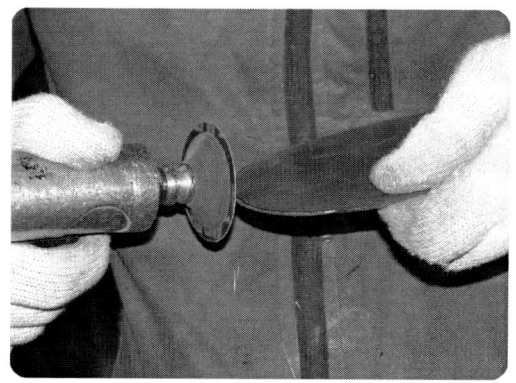

▶ 가공부위 연마

 차체수리기능사 실기

판금 줄과 디스크 샌더로 가공해야 하는 부위를 수정한 후 다시 한번 시편 패널을 탈거한 부위에 넣어 맞추어 본다.

시편을 맞추어 볼 때 어느 부위를 어떻게 가공해야 하는지 판단 되지 않을 경우에는 어느 한 곳을 기준점으로 선정해 준다. 기준점의 선정은 마킹펜을 이용하면 된다.

▶ 시편 맞춤

▶ 마킹 펜을 사용한 기준점 표시

마킹 펜으로 기준점을 선정한 후 가공해야 하는 부위를 확인하고 다시 한번 가공해야 하는 부위를 디스크 샌더로 연마해 준다.

가공 부위의 연마가 끝이 나면 제작된 시편을 맞추어 용접하기 위해 전체적인 간격을 맞추어 준다.

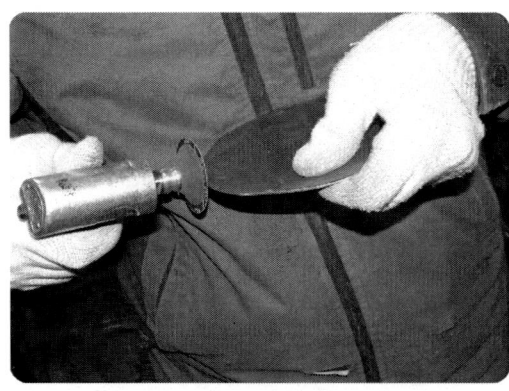
▶ 가공부위 연마

▶ 전체적인 간격 확인

　전체적인 절단 부위의 간격이 맞추어지면 다음 작업으로 용접작업을 해야 하는데 패널 뒷면에 손을 받친 상태에서 가접을 할 수 없으므로 패널 공간을 잘 이용하여 바이스 플라이어로 패널을 고정해 준다.

　편을 바이스 플라이어로 고정한 후 용접면의 루트 간격이 좁은 부위는 에어 톱을 사용하여 루트 간격을 일정하게 조정해 준다.

▶ 바이스 플라이어로 시편 고정

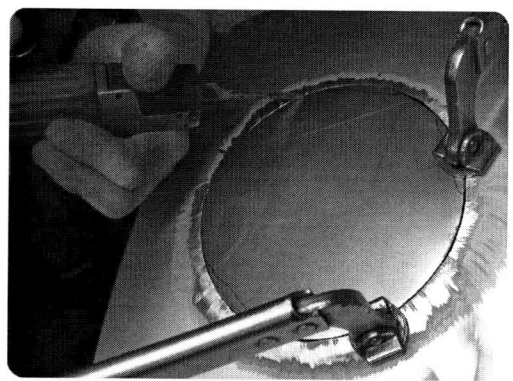
▶ 용접면의 루트 간격 조정

　용접면의 루트 간격을 에어 톱을 이용하여 일정하게 조정한 후 바이스 플라이어로 고정된 상태에서 가접을 진행하면 된다. 또 다른 한 가지 방법은 손이 들어가지 않거나 바이스 플라이어를 사용하지 못할 경우 탈거된 부위에 종이 테이프를 사용해서 십자형 형태로 붙여준다.

▶ 종이테이플 활용

종이 테이프를 십자형 형태로 붙인 후 제작된 시편을 그 위에 올려 단차와 간격을 조정해 준다. 종이 테이프 위에 시편을 올려놓은 후 간격을 일정하게 맞춘 다음 패널의 움직임을 방지하기 위해 가접한다.

▶ 종이테이프 위에 시편을 놓아줌

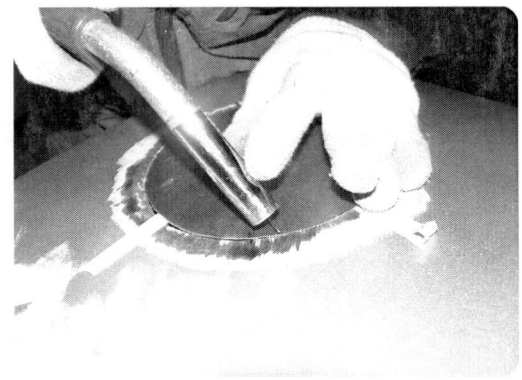
▶ 시편 가접

시편을 절단하고 접합하기 위해 한 가지 주의해야 하는 사항은 시편을 절단할 때 주어진 치수대로 맞게 절단하는 것은 가공의 여유가 있지만 너무 짧게 절단하게 되면 용접작업이 어렵게 되므로 주의를 해야 한다. 탈거 부품과 시편을 가공하고 절단할 때에는 될 수 있으면 약간의 공간만 생길 수 있도록 해 주는 것이 가장 좋은 방법이다.

주어진 시편을 가공한 상태에서 탈거된 부위에 끼워 맞춤을 해야 하는데 여기서 가장 중요한 것은 정확한 모양과 치수로의 절단이다. 정확한 모양과 치수로 절단되지 않았을 경우 다시 가공하는데 소비되는 시간이 길어지기 때문에 주의해야 한다.

위의 사진에서 보듯이 시편을 맞추어 줄 때 사용할 수 있는 방법이 첫 번째는 탈거된 공간 부위에 넓은 종이 테이프를 가로 세로 십자 형태로 붙여서 시편을 자연스럽게 놓을 수 있도록 해 주는 것이다. 시편을 탈거된 부위에 그냥 놔 버리면 패널 속으로 깊이 들어가 버리기 때문에 종이 테이프를 사용하게 되면 시편을 잡아주는 역할을 하여 탈거된 부위와 시편과의 맞춤이 쉬워진다. 종이 테이프 위에 시편을 가볍게 놓고 상하·좌우의 폭을 정확히 맞추면 된다.

두 번째는 시편 중앙에 얇은 연강용 용접봉을 두고 용접한 후에 시편을 들고서 탈거된 부위에 가볍게 대고 상하·좌우의 폭을 맞추는 방법도 있다. 종이 테이프를 사용하거나

연강용 용접봉을 사용할 경우에도 중요한 것은 상하·좌우의 폭을 정확히 맞출 수 있어야 한다는 것이다. 어느 한쪽으로 너무 치우쳐서 맞추게 되면 반대쪽 공간이 넓어지는 경우가 있기 때문에 폭의 조정을 정확히 해야 하고 또한, 프레스 라인이 있을 경우에는 프레스 라인을 정확히 맞추어야 하는데 프레스 라인을 정확히 맞추지 못한 경우 용접을 하게 되면 패널이 뒤틀리는 현상이 발생되기 때문에 감점의 주요 요인이 된다.

폭이 어느 정도 일정하게 조정이 된 부분을 시험장에 준비된 CO_2 용접기를 이용하여 가접을 계속 진행해 주는데 가접은 패널을 잡아주는 역할을 하기 때문에 가급적 약하게 해 주는 것이 좋다. 강한 전류로 가접을 하게 되면 완전한 용융으로 용접되어 혹시 치수 조정을 다시 하기 위해 떼어내고자 할 경우 어려울 수 있기 때문이다. 치수 조정을 위해 가접된 부분을 떼어내고자 할 때에는 우선적으로 디스크 샌더를 사용하여 연삭해 준 후 에어 톱으로 떼어내 주면 된다.

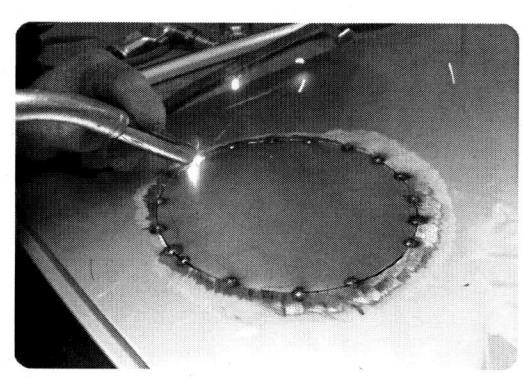

▶ 시편 가접

▶ 시편 가접

상하·좌우의 폭을 정확하게 조정한 후 본 용접 전에 가접된 부위를 제외하고 나머지 부분에도 가접을 해 주는데 가접은 최대한 많이 해 주는 것이 좋은 방법이다.

가접을 하고 나면 가접된 부위라 할지라도 용융된 부분에 비드가 높게 형성된 부분이 있다. 따라서 본 용접을 하기 전에 가접된 부위의 전체 면을 디스크 샌더

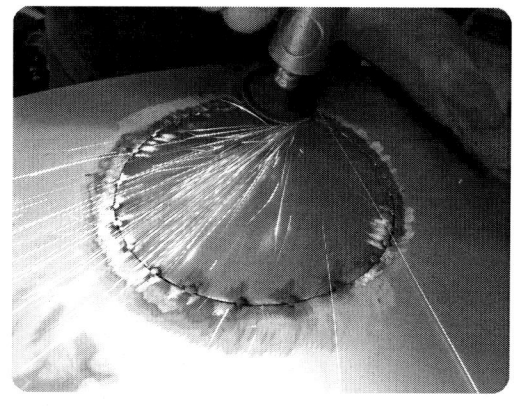

▶ 가접 부위 연삭

를 이용하여 깨끗하게 연삭해 주는 것이 좋다.

가접된 부위를 연삭하고 나면 이제 마지막 공정이라 할 수 있는 본 용접에 들어가게 되는데 본 용접에 들어가지 전에 반드시 해야 하는 것은 시험장에 설치된 CO_2 용접기의 셋팅 작업이다. 탈거된 시편을 활용해서 용접기를 용접하기에 최적의 상태로 만들어줘야 한다. 용접의 성패가 여기에 달려 있기 때문에 용접기를 잘 활용할 수 있어야 한다.

용접기의 전류와 전압을 적정히 맞추고 실드 가스의 유량 또한 적정하게 맞추어야 한다. 수검장에 설치된 용접기에 따라 용접기의 전류와 전압, 가스의 유량을 맞추는 방법이 달라지기 때문에 가장 좋은 방법은 소리로 측정하는 방법이다.

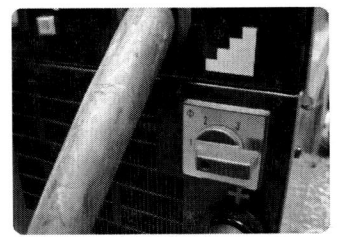
▶ 전압조정

▶ 전류조정

▶ 가스 유량 조정

시편 위에 토치를 대고 토치를 눌러 와이어를 나오게 한 다음 시편 위에 토치를 대고 와이어가 계속 나오게 한 상태에서 전압과 전류를 조정해 주는 것이다. 전압의 경우 어느 정도 일정하게 맞추어진 상태라면 전류만 조정해 주는데 전류의 조정은 와이어의 송급 속도이기 때문에 와이어의 송급 속도를 조정해 주면된다.

와이어가 시편에 부딪칠 때 둔탁한 소리를 내게 되면 아직 조정이 되지 않은 상태이고 매끄럽게 구슬 굴러 가는 소리와 같을 경우에는 어느 정도 조정이 된 상태라 할 수 있기 때문에 시편에 연속으로 용접을 해 보면 쉽게 알 수 있다.

주어진 용접기를 셋팅한 다음 용접할 때 필요한 보호 장비를 갖춘 상태에서 용접을 진행한다. 용접의 경우 처음 시작 되는 부분의 용접 상태가 양호하지 못하기 때문에 과제에 보면 용접이 모두 완료되면 용접된 부위를 전체적으로 연삭하는 것이 아니라 퍼티가 도포되는 부위만 연삭하게 되어 있다. 그렇기 때문에 퍼티가 도포되는 부위 즉 용접된 부분이 연삭되는 부분을 먼저 용접의 시작점으로 선정하는 것도 하나의 방법이 되겠다.

본 용접의 경우 단속용접(점용접)과 연속용접 형태가 있는데 주로 작업현장에서 많이 사용되는 용접이 단속용접이다. 그렇기 때문에 수검자가 가장 자신이 있는 용접방법을 선택하고 또한 후진법과 전진법의 형태 중에서도 수검자가 자신이 있는 방향으로 용접을 진행하면 된다.

▶ 본 용접

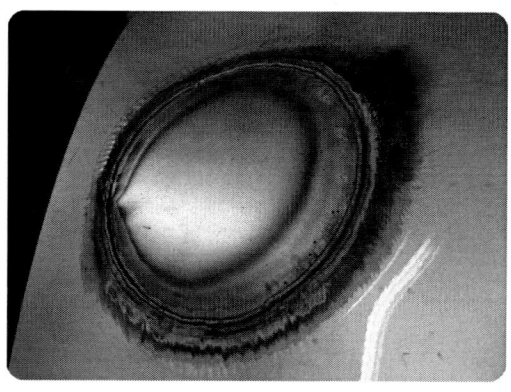
▶ 용접작업 완료

용접 시에 주의해야 할 사항은 너무 급히 진행하면 용접이 제대로 이루어지지 않고 제대로 메워지지 않아 쌓여지는 경우가 발생한다. 또한 너무 느리게 진행하면 용접되는 곳에 용접 열이 집중될 수 있기 때문에 구멍이 날 확률이 높아진다.

그렇기 때문에 용접 진행속도와 방향은 일정하게 진행해 주는 것이 좋다. 단속용접 시 용융되는 부분이 완전히 냉각되기 전에 계속해서 용접을 진행해 주는 것이 좋으며, 연속 용접시에는 상하·좌우면을 한번씩 끊어주면서 용접을 진행해 주는 것이 좋은 방법이 되겠다.

용접 작업 방법에는 단속용접과 연속용접 방법이 있다. 용접연습 시에 단속용접 뿐 아니라 연속용접 방법에 대해서도 꾸준한 연습을 필요로 한다.

용접 작업이 완료되면 종이 테이프를 사용해서 연삭되는 부분을 표시하고 연삭되는 부위만 디스크 그라인더를 사용해서 연삭해 준다. 디스크 그라인더를

▶ 연삭할 부위 표시

사용해서 연삭할 경우 용접기나 인화성 물질이 있는 곳, 수검생 들이 수검을 치루고 있는 방향을 피해서 연삭해 준다.

   과제에서 설명된 대로 연삭하는 부위는 전체 면이 아닌 퍼티가 도포되는 부위만 연삭되기 때문에 연삭할 부위를 종이 테이프로 표시한 후 디스크 그라인더로 연삭해 준다.

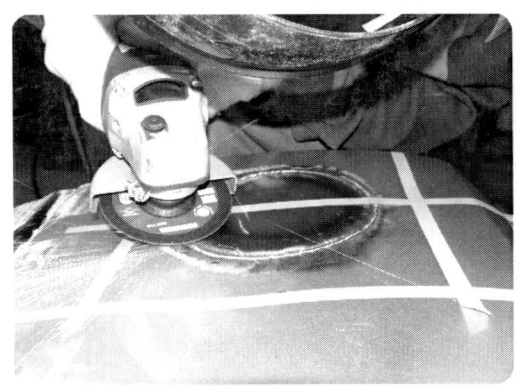

▶ 연삭 작업   ▶ 퍼티 도포 위치

   용접된 곳을 연삭할 경우에는 반드시 귀마개와 마스크를 착용하고, 페이스 커버를 한 상태에서 연삭해 준다. 디스크 그라인더를 사용해서 연삭할 경우 너무 강한 힘으로의 연삭은 패널면과 연삭되지 말아야 하는 부분까지 연삭할 수 있으므로 주의를 해야 한다.

   디스크 그라인더를 사용해서 연삭 작업이 완료되면 종이 테이프와 신문지를 준비한다. 신문지에 종이 테이프를 부착한 상태에서 퍼티 도포 면을 지정해서 붙여준다. 퍼티 도포 면은 연삭된 부분을 중심으로 약 20~50mm정도의 공간에 퍼티를 도포한다. 판금 퍼티를 처음 도포할 경우 연삭된 부위가 아닌 용접된 부위의 비드 높이 만큼 퍼티를 도포해 주는 것이 좋다. 퍼티 도포 후에 퍼티가 굳은 상태에서 샌딩 작업을 할 때 면을 잡기가 훨씬 유리하기 때문이다.

   판금 퍼티의 혼합은 퍼티와 경화제의 혼합비율이 100:1정도로 하면 된다. 혼합비율을 잘 알 수 없을 경우 경화제를 최대한 적게 혼합하면 된다. 너무 많이 경화제를 혼합할 경우 퍼티가 빨리 굳기 때문에 패널 표면에 퍼티를 바르기 전에 굳어 버리는 경우가 발생할 수 있다. 퍼티 도포와 함께 퍼티 샌딩 작업이 완료되면 패널 교환 작업형 과제는 모두 끝이 난다.

chapter 5

실기유형의 변화

실기유형의 변화

 2009년 1회 기능사 실기시험부터 새롭게 적용되는 과제를 살펴보면 탈·부착 작업이 새롭게 추가되었고 요구사항과 도면, 작업 기준 등이 새롭게 수정 보완되어 있는 것을 확인할 수 있다. 실기시험에 대한 출제기준을 확인하려면 한국산업인력공단 홈페이지에 접속해서 화면 상단에 있는 정보마당를 클릭하면 좌측으로 보이는 아이콘 중에 공개문제/출제기준을 클릭하여 자동차 차체수리에 대한 출제기준 변경사항에 대해서 자료를 다운받거나 바로 열어서 확인하면 된다.

 새롭게 추가된 실기시험의 유형을 살펴보면 공개문제 2번 항의 패널 제작 및 교환 작업 부분이다. 이 부분은 어떻게 보면 현장 작업에서 가장 많은 작업을 차지하는 부분으로 실제적인 현장 작업과 유사한 작업 방법이다.

 지금까지 실기 시험에서 다루어 오던 내용에서 조금 더 현장 작업과 접목하기 위해 변경된 사항으로 판단되며 실기시험에서 가장 중요한 부분이고, 실기시험에서 그렇게 어려운 부분만은 아닌 것으로 판단된다. 단지, 사용하는 장비의 다른 점과 전혀 사용해 보지 못한 장비의 사용으로 인해서 수검생들이 다소 긴장하고 장비의 사용이 서툴러서 자칫 실수할 수 있는 부분은 있다고 판단된다.

 수검생들이 사용해 보지 못한 수공구와 장비라 할지라도 시험을 진행하면서 잠시 사용하다 보면 금방 익힐 수 있는 장비라 판단되기에 그렇게 긴장할 필요는 없을 것으로 보인다. 수검생들이 또 한 가지 유의해야 하는 부분은 공개되어진 "나"부분의 차체수리 작업 기준이다. 작업 기준을 보게 되면 기존의 MIG/MAC 용접 기준이 많이 추가되었고 작업 기준도 많이 달라져 있다는 것을 확인할 수 있다.

MIG/MAC 용접은 우리가 잘 알고 있는 CO_2 용접으로 현재 세계적으로 통용되는 용어로 탈바꿈하는 현상으로 CO_2 용접이라는 용어 보다는 MIG/MAC용접이라는 용어로 많이 사용되고 있다. MIG용접은 METAL INERT GAS의 준말로 금속 불활성 가스라는 뜻이다. 즉 사용하는 가스의 성질에 따라서 MIG용접이냐 MAG용접이냐로 구분하는데 MIG 용접은 불활성가스인 알곤가스나 헬륨가스 등을 사용해서 용접하는 것을 말하며, MAG용접은 METAL ACTIVE GAS의 준말로 금속 활성 가스란 뜻이다. CO_2 용접은 활성가스인 탄산가스를 사용하므로 MAG용접이라고도 한다.

차체수리 작업기준 2번에 보면 연속 MIG/MAG용접이라고 되어 있다. 보통 현장 작업에서 많이 사용되는 용접이 연속 용접 보다는 단속 용접(점용접방식)이 많이 사용되고 있다. 연속 용접은 많은 연습을 통하지 않으면 쉽게 할 수 있는 부분이 아니므로 수검생들이 다소 어렵게 느낄 수 있는 부분이 바로 연속 용접으로의 사용이다.

단속 용접으로만 훈련된 현장 작업자의 경우 연속용접은 결코 쉬운 작업은 아니다. 하지만, 2번의 4)항을 보게 되면 연속 MIG/MAG용접은 길이가 20mm이상 되어야 하며, 용접 길이가 20mm미만시 10mm당 감점으로 되어 있다. 연속 용접의 길이가 20mm인 것은 수치상 2cm이다. 2cm는 그렇게 긴 길이가 아니다. 그렇기 때문에 단속용접에서 조금만 더 길게 노치를 조정해 주면된다. 물론 이론상으로는 쉽게 이야기

▶ 연속 용접 길이

할 수 있는 부분이지만 막상 실기시험을 치르게 되는 수검생들은 어렵게 느껴질 수도 있는 부분일 것이다.

연속 용접은 그림과 같이 트리거 스위치를 한 번 누른 후 계속해서 연이어 용접을 해 나가는 것을 말하는데 연속 용접으로의 용접이 어느 정도 훈련된 경우에는 패널과 패널을 잇는 맞대기 용접에서의 용접의 흐름을 정확하게 할 수 있겠지만 훈련되지 못한 경우에는 용접 전류와 루트 간격을 잘 못 맞추게 되면 구멍의 발생과 함께 패널이 뒤틀려 버리는 경우가 발생될 수 있기 때문에 주의를 해야 한다.

▶ 연속용접

연속 용접을 쉽게 하기 위해서는 가접을 일정한 간격으로 최대한 많이 해 주는 것이 좋은 방법이다. 연속 용접에서 수검생들이 또 하나 힘들어하는 작업 방법은 1)항에 보게 되면 비드의 높이가 2.5mm를 초과하는 각 용접 길이 10mm당 감점 이란 부분이다. 즉, 용접 비드의 높이가 너무 높게 형성되지만 않으면 상관이 없다는 뜻도 되겠다. 높이 2.5mm의 경우 상당히 비드 높이가 높은 상태를 말하기 때문에 용접을 진행할 때 조금만 주의를 하면 모든 용접 비드의 높이가 2.5mm이상은 되지 않을 것으로 본다.

비드 높이가 너무 높다는 것은 용입이 정상적으로 되지 않았다거나 용접불량의 원인이 될 수 있기 때문에 감점의 원인이 되며 비드의 높이가 높게 되면 연삭하는데 시간이 오래 걸릴 수 있기 때문에 용접 비드의 높이는 될 수 있는 한 최소의 높이로 진행하는 것이 좋다. 수검생들이 평소 연습하던 대로 진행하면 크게 어려움은 없겠지만 맞대기 용접이라는 점을 감안할 때 루트 간격을 얼마나 잘 맞추느냐에 따라 용접성의 결과가 나타

나므로 본 교재를 통해서 연습하는 방법과 실기 유형에 대해서 익혀가기 바란다.

지금부터 새롭게 바뀐 2번 항의 패널 제작 및 교환 작업 방법에 대해 같이 살펴보기로 하자. 공개된 요구사항과 도면을 보게 되면 주로 센터필러 하단 부위의 교환 작업이다. 사이드 실 부위를 교환하게 되는 작업으로 도면 2. 센터필러(센터필러 내측 패널 용접 개소)의 공개도면을 먼저 살펴보자.

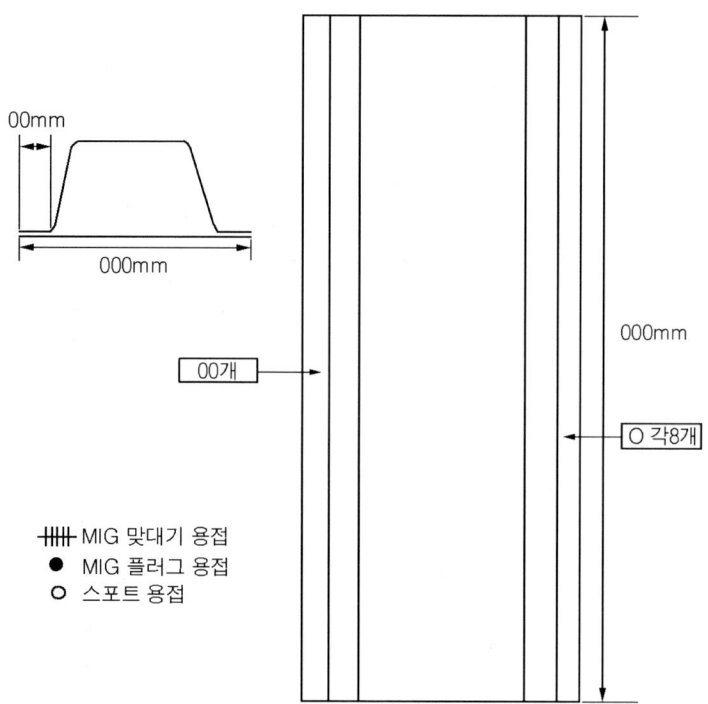

도면2. 센터 필러
(센터 필러 내측 패널 용접 개소)

도면2 부분은 센터 필러 하단부위인 사이드 실 부분으로 사이드 실 아우터 패널을 주어진 연강판에 스포트 용접한 후 주어진 치수대로 절단하고, 절단된 패널은 버리고 새롭게 주어진 신품 패널을 치수대로 다시 절단하여 도면 3과 같이 탈거된 부위에 부착 후 MIG/MAG용접의 맞대기 용접과 플러그 용접으로 접합하는 과제를 말한다.

도면3. 센터 필러
(절단 위치, 신품패널 용접형태)

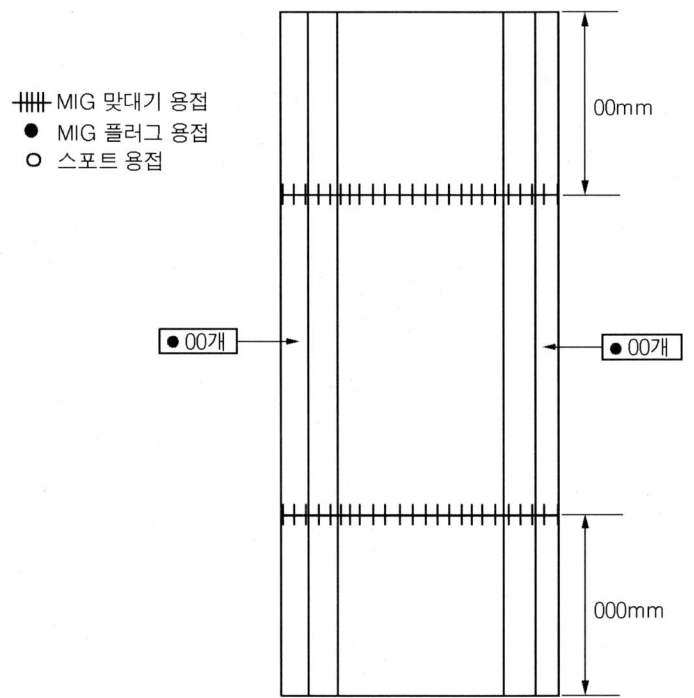

패널 제작과 교환 작업에서 주어지는 패널은 센터필러 하단부위의 패널 2장과 연강판이 주어진다. 주어진 연강판과 사이드 실 패널을 도면 2와 같이 작업하기 위해서는 주어진 도면2의 내용을 먼저 잘 살펴보자.

연강판에 사이드 실을 제작하기 위한 치수가 정해져 있다. 또한, 스포트 용접개수가 몇 개인지도 도면에 표시될 것이다. 연강판의 제작 길이와 플랜지 부위의 길이도 표시된다. 이러한 치수와 용접개소를 잘 파악해서 작업할 수 있어야 한다.

도면2. 센터 필러
(센터 필러 내측 패널 용접 개소)

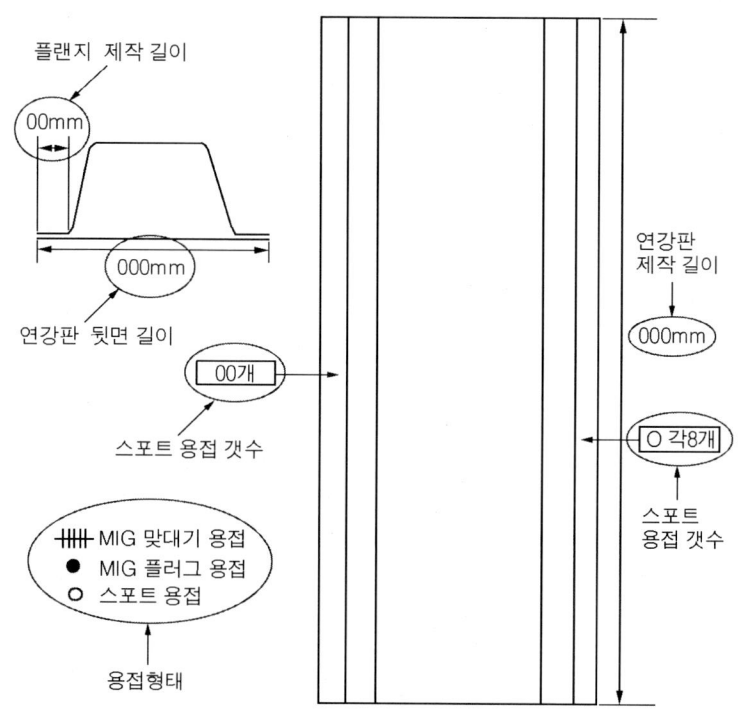

도면2에서 요구하는 사항은 주어진 연강판을 사이드 실 형태에 맞게 자른 후에 연강판위에 사이드 실을 스포트 용접으로 접합하는 것이다.

다음 그림과 같이 연강판을 먼저 사이드 실 형태에 맞게 자르기 위해 사이드 실을 연강판 위에 놓고 사이드 실 형태를 먼저 매직 등으로 표시를 한다.

▶ 연강판과 사이드 실

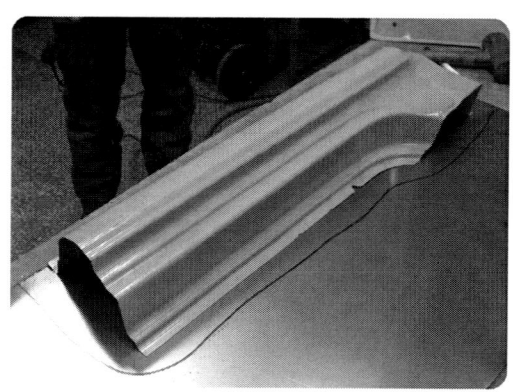

▶ 연강판 위에 제작 될 사이드 실 형태 표시

5. 실기유형의 변화

매직 등으로 연강판 위에 제작하고자 하는 패널을 표시할 때에는 플랜지 부위가 되는 하단 부위는 패널의 끝에 정확하게 밀착한 상태에서 윗부분은 패널의 형태에 꼭 맞게 표시하기 보다는 약간의 여유를 주고 표시할 수 있도록 한다. 강판 위에 매직 등으로 표시를 한 다음 사이드 실을 내려놓고 표시된 부분을 따라 에어 가위로 절단해 준다.

연강판을 절단할 때는 그림과 같이 에어 가위 및 절단 가위를 사용하는 것이 좋다. 연강판을 자를 때 사용하는 판금 가위로 절단할 경우 절단되는 크기에 따라 많은 힘이 들기 때문에 수검생들은 에어 가위를 준비하거나 또는 수검장에 비치된 에어 가위를 사용해서 절단해 주면된다.

▶ 연강판 절단

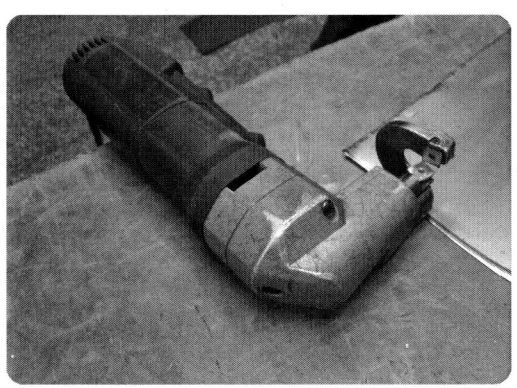

▶ 절단 가위

연강판을 절단 한 후 나머지 패널은 바닥에 조심해서 내려놓고 가장 우선적으로 연강판의 끝단 부위를 사이드 실 아우터 패널의 플랜지 하단 부위와 맞닿게 하기 위해서 도면에서 주어진 치수대로 철자를 이용해서 치수만큼 매직 등으로 연강판 위에 표시를 한다.

▶ 플랜지 제작 부위 치수 측정

플랜지 제작 부위의 치수를 표시한 다음 하단 부위의 표시 선을 따라 전체적으로 매직으로 선을 그은 후 그은 선을 따라 해머와 정을 이용해 플랜지 제작 부위를 다듬질 해 준다.

플랜지 부위 전체 길이의 선을 표시하기 위한 강철자는 300mm의 짧은 것과 1500mm의 긴 것을 수검생들은 준비하는 것이 실기 검정을 진행하는데 훨씬 유리하기 때문에 작업장에 비치된 강철자를 꼭 준비하기 바란다.

해머와 정을 사용해서 플랜지 부위를 다듬질 할 때 한 번으로 플랜지 부위를 만들 수 없기 때문에 여러 번 반복해서 플랜지 부위를 해머링 해주는데 처음에는 조금 약한 힘으로 다듬질 해 주고 두 번째는 조금 강한 힘으로 다듬질 해 줌으로써 형태를 만들어 준다.

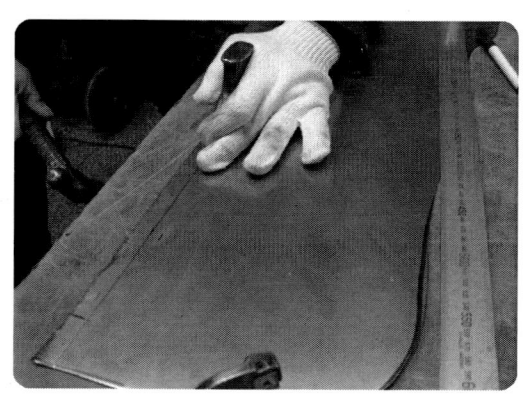
▶ 해머와 정을 사용한 플랜지 부위 제작

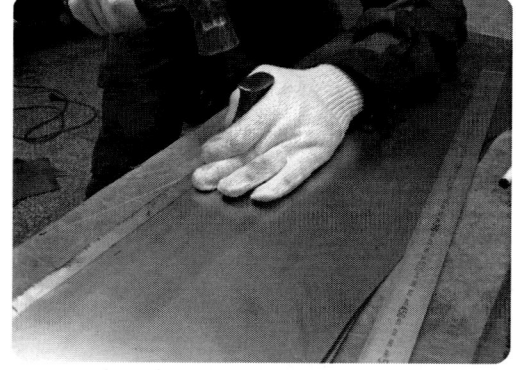
▶ 반복된 플랜지 부위 형상 제작

연강판의 플랜지 부위 형상을 만들고 난 뒤에 스포트 용접 갯수를 도면에서 확인하고 사이드 실 아우터 패널 전체길이를 잰 다음 전체길이에서 스포트 용접개수를 나눈 후 아우터 패널에 용접하고자 하는 스포트 용접 점 위치를 매직 등으로 표시해 준다.

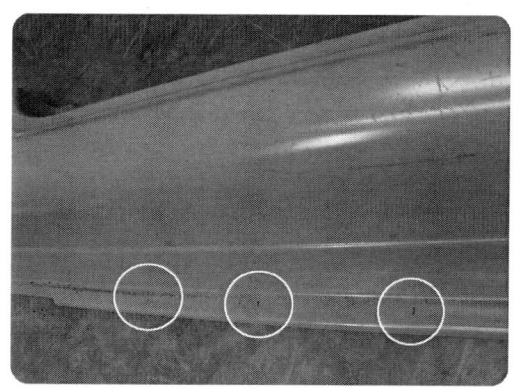
▶ 스포트 용접점 표시

스포트 용접 시 주의사항이다. 스포트 용접의 시작은 플랜지 부위 끝단에서 약 5mm정도를 띄운 후에 시작해야 하며, 스포트 용접이 마쳐지는 패널의 양단 끝 지점에서도 약 5mm정도 띄어진 상태에서 스포트 용접을 해야 한다.

스포트 용접 시 스포트 용접되는 각 지점간의 거리가 거의 동일하게 용접될 수 있도록 해 주는 것이 좋으며, 용접되는

▧▶ 플랜지 끝단부위에서의 용접 점 시작위치

너깃의 크기 또한 동일하게 용접되는 것이 좋다. 스포트 용접되는 부위의 표시가 끝이 나면 용접되는 부위의 구도막을 디스크 샌더를 사용해서 제거 해 준다. 아우터 패널의 경우에는 용접되는 부위만 구도막을 제거해 준다.

▧▶ 아우터 패널의 용접 부위 구도막 제거

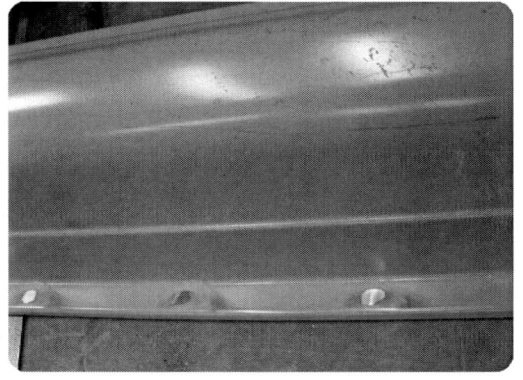
▧▶ 구도막 제거 후 아우터 패널

스포트 용접의 경우 스포트 용접되는 부위에는 아우터 패널과 인너 패널 양면에 도포되어 있는 구도막을 모두 제거해 주는 것이 좋다. 구도막을 제거하는 이유는 통전성을 좋게 하기 위해서이며, 정확한 용접성을 형성하기 위해서이다. 스포트 용접을 하기 위해 위와 같은 방법으로 작업하지 않고 플랜지 부위 아우터 부분의 구도막을 전체적으로 제거해 줘도 된다. 하지만, 시험 시간을 최대한 줄이기 위해서는 아우터 부분의 경우에는 용접되는 부위의 구도막만 제거해 줘도 된다.

아우터 부분의 용접되는 부위에 구도막을 제거한 후에 인너 부분에도 아우터부분과 동일하게 구도막을 제거해 줘도 되고 전체적으로 구도막을 제거해줘도 된다. 작업 시간을 최소화하기 위해서는 수검생들이 좋은 방법을 찾아서 하면 된다.

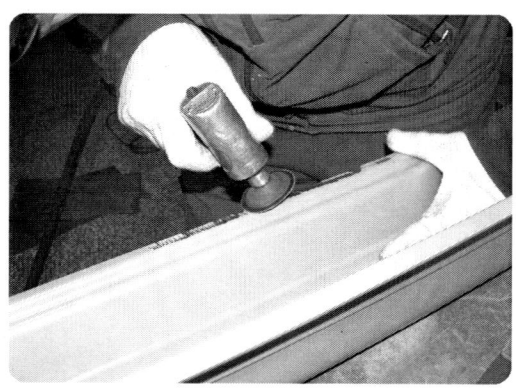

➡ 인너 부위의 구도막 제거

아우터 패널과 인너 패널의 구도막을 모두 제거한 후에 시험에서 요구하는 부분이 없다면 용접용 방청제를 도포할 필요는 없다. 하지만 용접작업을 하고자 구도막을 제거한 부위는 반드시 용접용 방청제를 도포해 주는 것이 좋다. 사이드 실 인너 부위와 용접되는 연강판 부위에 용접용 방청제를 도포해 준다.

 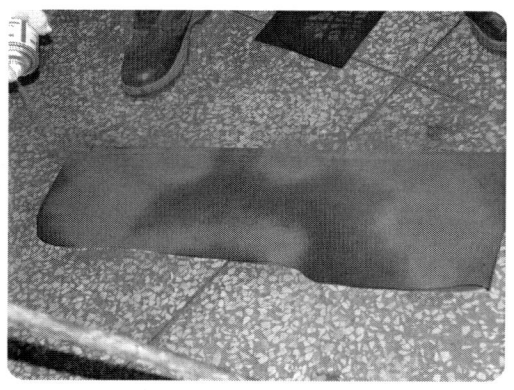

➡ 인너 패널 부위에 용접용 방청제도포   ➡ 연강판 용접부위에 용접용 방청제도포

방청제를 도포한 후에 연강판 위에 사이드 실을 올려놓고 바이스 플라이어를 사용해서 고정한 후 스포트 용접할 준비를 한다.

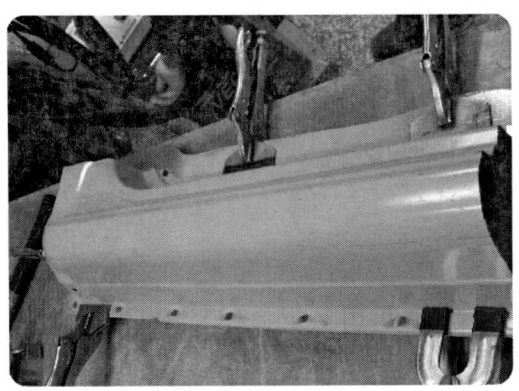

▶ 바이스 플라이어로 고정하고 용접 준비

스포트 용접은 수검장에 따라 다르겠지만 스포트 용접기의 전류와 전압 조정이 모두 되어 있는 수검장에서는 바로 스포트 용접을 진행하면 된다. 하지만, 스포트 용접기를 초기화 해 놓은 상태에서의 용접은 본 용접 전에 반드시 용접하고자 하는 모재와 동일한 시편으로 시험 용접을 먼저 해 봐야 한다. 스포트 용접기의 전압과 전류를 조정한 후 시편을 먼저 용접해 본다.

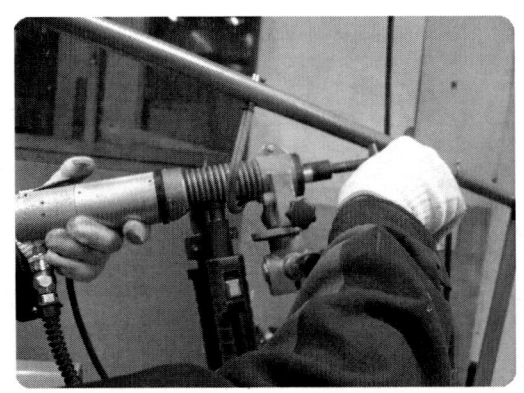

▶ 시편 용접

▶ 시편 용접

시편 용접 후 시편을 좌우로 흔들어 탈거하게 되면 한쪽 시편은 홀이 발생하게 되고 또 다른 시편에는 너깃의 거스러미가 남게 된다. 이와 같은 경우 용접기의 셋팅이 정확히 이루어졌다고 보고 본 용접을 진행하면 된다. 하지만, 홀이 생기지 않고 그대로 떨어지게 되면 용접기를 다시 셋팅해 주어야 한다.

스포트 용접의 너깃의 크기는 패널 두께에 따라 달라지지만 연강판의 경우에는 보통 5mm정도의 크기가 적당하며, 스포트 용접기의 팁 모양을 너무 뾰족하게 연마해서 사용하기 보다는 R형으로 연마해서 사용하는 것이 좋다. 용접기의 셋팅이 마쳐지면 스포트 용접 부위에 스포트 용접을 진행한다.

⇒ 본 용접

용접기의 셋팅이 정상적으로 이루어지지 않은 상태에서의 용접은 스파크의 발생으로 용접부위에 홀이 발생하거나 용접이 정상적으로 되지 않는 등 감점의 원인이 되기 때문에 주의해야 한다.

스포트 용접이 완료되면 절단 가위를 사용해서 사이드 실 형태에 맞게 남아 있는 잔여 연강판을 제거해 준다.

⇒ 스파크의 발생

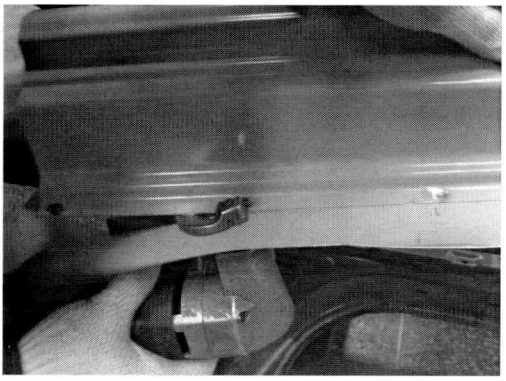

⇒ 잔여 연강판 절단

잔여 연강판을 절단 한 후 절단 된 부위의 매끄럽지 못하거나 패널 뒷면에 남아있는 거스러미 등을 디스크 그라인더를 사용해서 매끄럽게 연마해 준다.

연마 작업이 완료되면 연강판에 사이드 실의 스포트 용접 작업이 도면 2에서 지시한 작업이 모두 끝이 난다. 도면2의 작업이 끝이 나면 도면3의 내용을 충분히 숙지하고 작업에 들어갈 수 있도록 한다. 도면3의 그림을 보자.

➡ 잔여 거스러미 연마 작업

도면3. 센터 필러
(절단 위치, 신품패널 용접형태)

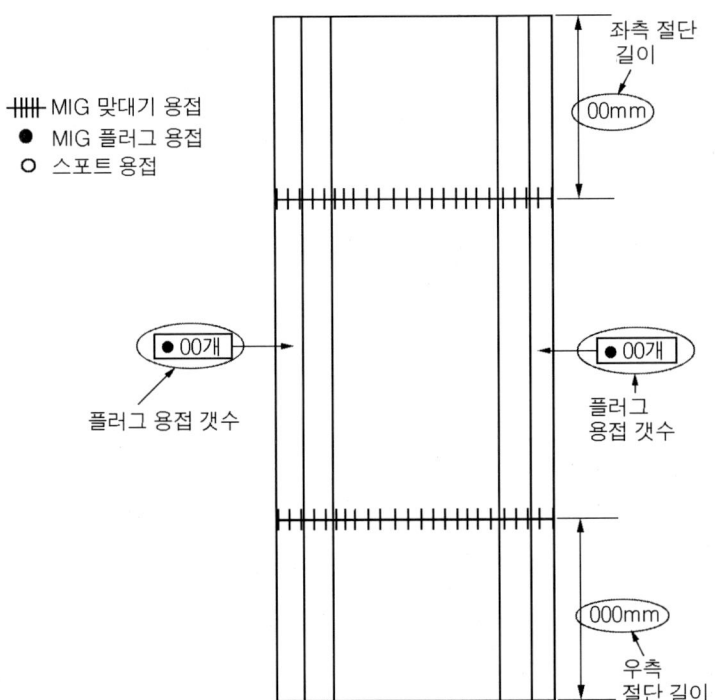

도면 3에서 요구하는 부분은 제작된 패널과 신품 패널을 주어진 치수대로 절단하여 제작된 패널을 떼어내고 신품 패널을 떼어낸 곳에 부착하여 신품 패널을 맞대기 용접과 플러그 용접으로 다시 접합하는 과제의 설명이다. 위에서 보여지는 도면이 세로 방향으로 그림이 제시되어 있어서 다소 혼돈이 될 수도 있겠지만 세로 방향이 아닌 가로 방향으로 돌려놓고 보면 쉽게 이해가 될 것이다.

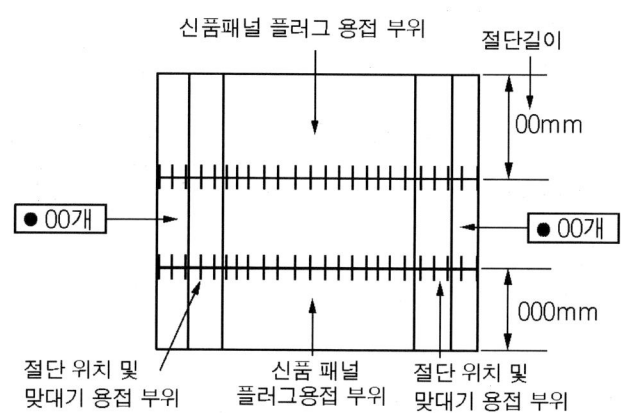

도면 3에서 지시하는 내용은 구품패널과 신품패널을 동일하게 절단 치수에 맞게 절단하고 구품패널의 떼어낸 곳에 신품패널을 부착할 때에는 플러그 용접과 맞대기 용접으로 접합하는 것으로 플러그 용접은 홀 펀치와 드릴을 사용해서 홀을 뚫은 후 홀을 메워주는 용접을 말하며 맞대기 용접은 일정한 루트 간격을 유지한 상태에서 두 모재를 접합해 주는 용접을 말한다.

도면에서 보여지는 ●표시는 플러그 용접을 뜻하는 것으로 ●용접 개수는 도면에 표시된 대로 플러그 용접 홀을 뚫어서 용접을 해 주면 된다. 플러그 용접 또한 용접 간격을 정확하게 맞춘 후에 용접할 수 있도록 해야 한다. 플러그 용접을 해야 하는 곳의 전체길이를 잰 다음 플러그 용접 홀 개수로 나눈 값으로 길이를 측정한 후 패널 표면에 마킹 펜으로 표시를 하고 플러그 용접용 홀을 뚫어 주면된다.

도면 3에서 지시한 작업의 형태를 다음 그림을 보면서 설명하도록 한다.

가장 먼저 절단해야 하는 부위의 치수를 측정한 후 강철자로 패널 표면 위에 표시를 한다. 예를 들어 좌측으로부터의 치수가 200mm이라면 패널의 끝단에서 200mm가 되는 지점에 마킹 펜으로 표시하며, 우측의 치수가 100mm라면 우측의 끝단지점에서

100mm지점에 마킹 펜으로 표시를 하면 된다.

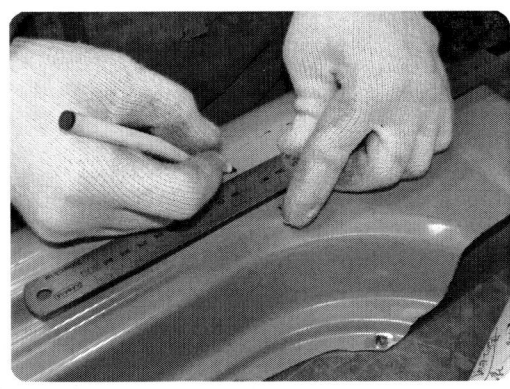
▶ 절단 위치 표시

▶ 절단 위치 표시

절단하고자 하는 위치에 마킹 펜으로 표시를 한 후 사이드 실의 경우에는 하단 부위가 라운드 형상으로 굽어지는 부분이기 때문에 정확한 치수로 절단하기 위해서는 표시된 치수 부위에 직각자를 사용해서 처음부터 끝까지 마킹 펜으로 정확하게 표시를 해 주는 것이 좋다.

절단하고자 하는 부위에 강철자 및 직각자를 사용하여 절단 표시를 한 후 종이

▶ 직각자를 사용한 절단 부위 표시

테이프 및 테이프 류를 이용하여 절단 표시선을 따라서 붙여준다. 이렇게 하는 이유는 정확한 절단을 하기 위해서이며 절단 중에 잘못하여 절단부위가 휘어지거나 비뚤어지는 것을 방지하기 위해서이다.

 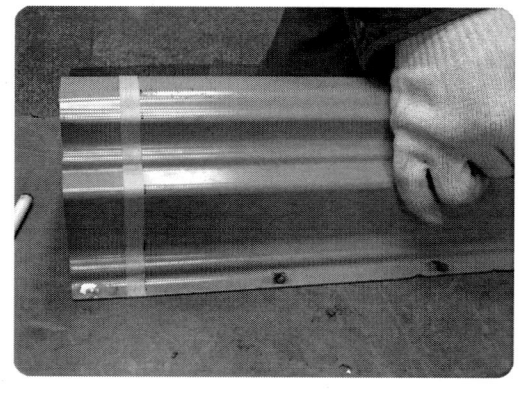

▶ 절단 표시선을 따라 테이프를 붙여줌   ▶ 절단 표시선을 따라 테이프를 붙여줌

절단 표시선을 따라 종이 테이프를 좌·우 부위에 모두 붙인 후에 정확한 치수대로 표시되었는지 강철자를 사용해서 다시 한번 확인한다.

▶ 절단 표시의 치수 확인   ▶ 절단 표시의 치수 확인

절단 되는 부위의 치수 확인이 마쳐지면 절단되는 부위의 스포트 용접점을 스포트 드릴 커터를 사용해서 제거해 준다.

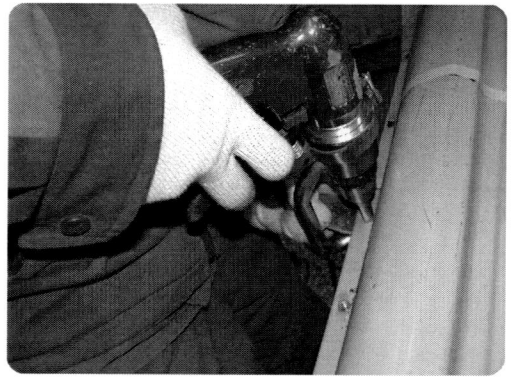

▶ 스포트 용접점 제거

스포트 용접점을 제거하기 위해서는 전용 드릴인 스포트 드릴 커터를 사용해서 제거해 주는 것이 가장 좋다. 하지만 스포트 드릴 커터가 없을 경우에는 일반 에어 드릴 및 전기 드릴을 사용해서 제거할 수 있는데 일반 드릴을 사용할 경우 주의해야 하는 사항은 스포트 용접된 내측 패널 즉, 연강판까지 홀이 같이 뚫린다거나 너무 깊은 홀이 발생되게 하는 경우가 있기 때문에 주의해야 한다.

스포트 용접점을 제거할 때 주의할 사항은 내측 패널 까지 홀을 뚫어서는 안되며, 내측 패널까지 깊은 홀이 발생하도록 해서는 안된다는 것이다. 외판 패널 부위만 정확하게 드릴링해서 탈거할 수 있도록 해야 한다. 너무 깊은 홀의 뚫림이나 제작된 패널인 연강판까지의 드릴링 작업은 포인트 당 감점 대상이 된다.

스포트 용접점을 제거할 때 드릴날의 크기는 스포트 용접점보다 조금 더 큰 것으로 해서 용접점을 정확히 드릴링 작업할 수 있도록 해 주는 것이 좋다. 왜냐하면 쉽게 탈거할 수 있고 드릴링 작업 시 잔여 거스러미가 남지 않아 깔끔하게 탈거될 수 있기 때문이다.

스포트 용접점을 제거한 후에 절단 표시된 부위의 종이 테이프 표시선을 따라 절단 공구인 에어 톱을 사용해서 절단 부위를 절단해 준다. 에어 톱으로 절단을 할 때 에어 톱날의 흔들림을 주의해야 하며, 종이 테이프를 따라 일직선으로 정확하게 절단해 주는 좋다.

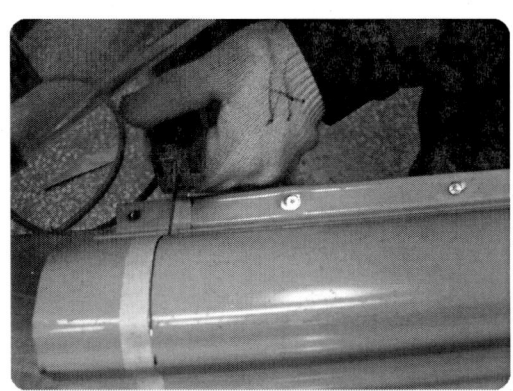
▮▶ 에어 톱으로의 패널 절단

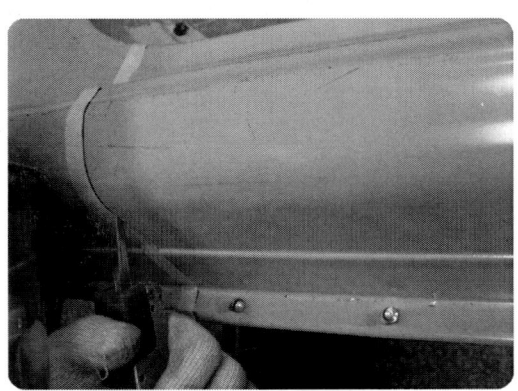
▮▶ 에어 톱으로의 패널 절단

    에어 톱으로 패널을 절단할 때 사이드 실 부분의 하단 부위는 공간이 형성되어 있기 때문에 에어 톱으로의 절단이 쉽지만 패널이 마주치는 플랜지 부위는 에어 톱으로 패널을 절단하기가 그렇게 쉽지만은 않다.

    차체수리 작업 기준에 보면 패널 절단시 내부(인너)패널에 손상이 있을 시 5mm당 감점으로 되어 있다. 플랜지 부위가 약 50mm로 본다면 에어 톱으로 절단을 잘 못하여 내부 패널을 많이 절단하였거나 스크래치가 강하게 남았다면 5mm당 1점으로 계산하면 10점의 점수가 감점된다는 것이다.

    그렇기 때문에 플랜지 부위를 절단할 때에는 탈거된 잔여 패널을 작게 만들거나 작은 시편을 패널과 패널사이에 집어넣어 절단해 주는 것이 좋다. 시편을 중간에 집어넣은 후 절단하게 되면 내부 패널의 손상을 방지할 수 있게 된다.

▶ 플랜지 부위 절단 작업 시 시편 삽입

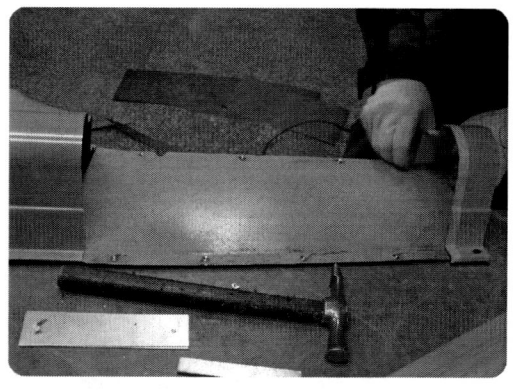
▶ 패널 탈거

    에어 톱으로 절단 부위를 절단한 후 패널을 탈거하기 위해 스포트 용접점을 해머와 정을 사용해서 제거한 후 절단되어진 패널을 연강판에서 떼어 낸다.

    패널이 탈거된 상태에서 스포트 용접점의 제거 상태를 보자. 드릴링 작업 시 드릴링 자국이 내부 패널에 깊이 남지 않도록 하는 것이 중요하며, 너깃의 잔여 거스러미가 내부 패널에 조금 남도록 제거해 주는 것이 좋다. 내부 패널에 남아 있는 거스러미의 경우 디스크 샌더로 연삭해 주면되기 때문에 깊이 패인 손상이 있는 것보다는 훨씬 좋은 작업 방법이라 할 수 있겠다.

    패널을 탈거하고 난 뒤 내부 패널에 남아 있는 스포트 용접점의 거스러미를 디스크

 차체수리기능사 실기

샌더를 사용해서 깨끗이 연삭해 준다. 거스러미를 연삭할 때 주의사항이다. 차체수리 작업기준 6번의 4항을 보면 미 연삭은 포인트 당 감점, 과다 연삭은 5mm 당 감점으로 되어 있다. 이 말은 거스러미를 반드시 연삭해야 한다는 것이다. 거스러미를 연삭하지 않고 신품 패널을 부착할 경우 패널과 패널이 완전히 밀착되지 않고 거스러미의 공간만큼 패널이 들

▶ 내부 패널에 남아 있는 너깃 거스러미

뜸 현상이 발생되기 때문에 잔여 거스러미는 반드시 연삭되어야 한다.

또한, 과다 연삭은 감점이라고 한 것은 잔여 거스러미를 너무 깊게 연삭하다 보면 패널이 과다하게 연삭되어 연삭된 부위의 패널이 얇게 된다. 이렇게 얇게 된 부위에 용접을 하게 되면 쉽게 구멍이 발생될 수 있고 용접이 정상적으로 이루어 지지 않을 수도 있기 때문에 잔여 거스러미의 연삭은 패널 표면과 동일한 위치만큼 연삭해 주는 것이 좋다.

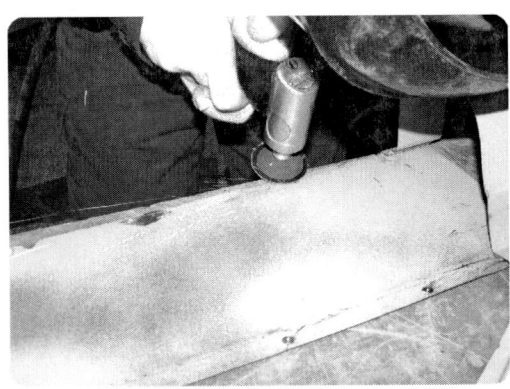
▶ 잔여 거스러미 연삭

▶ 잔여 거스러미 연삭

디스크 샌더를 사용해서 스포트 용접점의 잔여 거스러미를 연삭하고 난 후 탈거 과정에서 발생된 내부 패널의 변형 부위를 해머와 돌리 블록을 사용해서 다듬어 준다. 차체수리 작업 기준 6번의 5항을 보면 다듬질이 안 된 부위 길이 50mm당 감점으로 되어 있다. 그렇기 때문에 탈거된 패널 내부의 형태를 확인하고 변형된 부위가 있으면 해머와 돌리 블록을 사용해서 편평하게 다듬질 해 준다.

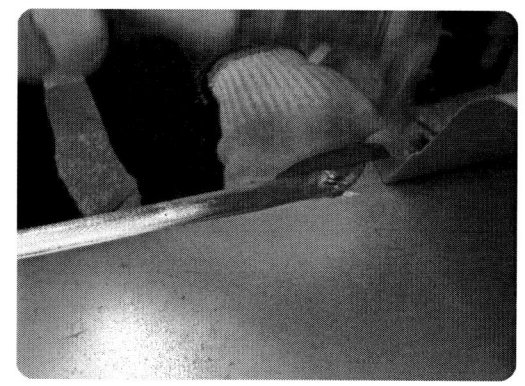
▶ 변형부위 다듬질 작업

해머와 정을 사용해서 편평하게 다듬어 준 후 내부 패널에 형성되어 있는 작은 변형과 거스러미의 제거를 위해 플랜지 부위 상단과 하단 부위를 전체적으로 디스크 샌더로 연마해 준다.

▶ 플랜지부위 용접용 방청제 연마작업

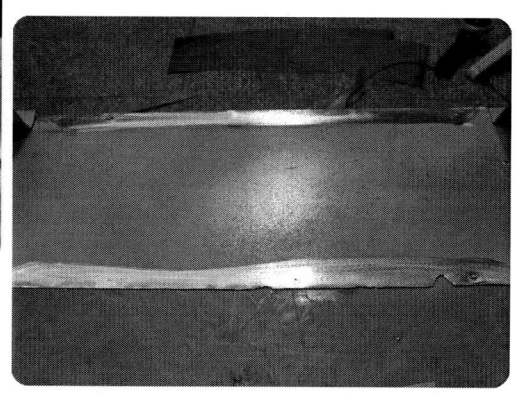
▶ 플랜지부위 용접용 방청제 연마작업

제작된 패널의 스포트 용접부 제거와 절단 작업 후 탈거 작업이 마쳐지면 지급되어 있는 신품 패널을 절단한다. 신품 패널의 절단은 제작된 패널을 탈거하기 위한 치수와 동일하기 때문에 신품 패널에도 강철자를 사용하여 치수를 표시한 후 패널 탈거와 동일한 방법으로 강철자와 직각자를 사용해서 절단하고자 하는 부위에 마킹 펜으로 표시해 준다.

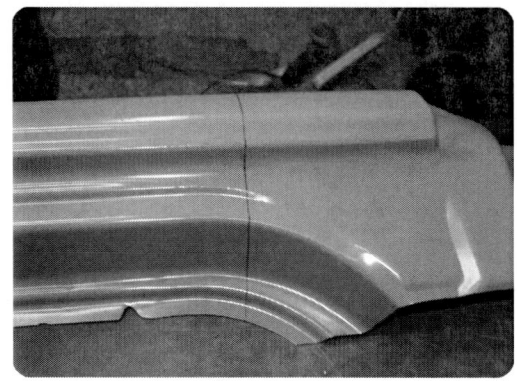

▶ 신품패널에 절단선 표시   ▶ 신품패널에 절단선 표시

신품 패널에 절단하고자 하는 위치를 표시한 후 종이 테이프를 사용해서 전체적으로 붙여준다.

▶ 절단부위에 종이 테이프 부착

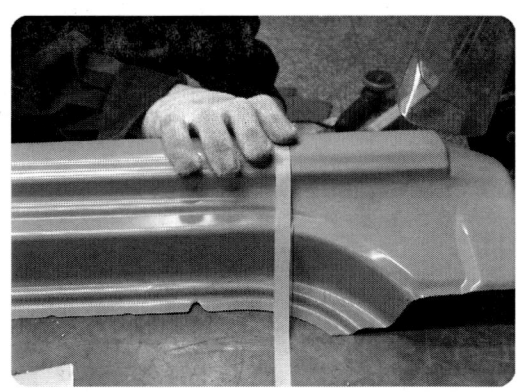

▶ 절단부위에 종이 테이프 부착

종이 테이프를 사용해서 절단선 위치를 전체적으로 선정한 후 절단선을 따라 에어 톱을 사용해서 절단해 준다.

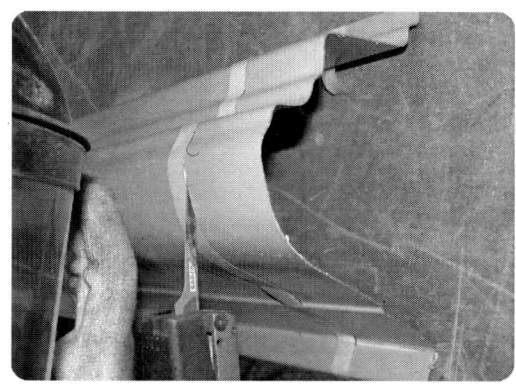

▶ 에어 톱으로 절단　　▶ 에어 톱으로 절단

절단 공구인 에어 톱을 사용해서 절단 한 후 절단된 신품 패널에 플러그 용접용 홀을 뚫어 준다. 플러그 용접용 홀은 도면에서 지시한 개수만큼 일정한 간격으로 뚫어주는데 신품 패널 부위의 전체 길이를 강철자로 잰 후에 전체 길이에서 플러그 용접개수로 나눈 값이 플러그 용접용 홀의 간격이 된다. 간격이 정해지면 마킹 펜으로 플러그 용접용 홀의 위치를 표시한 후 드릴을 사용해서 홀을 가공해 준다.

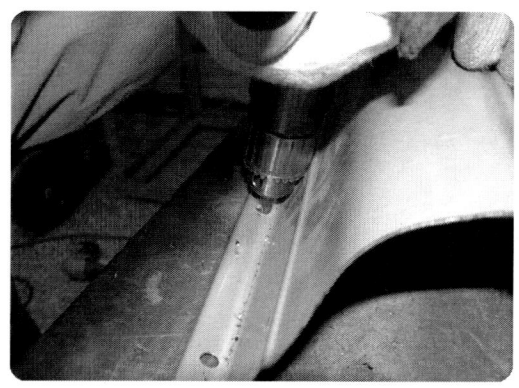

▶ 플러그 용접용 홀 가공

차체수리 작업기준 4의 1항을 보면 플러그 용접 홀은 4 ~ 6mm로 가공 하지 않은 포인트 당 감점으로 정해져 있다. 즉, 플러그 용접용 홀은 홀 펀치나 드릴날을 사용해서 홀을 가공해야 하는데 드릴날의 경우 6mm의 것으로 드릴에 장착해서 홀을 가공해 주어야 한다. 현장 작업에서 많이 사용하고 있는 스포트 드릴 커터는 보통 8mm인 경우가 많기 때문에 스포트 드릴 커터를 사용하기 보다는 일반 드릴을 사용해서 홀을 가공해 주는 것이 좋다.

플러그 용접용 홀을 가공할 때 주의할 사항은 스포트 용접의 경우에도 마찬가지지만 플랜지 부위의 중앙에 홀을 가공해 주어야 한다는 것이다.

▥▶ 플랜지 부위의 플러그 용접용 홀 가공위치

플랜지 부위의 너무 바깥쪽이나 안쪽으로 홀을 가공할 경우 플러그 용접 시 플랜지 부위만 용접되는 것이 아니라 플랜지 부위 안쪽으로 오버랩 되는 경우가 발생되며 바깥쪽으로의 용접시에는 정확한 플러그 용접 홀의 용접이 아니라 스파크의 발생과 용융점의 비산으로 플랜지 끝단 부위의 용접만 되는 경우가 발생하기 때문에 홀의 위치는 항상 플랜지 부위의 정 중앙에 위치하도록 가공하는 것이 좋다.

플러그 용접 홀을 가공할 때에도 마찬가지로 스포트 용접시와 동일하게 플랜지 부위의 끝단에서 약 5mm정도 띄운 후에 플러그 용접용 홀을 가공해 주어야 한다. 플러그 용접용 홀을 모두 가공 후에 신품 패널의 절단 부위의 좌·우 절단 선 면을 디스크 샌더를 사용해서 구도막을 벗겨내어 준다.

▶ 절단선 부위의 절단 선 면 구도막 제거

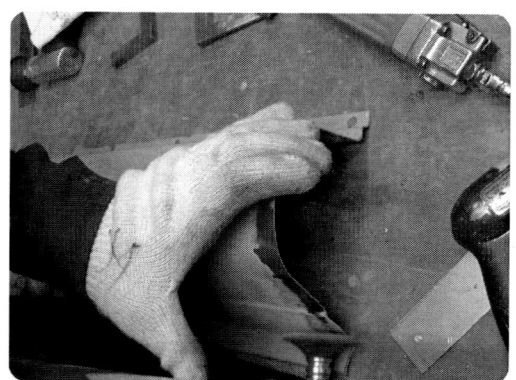
▶ 절단선 부위의 절단 선 면 구도막 제거

 절단되어진 곳 즉, 맞대기 용접되어지는 곳의 구도막 제거가 완료되면 용접되는 내부 패널 부위와 신품 패널 후면 부위에 용접용 방청제를 도포해 준다.
 용접용 방청제의 도포는 수검장의 여건에 따라서 달라질 수 있기 때문에 용접용 방청제를 도포하지 않을 경우도 있다. 그러한 경우에는 용접용 방청제 도포의 작업 순서를 다음 공정으로 바로 넘어갈 수 있도록 하면 된다. 신품 패널의 절단작업이 모두 완료되면 신품 패널을 제작 패널의 탈거한 부분에 맞추어 준다.

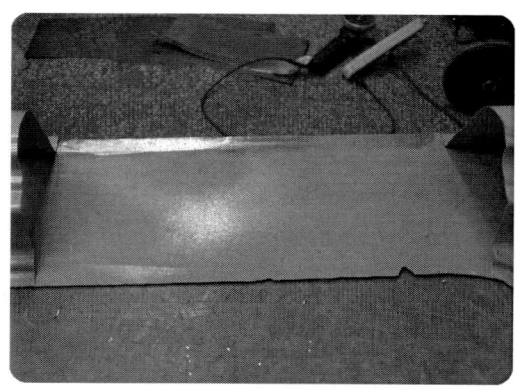
▶ 용접용 방청제 도포

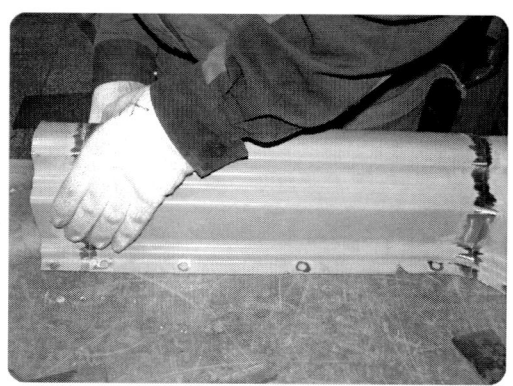
▶ 신품패널 부착

 제작 패널 즉 구품과 신품을 절단 치수만큼 정확하게 잘 절단 했다면 신품을 맞추기가 용이할 수 있지만 치수대로의 절단이 이루어지지 않았을 경우에는 신품 패널을 맞추는데 많은 시간이 소요될 수 있으므로 주의해야 한다.

패널을 절단할 때 톱날의 움직임이 신품과 구품의 절단된 면을 조금은 다르게 할 수 있다. 그러한 경우에는 신품을 부착시에 어느 한 면을 기준점으로 해서 먼저 맞추어 준 후에 맞지 않는 다른 면은 디스크 샌더 및 디스크 그라인더로 연마하여 조금씩 맞추어 가면 된다.

▶ 부착되는 면의 가공

신품 패널을 부착할 때 소요되는 시간이 의외로 오래 걸릴 수 있기 때문에 절단 작업을 신중히 할 필요가 있다. 정확한 절단은 곧바로 신품 부착 작업을 용이하게 할 수 있고 신품 부착 작업이 용이하면 다음 공정인 용접 작업이 용이하게 된다. 하지만 잘못 절단되어 패널과 패널의 루트 간격이 맞지 않거나 너무 좁거나 너무 벌어지게 되면 후속 공정인 용접 작업에서 많은 어려움을 겪을 수 있기 때문에 신품 패널을 잘 가공하고 잘 맞출 필요가 있다.

신품 패널의 부착 시 부착되는 부위가 잘 맞지 않을 경우에는 힘겹게 맞추려고 하지 말고 우선적으로 잘 맞는 부분을 먼저 바이스 플라이어로 고정하고 프레스 라인 및 단차를 잘 조정해서 어느 한 면에 가접을 먼저 해 준다.

▶ 패널과 패널의 단차 및 틈새 조정

▶ 패널과 패널의 단차 및 틈새 조정

신품 패널을 가접으로 임시고정 한 후 패널과 패널이 오버랩 되는 부분을 에어 톱을 이용해서 절단해 준다. 에어 톱을 이용해 절단해 줌으로써 공간을 형성케 하며, 루트 간격을 맞추어 준다.

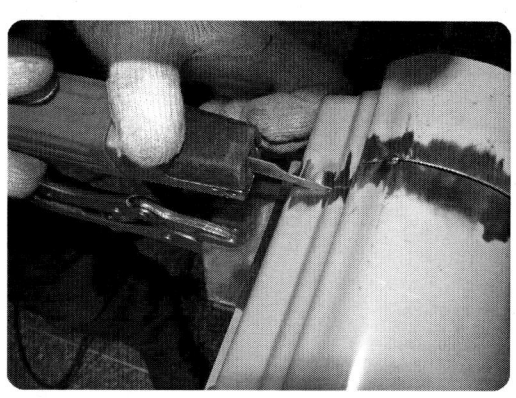

▶ 패널이 오버랩 되는 부위 절단

루트 간격은 톱날이 들어갈 수 있는 정도의 간격이 가장 좋으며 약 1mm 정도의 간격을 유지할 수 있도록 해 준다. 루트 간격이 너무 넓게 되면 용접이 잘 안될 뿐 아니라 용접 비드의 넓이가 상당히 넓어짐으로 감점의 원인이 된다.

차체수리 작업기준 7을 보게 되면 루트 간격이 1mm이하를 초과하는 틈새 길이 10mm당 감점 부분이 있다. 루프 간격을 잘 못 맞추게 되면 루트 간격에 대한 점수를 모두 잃을 수 있기 때문에 루트 간격을 1mm이하로 맞추어 주는 것이 좋다.

▶ 패널이 오버랩 되는 부위 절단

패널과 패널이 오버랩 되는 부위를 에어 톱으로 절단하고 나서는 반드시 절단된 위치의 치수를 다시 한번 확인해야 한다. 절단 치수에서 어느 정도의 오차가 발생되었는지 아니면 정확한 치수 절단의 위치인지 확인 한 후 패널과 패널을 MIG/MAG용접으로 프레스 라인을 중심으로 가접해 준다.

▶ 가접

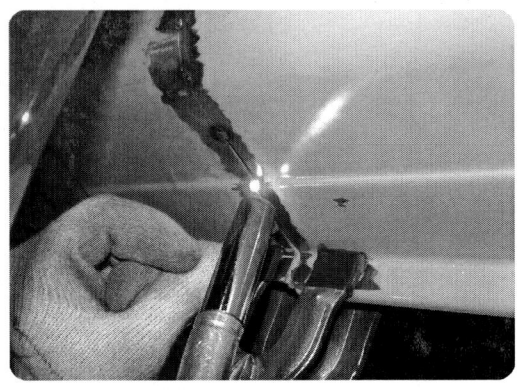
▶ 가접

프레스 라인을 중심으로 면의 가접이 완료되면 가접된 부위를 디스크 샌더를 사용해서 연삭해 준다. 가접은 본 용접 전에 패널의 틀어짐이나 변형을 최소화하기 위해 패널을 고정해 주는 역할을 하기 때문에 너무 높게 비드를 쌓이게 할 필요는 없다. 또한 가접을 했을 경우에는 비드를 연삭하지 않고 본 용접을 진행하게 되면 가접된 부위에 용접시 비드가 높게 쌓일 수 있기 때문에 가접된 부위는 반드시 연삭해 주어야 한다.

▶ 가접된 부위 연삭

▶ 플러그 용접

가접된 부위의 연삭이 완료되면 플러그 용접을 하기 위해 준비를 한다. 플러그 용접과 맞대기 용접시 사용되는 용접전류와 전압이 다르기 때문에 사용되는 용접기에 따라 잘 조정해 주어야 한다. 용접기의 조정이 완료되면 우선적으로 플러그 용접을 진행한다.

플러그 용접에서 주의해야 할 사항은 차체수리 작업기준 4의 3항을 보게 되면 높이 2mm, 홀 크기의 150%를 초과하는 각 플러그 용접 각 포인트 당 감점이라는 항목이 있다. 높이는 플러그 용접 비드의 높이로 2mm 이상 되면 감점의 대상이 되며, 홀 크기의 150%를 초과하는 플러그 용접 각 포인트 당 감점은 홀의 가공 규정이 4 ~ 6mm로 되어 있으므로 6mm를 기준으로 한다면 플러그 용접된 넓이 부분이 상하·좌우 9mm를 초과해서는 안된다는 것이다.

플러그 용접을 할 때 홀을 메워주는 과정에서 비드의 높이가 2mm정도 되도록 하려면 아주 높게 형성되는 것으로 플러그 용접 홀을 메우는 느낌으로 용접을 하면 된다. 6mm의 경우 홀의 중심에 와이어를 고정시키고 홀의 중심으로부터 홀 전체를 메워가는 용접으로 진행하면 된다. 그렇게 하면 용접 비드의 높이가 0.5 ~ 1.0mm정도로 용접되어 질 것이다.

플러그 용접 넓이가 용접 홀 크기의 150%를 초과하면 안된다고 했으므로 홀의 가장자리만 용접될 수 있도록 와이어의 조정을 홀의 중심으로부터 시작해서 홀의 가장자리를 한바퀴 정도만 돌려주면 용접된 홀의 넓이가 150%를 초과하지는 않을 것이다. 홀의 150% 정도의 크기는 상당히 큰 크기로 플러그 용접을 어느 정도 연습하게 되면 감점되지 않을 것으로 본다.

새롭게 적용되는 용접의 규정에 많이 힘겨워 할 수 있지만 실기 시험을 준비하는 수검생 입장에서 조금만 연습하게 되면 그렇게 어려운 부분은 아니다. 하지만 연습되지 않은 상태에서 실기 시험에 응시하게 되면 바뀐 규정에 의해서 합격할 수 있는 기회가 그렇게 높지 않다는 것을 명심해야 한다.

용접은 기능적인 것으로 어느 정도만 연습이 되어도 실기 검정을 치루는데는 어려움이 없을 것으로 보인다. 플러그 용접을 할 때 또 한 가지 주의해야 하는 것은 홀의 전체를 모두 메워줘야 하는데 홀을 채우지 못하고 용입되지 않은 부분이 남아 있을 수 있다. 플러그 용접 홀이 8mm이상 될 경우에는 조금 넓기 때문에 용입이 되지 않은 부분이 발생될 수 있지만 6mm의 홀은 그렇게 넓은 부분이 아니기 때문에 홀의 중심에 와이어를 고정시키고 토치를 눌러 용접 홀이 완전히 메워지는지 확인 후 토치를 떼면 될 것이다.

　플러그 용접의 완료 후 반드시 사이드 실을 뒤로 돌려 백비드가 정상적으로 형성되었는지 확인한다. 모든 용접에서 백비드의 형성은 용접의 품질 뿐만 아니라 강도를 결정하는 가장 중요한 부분이기 때문에 백비드가 형성되지 않았다는 것은 정상적으로 용접이 되지 않았다는 것과 같다.

▶ 플러그 용접 시 백비드 형성

　플러그 용접 뿐 아니라 맞대기 용접에서도 반드시 백비드가 형성될 수 있도록 하여야 한다. 백비드가 형성되지 않았을 경우 감점 대상이 되며, 백비드의 형성은 아주 조금이라 할지라도 형성되어져 있으면 백비드의 형성으로 인정될 수 있다. 백비드가 너무 많이 형성되지 않도록 전류 조정을 잘 해줘야 한다. 맞대기 용접까지 완료된 상태에서 연삭할 경우 연삭 시간이 많이 소요될 수 있기 때문에 조금만 형성될 수 있도록 해 주는 것이 좋다.

　플러그 용접이 완료되면 사이드 실 교환 작업에서 가장 중요한 부분인 맞대기 용접을 진행하는데 맞대기 용접의 작업기준에 대해 앞에서도 서술했던 부분의 내용들을 잘 익히고 작업기준을 다시 한번 파악한 후에 진행할 수 있도록 한다.

　맞대기 용접에서 비드의 형성은 될 수 있는 한 일직선으로 형성될 수 있도록 해야 하며, 용접선이 올바르지 못할 경우 감점사항이 된다. 맞대기 용접의 비드 높이, 폭 등에 대한 규정을 잘 파악한 후 용접을 진행해야 하는데 단속 용접이 아닌 연속용접으로 규정이 바뀌었기 때문에 연속 용접에 대한 충분한 연습이 이루어져 있어야 한다.

연속 용접의 길이가 최소 20mm이상 되어야 하기 때문에 토치를 한 번 눌렀을 때 최소 20mm이상은 한번에 진행될 수 있도록 연습되어야 하며, 용접 비드 면이 울퉁불퉁하거나 비틀어지거나 용접 비드의 높이가 일정하지 못하고 울퉁불퉁 하는 모든 것은 감점사항이 되므로 연속 용접의 연습은 충분히 되어 있어야 한다.

수검생들 중에 현장 작업에서 단속 용접에 적응이 된 경우라면 연속 용접하기가 사실 조금은 더 힘든 경우가 발생할 수 있다. 습관된 용접 형태를 바꾼다는 것은 많은 연습을 필요로 하는데 단속 용접이 어느 정도 익숙해져 있다면 토치를 놓는 시점을 조금 달리하면서 연속 용접에 대한 연습을 할 수 있도록 해보자.

연속 용접을 정확하게 하려면 가장 중요시 되는 부분이 맞대기 용접되는 부분의 루트 간격이다. 루트 간격이 일정하게 되어 있으면 일정한 용접 진행으로 비드의 형태도 일정하게 진행될 수 있지만 루트 간격이 넓거나 올바르지 않을 경우에는 용접 비드의 형태 뿐 아니라 용접 상태도 좋은 결과를 얻지 못할 수 있다.

맞대기 용접을 하기 전에 충분한 가접을 통해 패널의 변형을 최소화하고 용접되는 부분이 가접을 통해 어느 정도 강도를 유지하고 있기 때문에 너무 빠른 속도로 진행하기 보다는 느린 속도로 진행하되 용접면을 통해 용접 비드를 정확하게 파악하면서 일정한 속도로 진행하는 것이 좋다.

➡ 맞대기 용접(butt welding)

➡ 맞대기 용접(butt welding)

맞대기 용접이 완료되면 전체적으로 용접 상태와 패널의 변형 형태를 파악한다. 용접 작업이 완료된 상태에서 패널의 변형 상태를 파악해 보고 변형이 없으면 바로 디스크 그라인더를 사용해서 맞대기 용접 부위와 플러그 용접 부위를 연삭해 준다. 용접으로 인한 패널의 변형 형태가 나타나면 감점사항이 되기 때문에 제작되는 패널이 뒤틀리거나 꼬이지 않도록 유의해야 한다.

⏩ 용접작업 완료

⏩ 용접부위 연삭

 용접된 부위를 연삭할 경우 디스크 그라인더로만 연삭하게 되면 용접된 부위의 연삭과 함께 과다 연삭이 될 경우가 많으며, 표면 패널을 연삭하게 되는 경우가 있기 때문에 디스크 그라인더로는 용접된 면을 최소화해서 연삭해 준다.

 디스크 그라인더로 어느 정도 연삭을 한 후에 디스크 샌더로 나머지 부분을 깨끗이 연삭해 주는 것이 패널의 과다 연삭 및 연마 부위의 변형을 최소화 할 수 있다.

⏩ 디스크 샌더로 용접부의 연삭마무리

맞대기 용접 부위와 플러그 용접 부위를 모두 연삭한 후 플러그 용접된 곳에 형성되어 있는 백비드를 연삭해 준다.

▶ 백비드 연삭

플러그 용접 시 다루었던 이야기지만 맞대기 용접에서도 마찬가지로 반드시 백비드가 형성되었는지 확인한다. 맞대기 용접에서의 백비드의 형성은 전압을 높게 해서 완전한 용입을 만들면 쉽게 백비드가 형성될 수 있지만 패널과 패널간의 루트 간격을 어느 정도 유지만 하면 충분히 백비드가 형성될 수 있기 때문에 용접을 빠르게 진행하지 않도록 주의하면 된다.

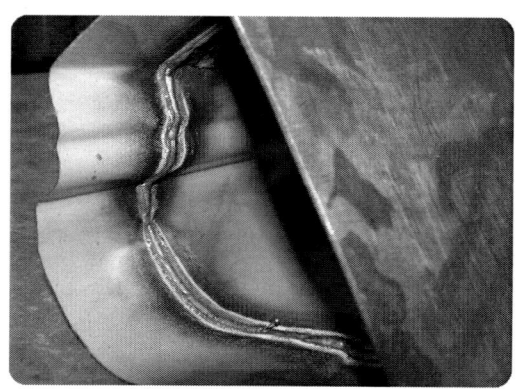

▶ 맞대기 용접의 백비드 형성

차체수리 작업 기준에 보면 백비드가 형성되지 않았을 경우 백비드가 나오지 않은 용접 길이 10mm당 감점이란 부분이 명시되어 있다. 용접 작업은 어떤 용접 작업이든 백비드의 형성은 기본이며, 백비드가 형성되지 않은 상태의 용입은 용접 불량의 원인이 된다는 것을 기억하고 백비드가 형성될 수 있도록 해야 한다.

차체수리 작업기준에 5의 용접연삭 부분을 보게 되면 과다 연삭 및 연삭되지 않은 부위 당 감점 항목이 있으며 플러그 용접의 백비드 부분을 연삭하지 않아도 포인트 당 감점 항목이 있다. 그렇기 때문에 용접된 모든 곳에 연삭 작업을 통해서 깨끗이 용접비드를 연마하고 플러그 용접 홀과 백비드 부분을 깨끗이 연삭해 줘야한다.

▶ 용접부위 연삭 완료

용접된 부위를 모두 연삭한 후에 퍼티 도포할 부분을 종이 테이프로 표시한 다음 퍼티 도포 면을 넘어서지 않도록 주의하면서 퍼티를 도포해 준다. 퍼티를 도포한 후 연마 작업을 완료하면 모든 작업은 종료된다. 퍼티 도포는 작업 기준 9에 명시되어 있는 내용을 보면 용접선을 기준으로 50mm 이내에 도포한다고 명시되어 있다.

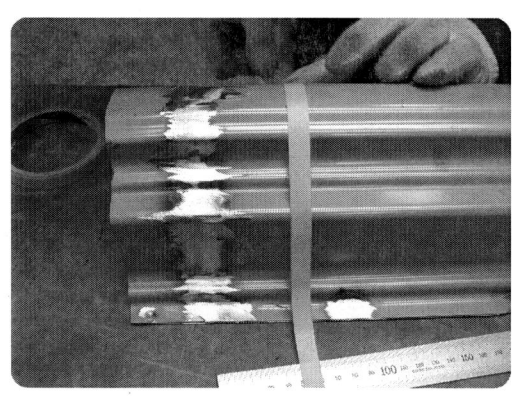
▶ 퍼티 도포면 표시

▶ 퍼티 도포면 표시

도어 분해 조립

chapter 6

chapter 01 도어 분해 조립

요구사항 3번을 보게 되면 탈·부착 작업에 대한 실기 검정 문제가 있다. 탈·부착 작업에는 도어 탈·부착 작업, 트렁크 리드 탈·부착 작업, 테일 게이트 탈·부착 작업, 프런트 펜더 탈·부착 작업이 있는데 지금까지의 작업은 주로 프런트 펜더 탈·부착 작업이 진행되어 왔고 또 그렇게 작업 될 가능성도 있다.

트렁크 리드 및 테일 게이트의 경우 1인 작업이라기보다는 2인 작업이 가능하기 때문에 실기 시험에 출제될 경우 실기 검정장소에 따라 또는 차종에 따라 수검자들과 또는 진행요원들의 도움을 받을 수 있을 것 같은 판단에 따라 1인 작업이 가능한 도어 패널의 탈·부착 작업에 대해서 알아본다.

탈·부착 작업시 바뀐 규정으로 시험위원의 지시에 따라 탈·부착 작업을 진행하게 되고, 단순 탈·부착이 아닌 전체를 분해하고 조립하는 작업으로 바뀌었기 때문에 도어 패널의 구성 부품을 모두 분해하고 도어 패널을 탈거한 상태에서 심사위원에게 확인을 받고 다시 차체에 장착하고 조립해야 하는 과정의 과제로 규정이 바뀌었다.

도어 탈·부착은 차체수리 작업에서 가장 기본이 되는 작업이다. 하지만, 차체의 변화에 따라 예전의 차량과 현재 생산되는 차량의 도어 구조가 많이 바뀐 상태이기 때문에 현업(現業)에서 계속하여 작업하는 숙련 작업자일 경우에는 도어의 분해 조립이 쉬울 수 있으나, 그렇지 못한 수검생일 경우에는 많은 어려움을 겪을 수도 있다.

　탈·부착 작업의 제한 시간이 80분으로 되어 있는 점을 감안하면 충분한 시간이 될 수 도 있지만 기능이 숙련되지 못한 수검생일 경우 제한 시간을 넘길 확률이 높다.

　도어의 탈·부착 작업이 쉽게 느껴질 수도 있으나 시간이 제한되어 있다는 점을 감안하면 그렇게 쉬운 작업은 아니다. 탈거는 충분히 할 수 있을지 모르지만 부착하여 조립하는 과정에서 잘 못 조립되면 도어의 기능이 정상적으로 작동되지 않을 수 있기 때문에 도어의 탈·부착 작업은 충분한 연습이 이루어져야 한다.

　예전에 생산된 차량으로 시험을 치룰 가능성이 높지만 현재 생산되는 차량의 도어 분해 조립 순서를 파악해 봄으로써 도어 분해 조립의 순서와 요령에 대해서 충분히 숙지하기 바란다.

　우선적으로 먼저 도어의 구성 부품에 대해서 알아보자. 차종에 따라 다소 차이는 있을 수 있으나 현재 생산되는 차량은 거의 유사하며, 구성 부품은 크게 차이가 나지 않는다.

　도어의 구성 부품은 아래 그림과 같이 형성된다.

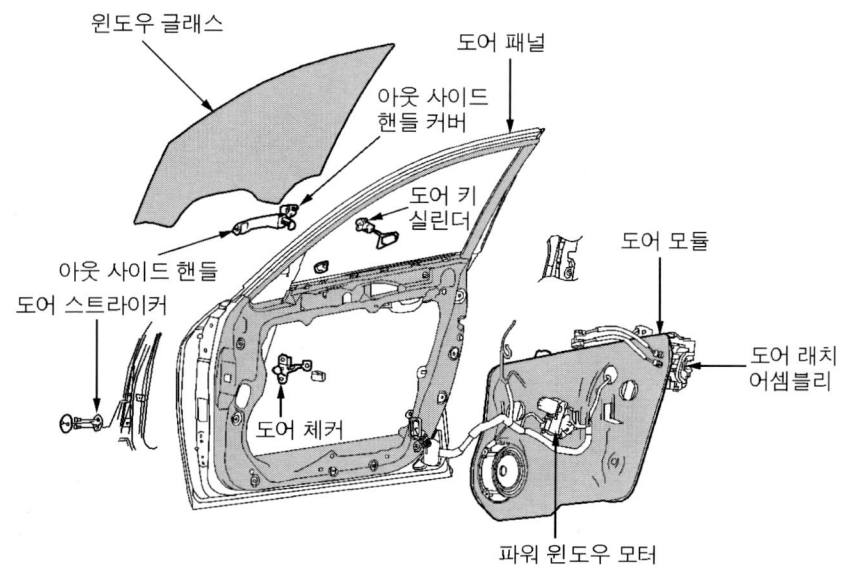

▶ 프런트 도어의 구성품

도어를 구성하는 부품은 프런트 도어와 리어 도어는 약간의 차이점을 보이지만 구성부품 종류에서의 차이일 뿐 구성되는 부품은 거의 같다고 봐도 된다.

1 도어 글라스 내려주기

도어를 분해하기 전 가장 먼저 해야 하는 작업이 key on 상태에서 도어 글라스를 2/3가량 그림과 같이 내려준다.

▶ 윈도우 글라스를 내려줌

2 윈도우 글라스 분리

윈도우 글라스를 먼저 내리는 것은 트림을 탈거한 후에 윈도우 글라스를 도어로부터 쉽게 분리하기 위해서이다.

3 사이드 미러 커버 탈거

그런 다음 ⊖ 드라이버를 이용하여 윈도우 사이드 미러 커버를 탈거한다.

드라이버 등으로 탈거할 때 부품이 손상되지 않도록 주의한다. 미러 커넥터를 분리하고 백미러를 분리해 준다.

▶ 윈도우 사이드 미러 커버 탈거

④ 도어 트림 분리

윈도우 사이드 미러를 탈거한 후 도어 트림을 분리해 준다.

■➡ 도어 트림 분리

도어 트림을 분리할 때 사용하는 드라이버 및 수공구는 부품이 손상되지 않도록 주의해서 사용해야 하며 손을 다치지 않도록 장갑을 착용한 상태에서 트림을 분리한다.
① 도어 트림을 분리할 때 가장 먼저 인사이드 핸들 장착 스크루 커버를 분리하고 장착 스크루를 풀어 준다.
② 도어 트림 손잡이 부분의 장착 스크루를 풀어낸다. 이 부분의 손잡이 부분에 있는 스크루 커버는 고무로 되어 있어 분리하기가 쉽다.

■➡ 인사이드 핸들 커버 분리

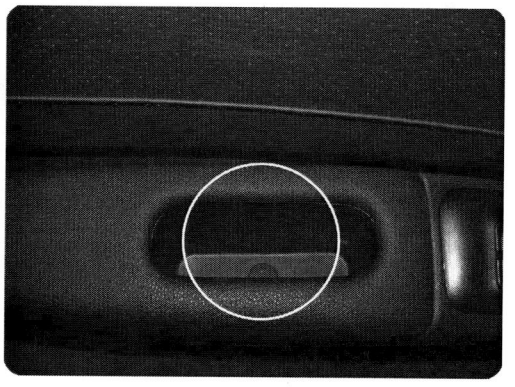

■➡ 손잡이 부분의 스크루를 풀어준다.

③ 도어 트림 상단 부위에 있는 장착 스크루 커버를 탈거하고 스크루를 풀어준다. 스크루는 피스 형태의 나사를 말한다.

④ 도어 트림 하단 부위에 있는 장착 스크루를 드라이버를 이용해서 풀어준다.

▶ 트림 상단부위의 스크루를 풀어줌   ▶ 도어 트림 하단부위 스크루 분리

⑤ 도어 트림 하단 부위에 ⊖ 드라이버를 이용하여 도어 트림을 패널에서 분리해 준다. ⊖ 드라이버를 사용해서 트림을 분리할 때 도어 패널의 도장된 면을 보호하기 위해서 드라이버 끝부분에 종이테이프 등을 감아서 사용하는 것도 좋은 방법이다.

⑥ 도어 트림을 분리하고 도어 트림과 연결되어 있는 각종 배선의 커넥터를 분리한 뒤 도어 트림을 탈거한다.

▶ [-]드라이버를 사용해 도어 트림 분리   ▶ 도어 트림과 연결된 커넥터 분리

5 보호 비닐 탈거

도어 트림 내부에 있는 보호 비닐을 탈거한다.

그림에서 보는 것과 같이 보호 비닐에는 실러가 도포되어 있고 쉽게 찢어 질 수 있으므로 실러가 옷이나 장갑 등에 묻지 않도록 하고 조심해서 탈거해야 한다.

▶ 보호 비닐 탈거

6 도어 모듈 탈거

도어 모듈에 장착되어 있는 인사이드 핸들 및 도어 래치의 탈거 시 부품에 손상이 없도록 해야 한다.

① 인사이드 핸들 장착 스크루를 풀고 인사이드 핸들 케이지를 분리한다.

인사이드 핸들 케이지를 분리할 때 인사이드 핸들 케이지가 파손되지 않도록 주의해야 한다.

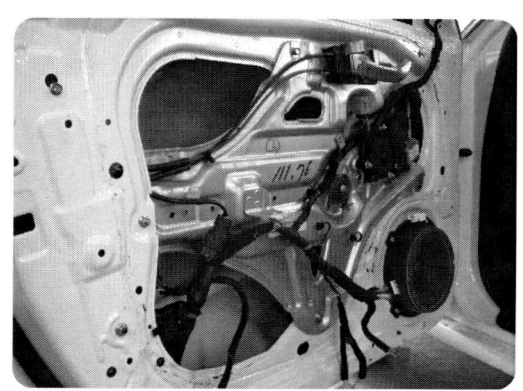

▶ 도어 모듈 탈거

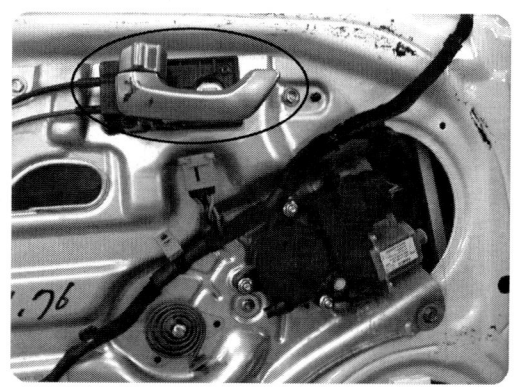

▶ 인사이드 핸들 케이지 분리

② 스피커 커넥터를 분리하고 장착 스크루를 푼 후 스피커를 탈거한다.
③ 파워 윈도우 메인 스위치를 연결한 후 스위치를 작동하여 글라스 장착 마운팅 볼트가 보일 때까지 레귤레이터를 아래로 내려준다.
④ 레귤레이터에 장착되어 있는 글라스 장착 볼트를 풀고 윈도우 글라스를 안쪽으로 기울여 위로 빼낸다.

▶ 스피커 탈거

윈도우 글라스를 도어에서 빼낼 경우 윈도우 글라스에 선팅이 되어 있는 비닐이 손상되지 않도록 주의해야 한다. 급하게 빼낼 필요 없이 천천히 위로 들어 윈도우 글라스를 조금만 기울여서 빼내면 쉽게 빼낼 수가 있다.

▶ 레귤레이터 조정

▶ 윈도우 글라스 탈착

⑤ 도어 모듈에 장착되어진 볼트를 풀고 와이어링을 분리한 후 도어 모듈을 탈거한다.

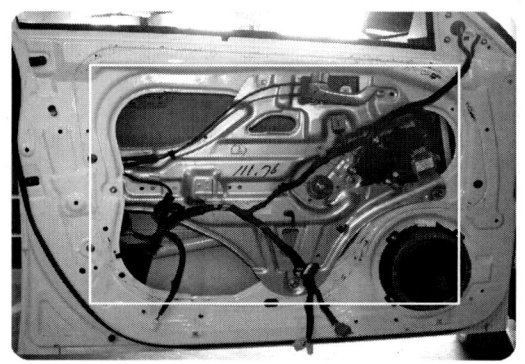
▶ 도어 모듈 탈거

7 아웃 사이드 핸들 탈거

아웃 사이드 핸들을 아웃 핸들이라고도 한다.

① 아웃 사이드 핸들의 장착된 볼트를 풀고 커버를 탈거한다. 현재 생산되고 있는 차량의 아웃 사이드 핸들은 키 실린더를 먼저 탈거한 후 아웃 사이드 핸들을 탈거할 수 있도록 되어 있으며, 키 실린더를 탈거하기 위해서는 키 실린더의 베이스를 잡아 주고 있는 볼트를 먼저 풀어내야 한다. 이 볼트의 위치는 도어를 열고 도어

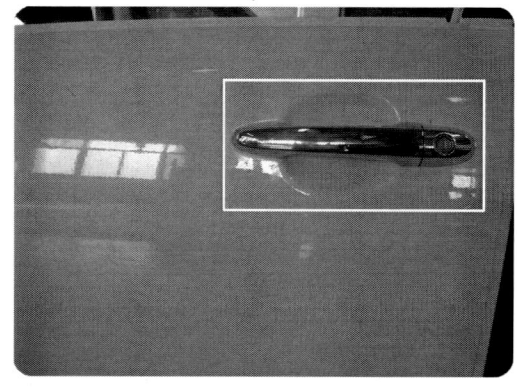

➡ 아웃 사이드 핸들 탈거

의 측면을 보면 원형의 고무로 막아놓은 부분이 있다. 이 원형 고무를 탈거하면 안쪽으로 볼트가 보인다.

② 키 실린더를 탈거한다. 키 실린더의 경우 장착되어 있는 10mm의 볼트를 풀어낸 후 당겨주면 탈거된다.

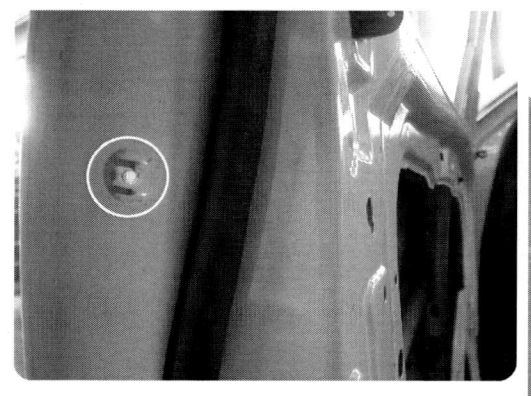

➡ 키 실린더의 베이스 볼트 위치

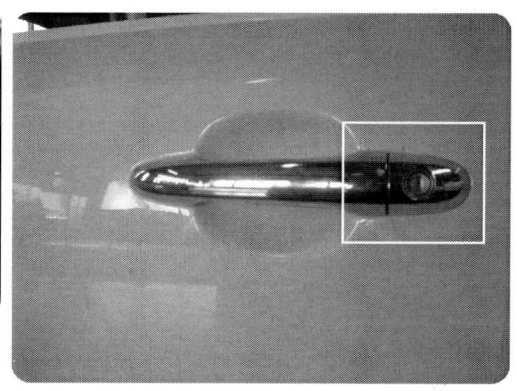

➡ 키 실린더 탈거

③ 아웃 사이드 핸들을 키 실린더가 장착되어 있는 쪽으로 밀어 아웃 사이드 핸들을 탈거한다.

④ 키 실린더 케이지와 연결된 도어 래치 고리를 분리시켜 준다.

▶ 아웃 사이드 핸들 탈거

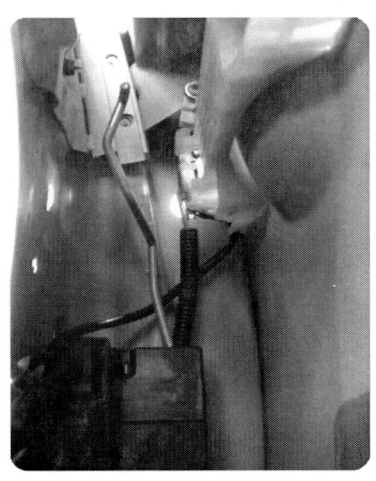

▶ 키 실린더 케이지와 고리 분리

⑤ 핸들 베이스 장착 스크루를 풀고 베이스를 탈거한다.

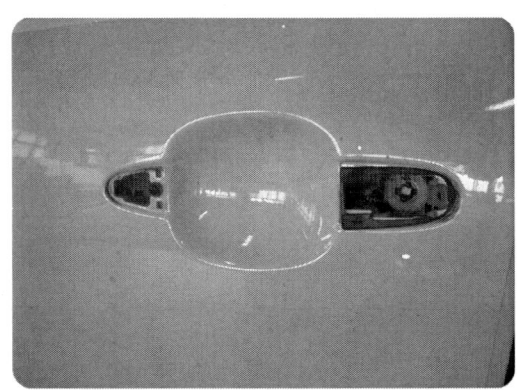

▶ 핸들 베이스 탈거

아웃 사이드 핸들의 경우 현재 생산되는 차량에는 키 실린더 따로 분리되어 장착되어 있는 경우가 많지만 기존에 생산된 차량에는 아웃 사이드 핸들 안에 키 뭉치가 포함되어 있어서 아웃 사이드 핸들 볼트 2개만 풀게 되면 쉽게 탈거할 수 있는 구조로 되어 있다. 아웃 사이드 핸들을 풀 때에는 어떤 구조인지 잘 파악해서 탈거하면 된다.

8 도어 래치 탈거

도어 래치 장착 볼트를 풀고 도어 래치를 탈거한다.

도어 래치를 탈거할 때에는 별표 형태의 특수공구(플러스 드라이버)를 사용하여 탈거해야 한다. 현재 생산되는 차량의 도어 래치 볼트는 십자형 볼트가 아닌 별 모양의 볼트로 장착되어 있다. 따라서 도어 래치를 탈거하기 위해서는 별 모양의 특수공구가 있어야 하는데 도어 래치의 볼트를 잘 확인할 필요가 있으며, 기존에 생산된 차량의 도어 래치 장착 볼트는 십자형으로 되어 있기 때문에 대형 십자 드라이버를 사용하여 풀면 쉽게 풀어 질 수 있다.

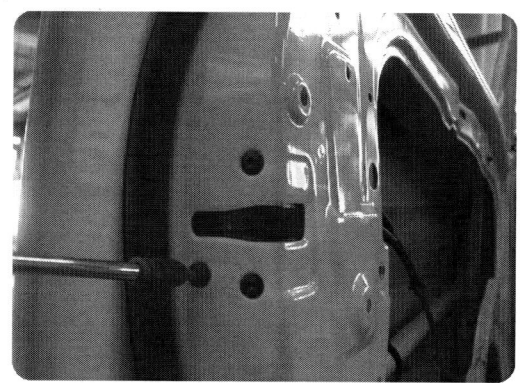

▶ 도어 래치 탈거

9 와이어링 분리

와이어링은 도어에 장착되어 연결된 배선을 말한다. 이 배선들을 잘 분리해야 하는데 와이어링을 탈거할 때 도어 모듈 및 도어 패널에 장착된 클립이 손상되지 않도록 잘 탈거해야 한다. 장착된 클립은 롱 노즈나 플라이어를 사용하여 탈거해 주는 것이 좋다. 급한 마음에 손으로 탈거하는 경우가 있는데 급할 경우라도 손으로의 탈거는 지양한다.

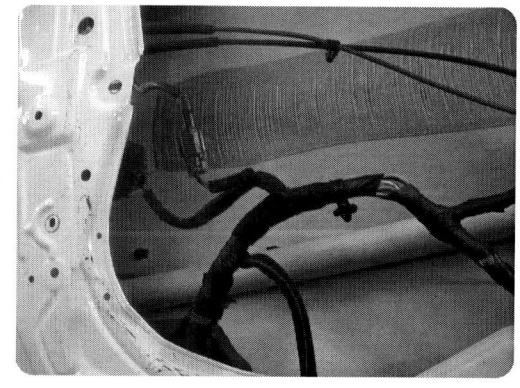

▶ 와이어링 분리

10 도어 패널 분리

도어 패널을 차체에서 분리한다.

상단 부위와 하단 부위에 있는 도어 힌지에서 볼트를 풀어 도어 패널을 차체에서 분리한다. 도어 힌지는 12mm 볼트이다.

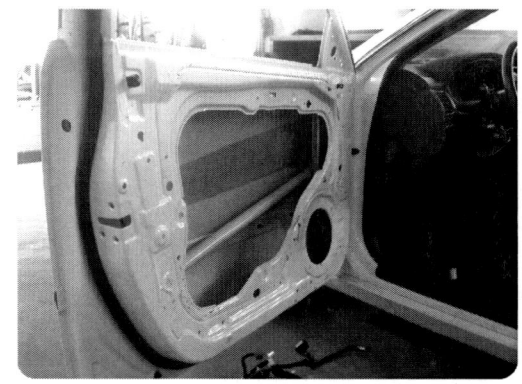
▶ 도어 패널 분리

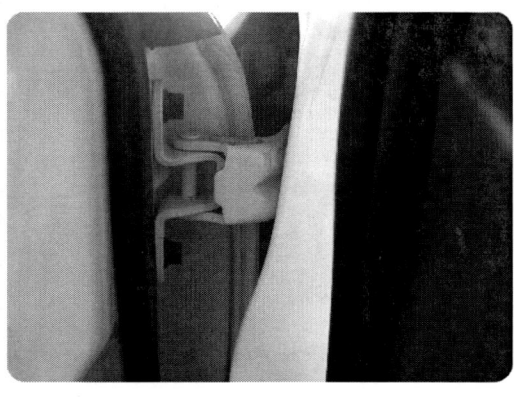
▶ 도어 힌지

11 조립은 분해의 역순

조립은 분해의 역순으로 도어의 구성 부품을 분해 할 때 순서를 잘 익혀야 한다. 조급한 마음에 분해는 했으나 분해 순서와 조립 순서를 모르게 되면 정상적으로 장착할 수 없게 되어 많은 시간이 소요될 수 있다.

한 가지 주의할 점은 도어를 차체에서 탈거한 상태에서 다시 장착할 때 힌지 볼트를 통해 도어를 체결해 주어야 하는데 잘 못 체결하게 되면 볼트 및 너트에 마모가 생길 수 있다. 이러한 경우 시험위원이나 관리 위원에게 바로 통보하여 불이익을 당하지 않도록 해야 한다.

여러 수검생들이 한 차종을 가지고 여러 번 사용하다 보면 잘 못 맞추어질 때도 있고 비숙련된 수검생들이 연습되지 않은 상태에서 탈·부착을 진행하다 보면 많은 부분에서 마모되거나 파손되는 부품들이 있을 수 있다. 그러한 경우에는 반드시 확인을 받은 후에 시험을 진행해야 한다는 것을 꼭 기억하자.

전기용접과 가스절단

chapter 7

chapter 01 전기용접과 가스절단

 2009년 실기 검정에서 4번 과제는 전기 용접 및 가스 절단이다. 전기 용접 및 가스 절단의 경우 2008년부터 실기 검정에 포함되어 시행되고 있는데 새롭게 바뀐 패널 제작 및 교환 작업을 포함해서 총 4가지의 과제를 제한된 시간 6시간 안에 모두 해결하기에는 시간적인 여유가 없을 것으로 판단된다. 전기 용접 및 가스 절단에 익숙한 수검생이라면 약 30분 안에 해결할 수 있는 과제일지 모르지만 숙련되지 못한 수검생이라면 전기 용접 및 가스 절단이 그렇게 쉬운 작업이 아닐 것이다.
 차체수리 실기 검정을 준비하는 수검생들에게 조금이나마 도움을 주고자 전기 용접 및 가스 절단에 대해서 간략히 소개하고자 한다.

number 01 전기 용접

 전기 용접은 도면 4에서 제시한 대로 두 장의 시편을 서로 맞대기 용접하는 것으로 주어지는 두 장의 시편은 약 3t ~ 4.5t정도의 두께를 가진 것으로 판단되며, 시편의 길이는 대략적으로 150 ~ 200mm정도일거라 판단된다.

도면4. 패널 용접

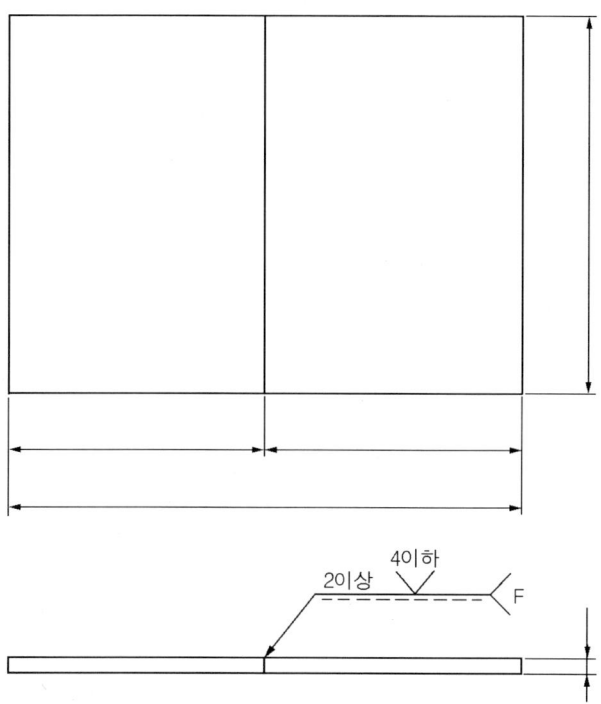

전기용접을 하기 위해 시편 2장을 받게 되면 우선적으로 시편의 루트 부분을 판금 줄을 가지고 용접 홈을 가공해 준다. 판금 줄을 가지고 용접 홈을 만들기 위해서는 바이스에 시편을 고정한 후 판금 줄을 이용해 용접하고자 하는 부위를 다듬어 준다.

▶ 용접 홈 가공

용접 홈을 만들고 나서 수검장에 설치되어 있는 교류 아크 용접기의 부스 안으로 들어가 용접 준비를 한다. 전기 용접을 할 때에 필요한 것은 용접 장갑과 용접 치마, 용접 면, 아크 용접봉, 용접을 마친 후 시편을 잡을 수 있는 집게, 용접부위를 감싸고 있는 슬래그 제거용 해머 등을 준비해야 한다.

전기용접의 경우 수검장의 설비에 따라 다소 다른 장비를 비치해 놓는 경우가 있을 수 있으나 보통 교류 아크 용접기를 많이 사용한다.

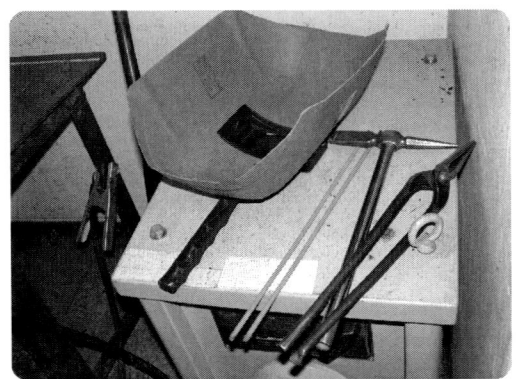
▶ 용접에 필요한 공구 준비

▶ 교류 아크 용접기

교류 아크 용접기의 전압을 조정한 후 홀더에 피복 아크 용접봉을 체결한 후 시험용 모재에 용접봉을 살짝 긁은 상태에서 아크를 발생시켜 아크의 발생이 양호한지 파악한다.

▶ 홀더에 용접봉 체결

 아크의 발생이 양호한지를 판단하기 위해 시험편 모재에 아크를 발생시켜 간단히 용접을 진행시켜 본다. 이때에는 반드시 용접에 필요한 보호 장비를 모두 착용한 상태에서 진행해야 한다.

 전기 용접의 경우 아크의 발생 시 아크 빛이 상당히 강하기 때문에 눈의 보호를 위해 반드시 적정한 용접면을 사용해야 한다.

▶ 아크의 발생

▶ 강렬한 아크 광선

 아크의 발생과 함께 용접 진행이 양호한 상태를 확인한 후 용접할 시편을 가지런히 놓고 루트 간격을 2mm이상 유지한 상태에서 시편의 양 끝단 지점에 가접을 해 줌으로써 루트 간격의 유지와 시편의 움직임을 방지한다.

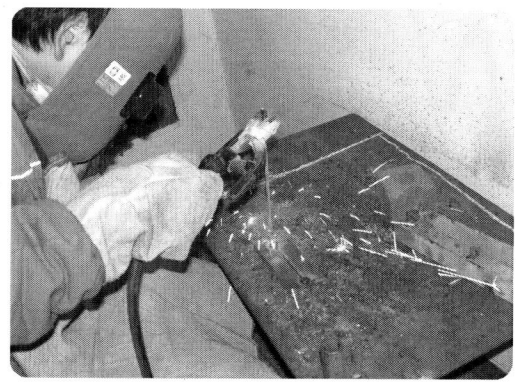
▶ 시편 가접

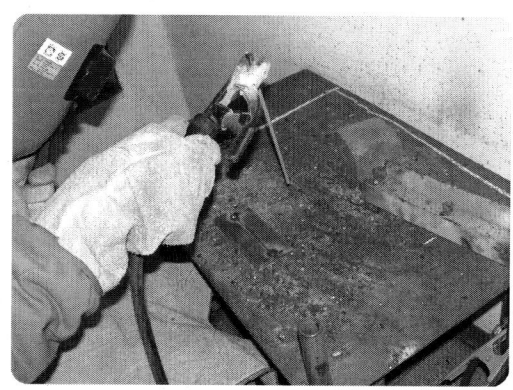
▶ 시편 가접

시편을 가접한 상태에서 본 용접을 진행하는데 아래보기 용접에서 시편을 고정할 수 있는 설비가 있으면 시편을 고정한 상태에서 가장 편안한 자세로 본 용접을 진행한다.

전기 용접의 본 용접 시 가장 유의해야 할 사항은 용접 중에 용접봉이 모재에 달라붙는 현상이 발생되었을 때의 대처 방법이며, 용접을 계속해서 진행하지 못한

▶ 본 용접

상태에서 용접의 흐름이 끊어진 후 다시 용접하려 할 때 용접이 어려워진다는 것이다.

용접봉이 모재에 달라붙는 이유는 여러 가지가 있겠지만 그 중에서도 아크의 거리가 너무 가깝다는 것이다. 즉, 용접봉이 모재에 너무 근접하면 진행되던 아크가 끊어져 버린다. 또한, 용접봉에 습기가 차 있을 경우에도 마찬가지로 아크의 발생이 끊어지는 현상이 발생되는데 전기 용접봉의 경우 반드시 건조로에서 완전히 건조된 용접봉을 사용해야 하며, 용접 중 아크가 끊어지게 되면 새로운 용접봉으로 교체해서 사용해야 한다.

용접된 용접 비드의 끊어진 부분을 다시 잇기 위해서는 용접이 끊어진 부분을 시작으로 다시 용접을 진행하면 된다. 3t 이상 두께를 가진 시편을 용접할 때에는 한 번의 용접으로 시편을 용접하는 것이 아니라 다층 용접을 해 주어야 한다. 즉, 처음에는 용접되는 면의 홈 안쪽에 비드가 낮게 형성되도록 1층 비드를 만들어 준 다음 그 위에 다시 한 번 더 용접 비드를 쌓아줌으로써 표면을 완전히 용입해 준다.

용접을 진행하다가 아크가 끊어질 경우 수검생들이 많이 당황해 할 수 있다. 한번 끊어지게 되면 용접을 다시 진행하기도 용접비드를 연속해서 접합해 가기도 참 어려워지는 경우가 있는데 너무 긴장하지 말고 다시 한 번 천천히 아크를 발생시켜 용접을 진행할 수 있도록 하면 된다.

전기 용접의 본 용접이 완료되면 시편은 용접 열로 인해 굉장히 뜨겁다. 그것을 손으로 잡는다거나 하면 손에 화상을 입을 수 있으므로 반드시 시편을 잡을 수 있는 공구로 시편을 들어 용접된 부위에 형성되어 있는 슬래그를 슬래그 제거용 해머로 깨끗이 제거해준다.

슬래그를 제거한 후에 어느 정도 열이 식게 되면 용접된 시편을 시험 감독에게 제출하면 된다.

▶ 슬래그 제거

number 02 가스절단

가스 절단은 도면 5와 같이 주어진 시편을 가스 절단기를 사용해서 절단하는 작업을 말한다. 가스 절단 작업시 정해진 치수에 따라 치수를 시편에 표시한 후에 표시된 선 따라 절단해 주면된다.

도면5. 패널 절단

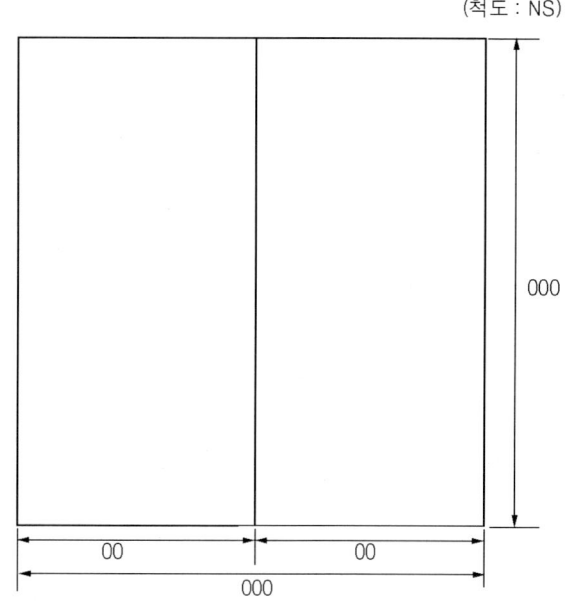

가스 절단기는 그림과 같이 산소-아세틸렌가스 용접에서 사용하는 토치가 다를 뿐 산소-아세틸렌가스를 사용한다는 것은 동일하다. 가스 용접에서 사용하는 토치의 경우 저압용과 고압용이 있으며, 소형, 중형, 대형으로 크기가 분류된다. 가스 절단은 절단용 토치가 따로 있으며 고압의 산소를 분출시켜 모재를 절단한다.

▶ 가스 절단기

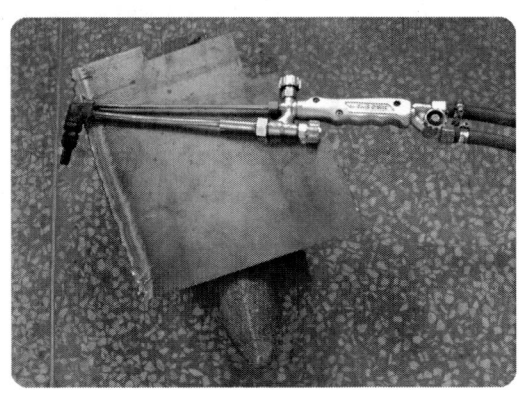
▶ 시험편으로 연습

가스 절단의 경우 가스 용접기를 사용할 수 있는 수검생이면 쉽게 사용할 수 있는 것으로 가스 절단에 익숙하지 않는 수검생들은 시험 시편을 가지고 연습을 해야 한다.
① 가스 절단기의 사용도 가스 용접과 동일하기 때문에 가장 먼저 아세틸렌 밸브를 열어 불꽃을 점화해 준다.
② 아세틸렌 밸브를 열어 불꽃을 점화한 후 바로 산소 밸브를 열어 불꽃을 조정해 준다.

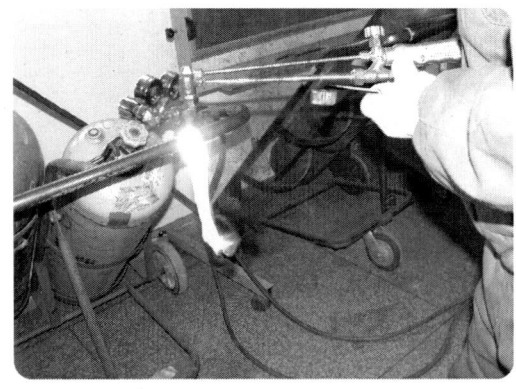
▶ 아세틸렌 밸브를 열어 불꽃 점화

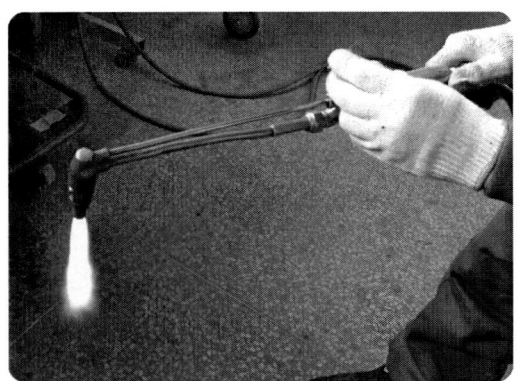
▶ 산소밸브를 열어 불꽃 조정

③ 산소밸브를 열어 불꽃을 조정해 준 후 시험편 모재에 열을 가한 후 예열 한다.
④ 시험편 모재가 어느 정도 예열이 된 후 모재가 녹기 시작했을 때 고압 산소 밸브를 열어 고압 산소를 분출 시켜 절단을 시작한다.

▶ 시험편 모재 예열

▶ 고압 산소를 분출시켜 절단 시작

절단하고자 하는 시편의 두께가 약 3t 정도 되므로 충분한 예열을 통해 모재를 절단하면 쉽게 절단된다. 시편을 절단할 때에는 신속한 작업으로 절단 방향이 일정하게 절단 될 수 있도록 한다.

▶ 시험편 절단

가스 절단은 절단 토치를 사용해서 시편을 절단하는 것으로 충분한 연습을 필요로 한다. 가스 절단은 가스 용접과 동일하게 상당히 위험한 작업이다. 작업에 숙련되지 못한 수검생들은 용접기를 조심해서 다루어야 한다.

가스 절단 실기 검정은 도면 5와 같이 절단되는 위치 및 치수가 정해진다.

① 도면의 치수를 확인하고 시편위에다 금긋기 바늘을 사용해서 치수를 측정한 다음 절단하고자 하는 위치를 표시해 준다.

▶ 절단선 표시

▶ 절단선 표시

② 절단하고자 하는 위치를 표시한 후 표시된 절단선을 따라 가스 용접기에 불꽃을 점화하고 절단 준비를 한다.

③ 가스 용접기를 점화하고 산소가스를 분출한 상태에서 절단하고자 하는 시편을 예열해 준다.

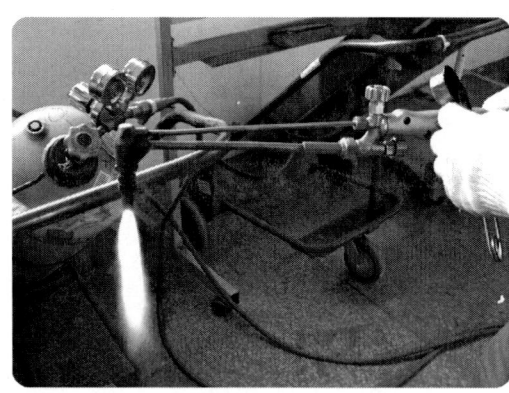

▶ 가스 용접기 불꽃 점화

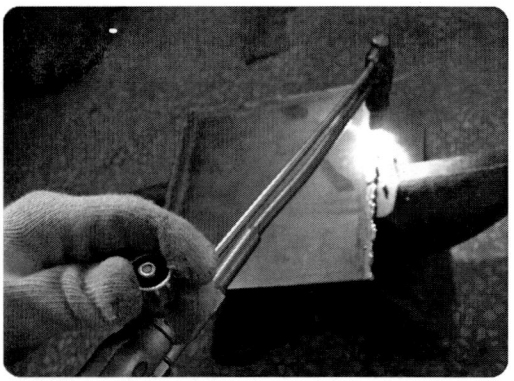

▶ 시편 예열

④ 시편 예열 작업이 어느 정도 진행되면 고압 산소 밸브를 열어 고압 산소를 분출시켜 절단 작업을 진행한다.
⑤ 가스 절단 작업은 정해진 치수대로의 절단을 요구하며 절단된 면이 울퉁불퉁하지 않고 매끄럽고 일정하게 절단되어야 한다.
⑥ 일정하게 절단된 시편은 시험 감독에게 제출을 하고 검사를 받는다.

▶ 절단 작업 진행

▶ 정해진 치수대로의 절단

가스 절단 작업이 완료되면 산소-아세틸렌가스 밸브를 잠그고 토치 및 용접호스를 정리한다.

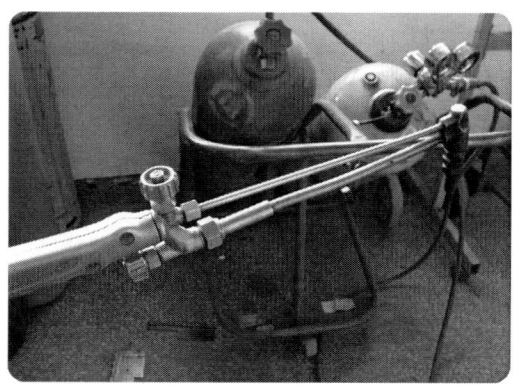
▶ 절단 완료 후 토치 및 호스 정리

가스 절단 작업 시 유의해야 하는 사항은 가스 절단 시 고압의 산소를 분출하여 시편을 절단하기 때문에 시편이 녹아 흘러내릴 수 있다. 흘러내린 용융 풀은 상당히 달아오른 상태이기 때문에 신체에 닿거나 가스류에 닿았을 경우 화상의 위험과 화재의 위험이 있다.

  그렇기 때문에 반드시 안전보호구를 착용한 상태에서 절단해야 하며, 절단되는 불꽃은 반드시 아래 방향으로 향하게 해야 하며, 절대 사람을 향하게 하거나 인화성 물질이 있는 곳으로 향하게 해서는 안된다.

차체수리 전개도

chapter 8

1. 그랜저 XG

상부보디(upper body)

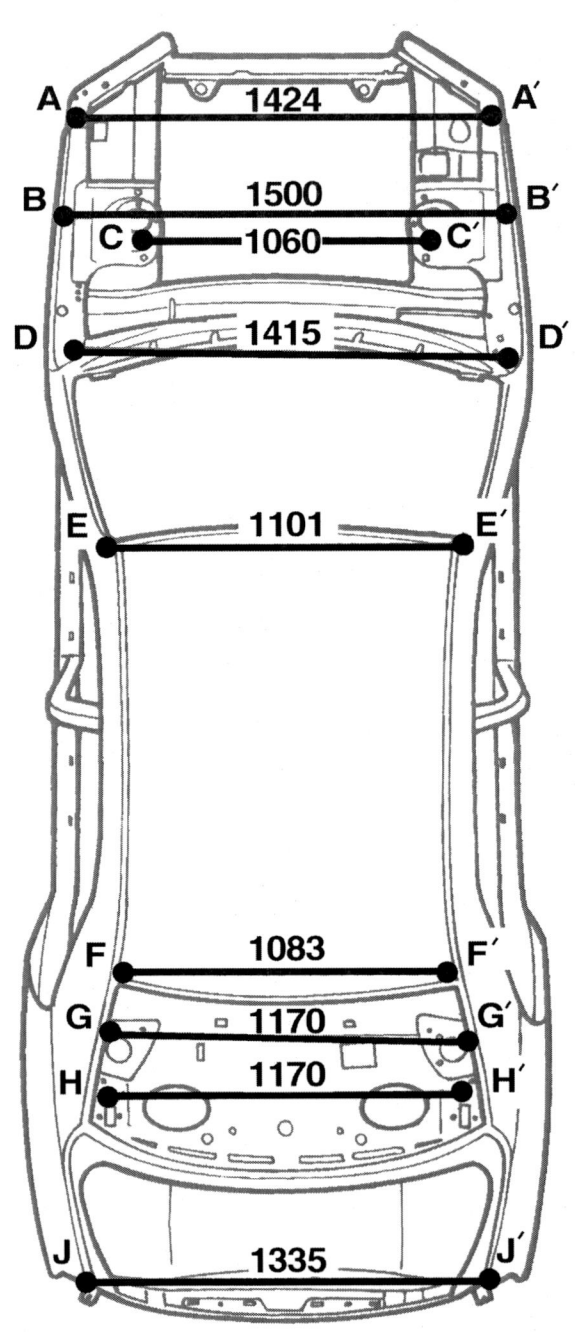

Grandeur XG

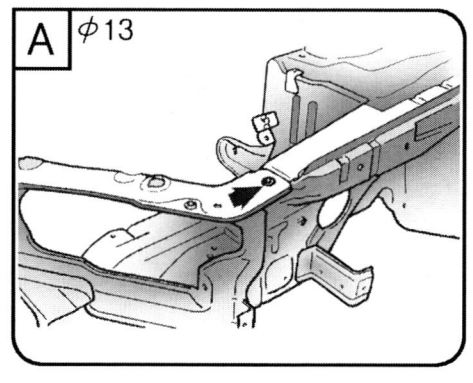

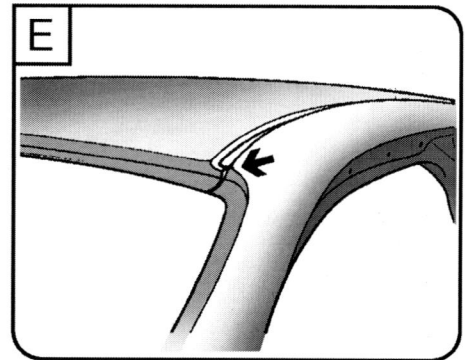

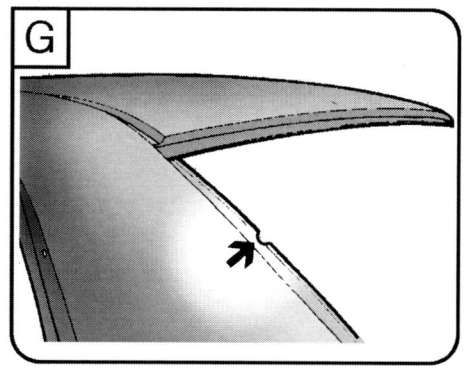
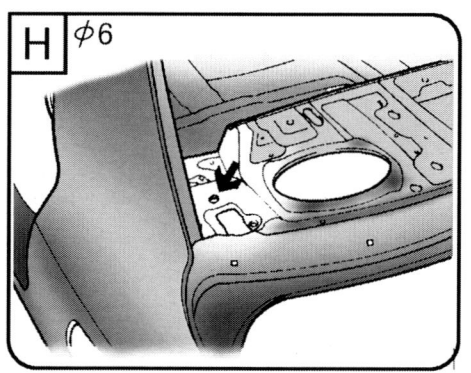
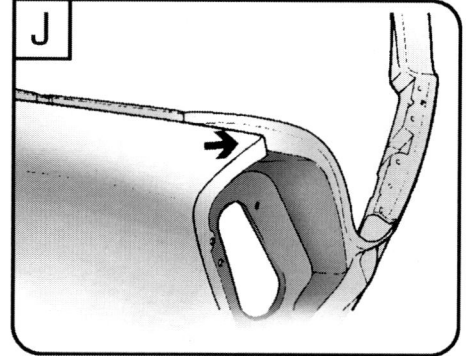

8. 차체수리전개도

상부보디 (upper body)

그랜저 XG

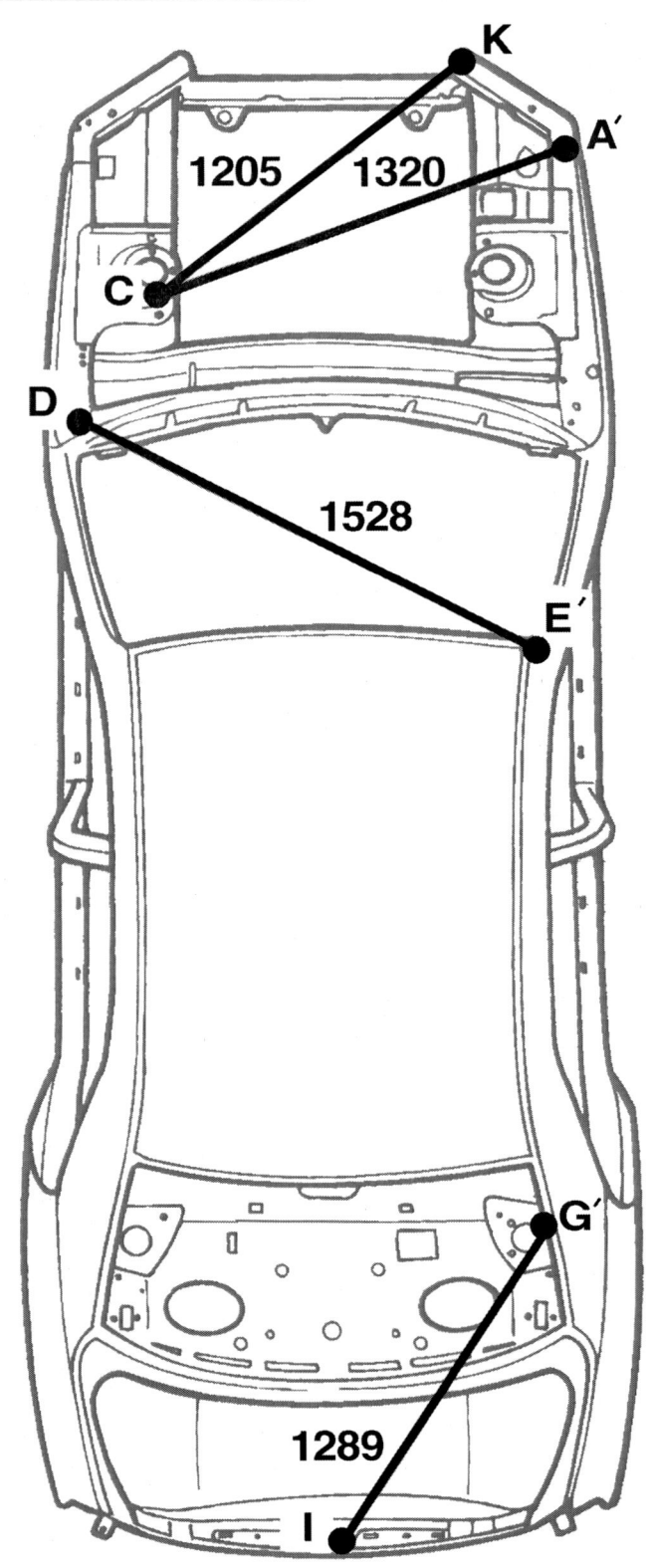

Grandeur XG

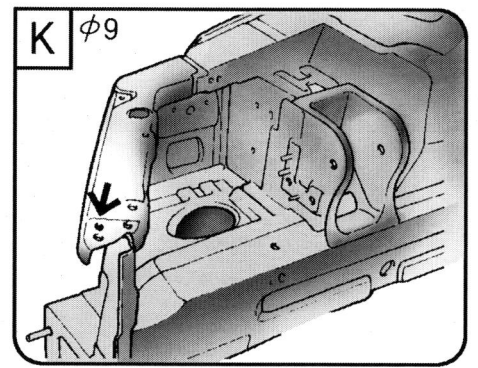
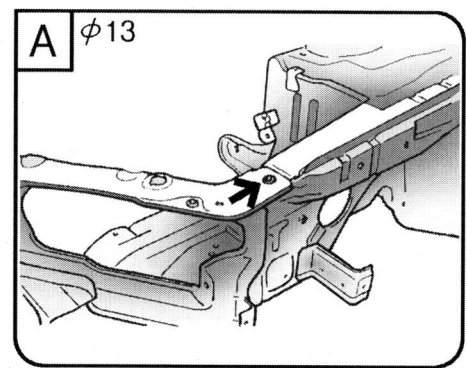
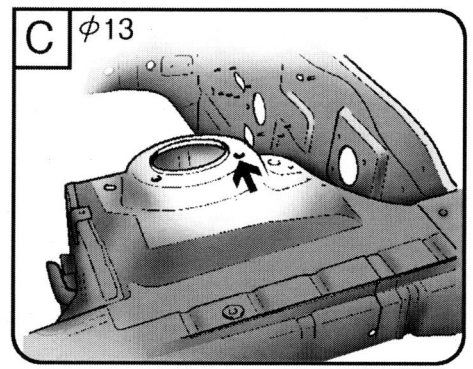
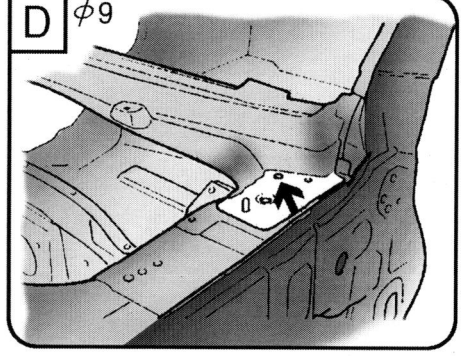
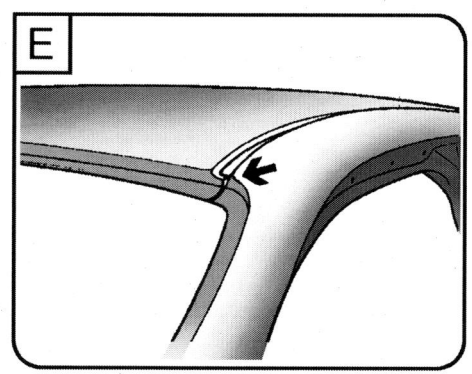
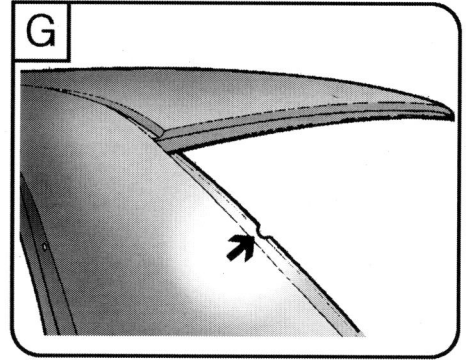

8. 차체수리전개도

사이드보디 (side body)

그랜저 XG

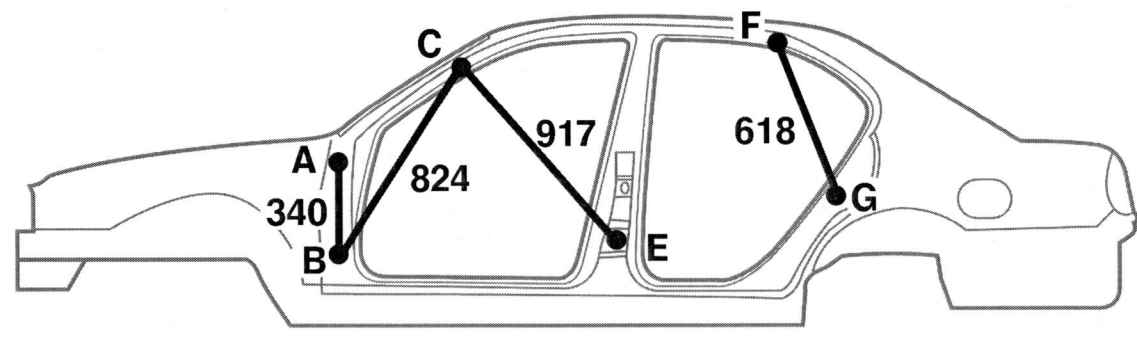

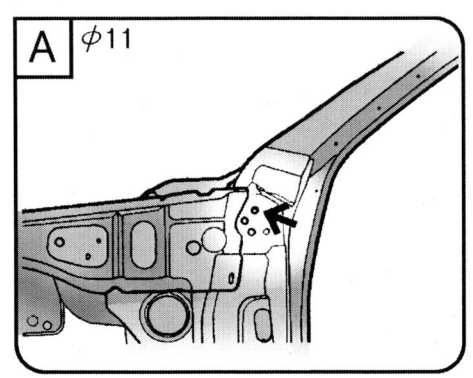
A ϕ11

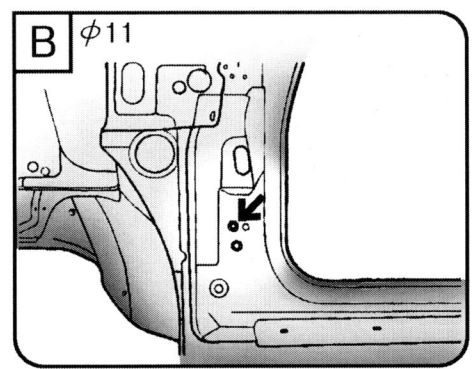
B ϕ11

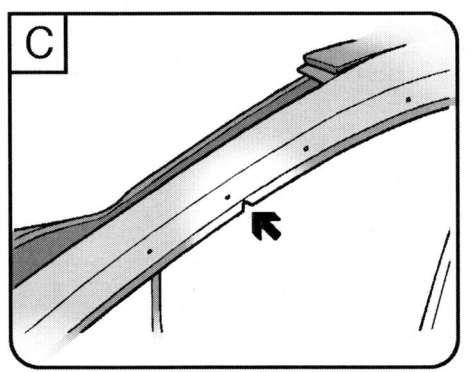
C

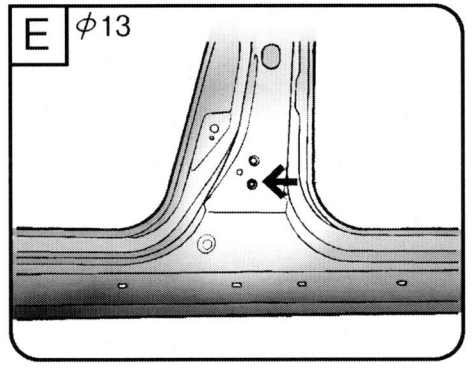
E ϕ13

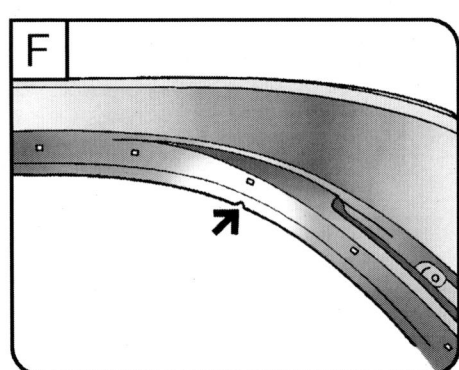
F

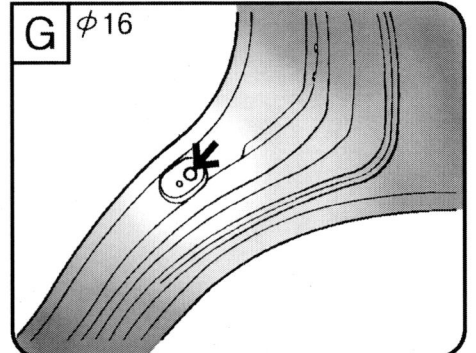
G ϕ16

Grandeur XG

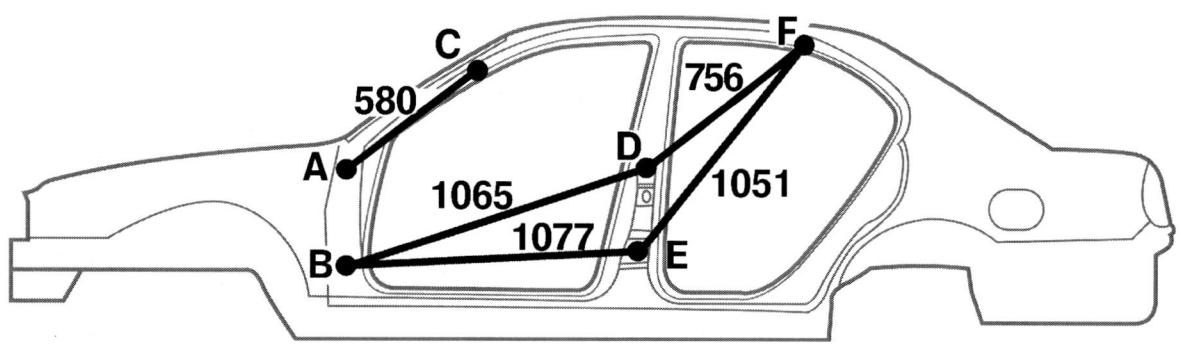

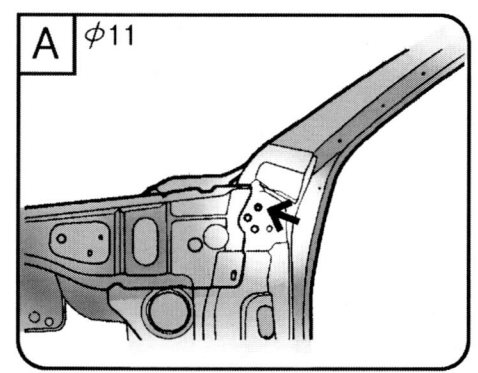

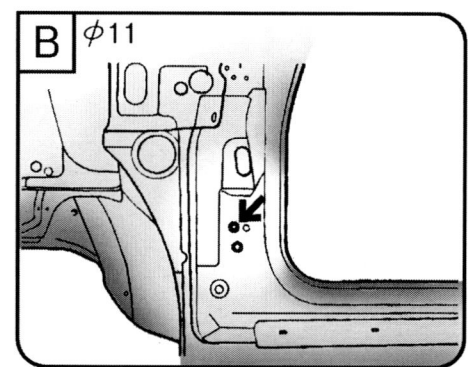

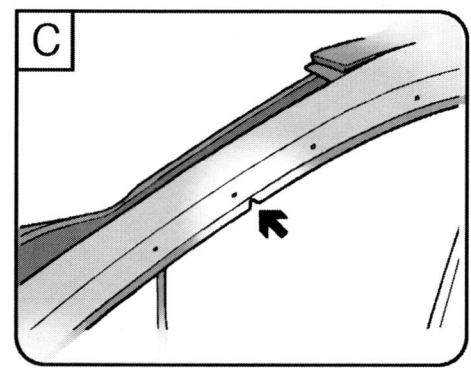

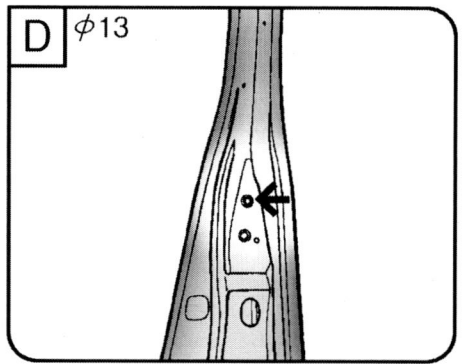

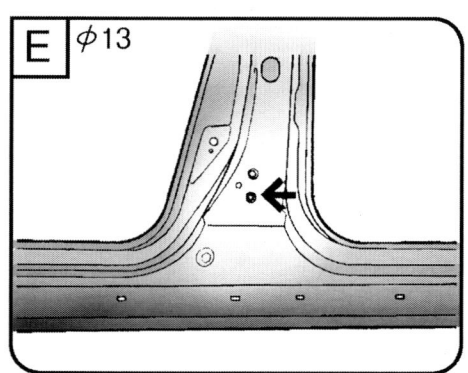

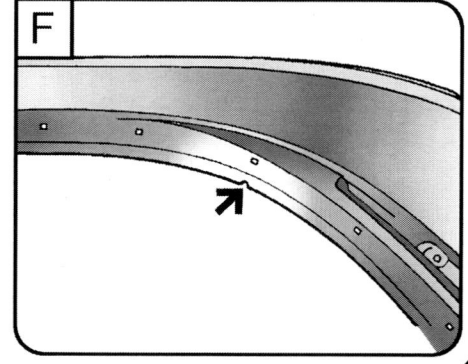

8. 차체수리전개도

사이드보디 (side body)

그랜저 XG

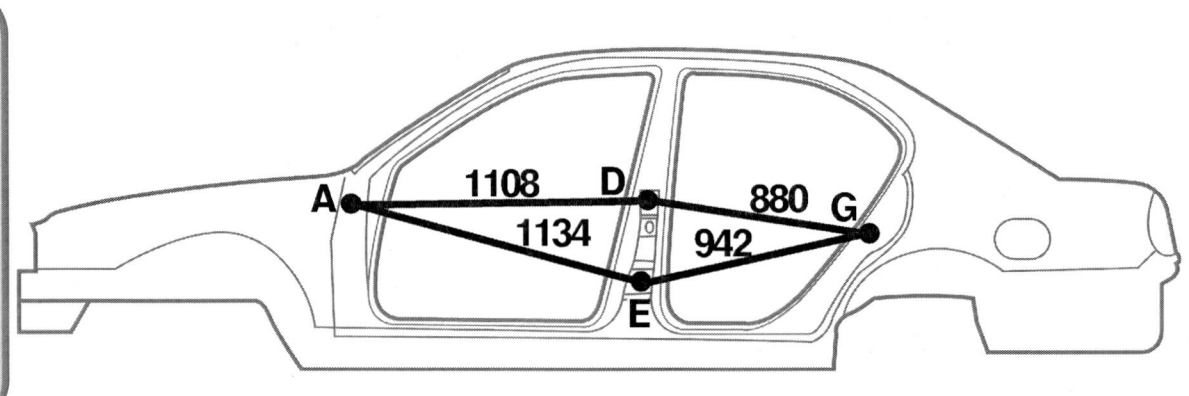

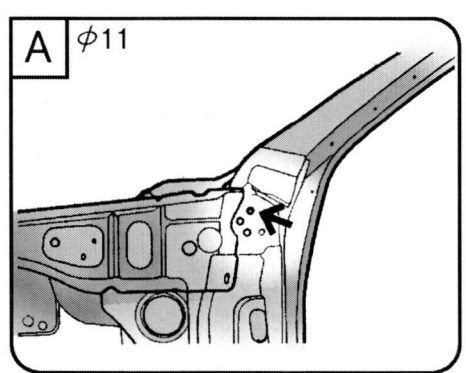

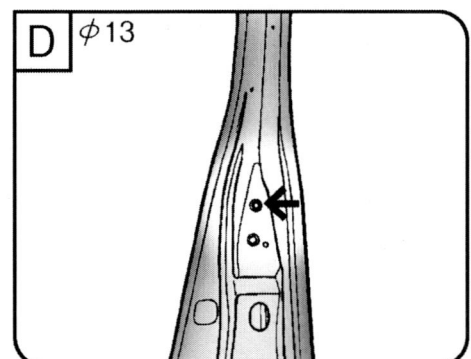

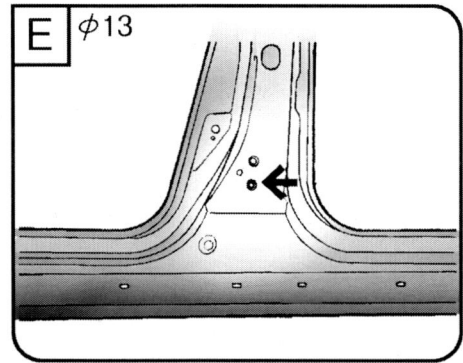

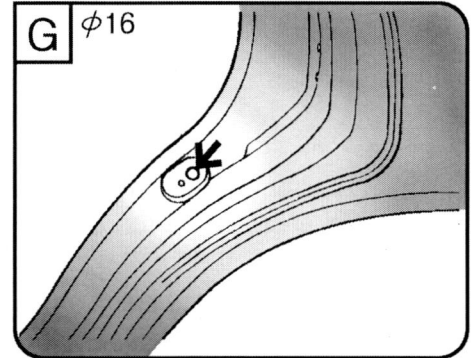

Grandeur XG

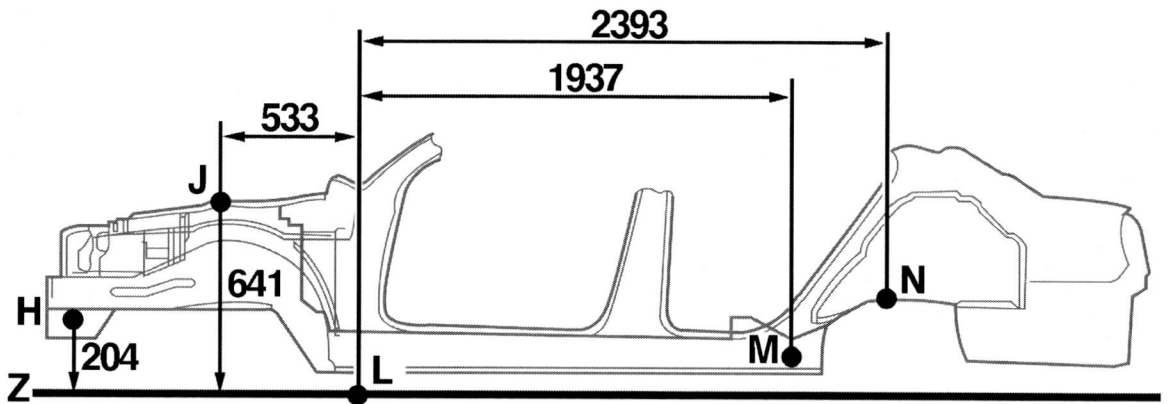

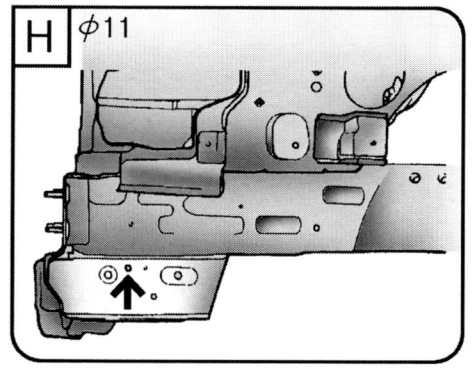

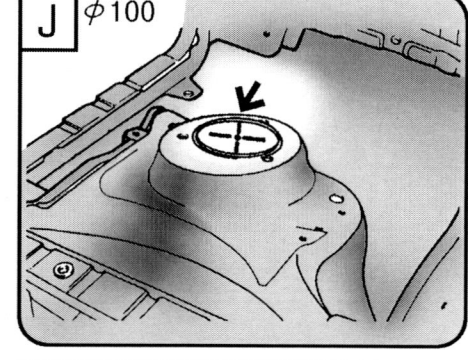

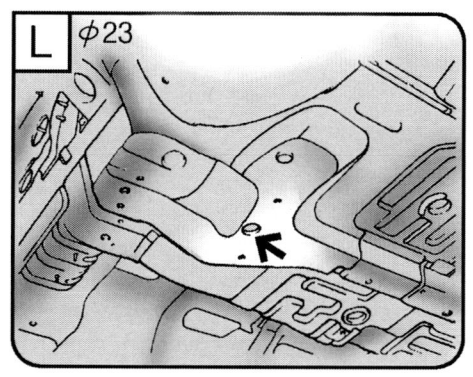

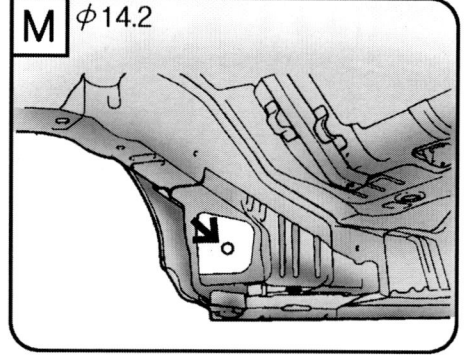

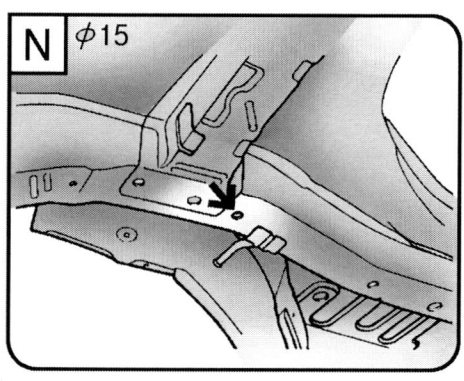

8. 차체수리전개도

사이드보디 (side body)

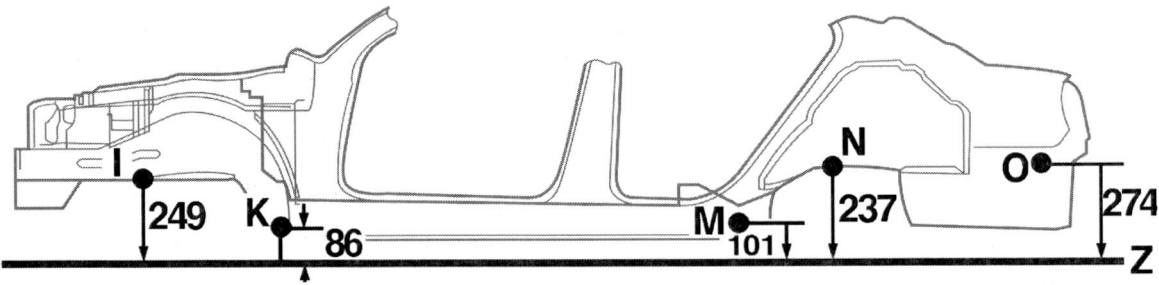

그랜저 XG

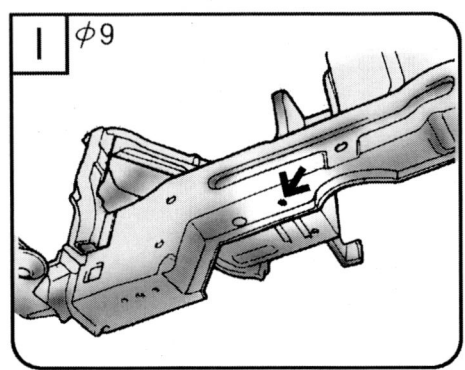

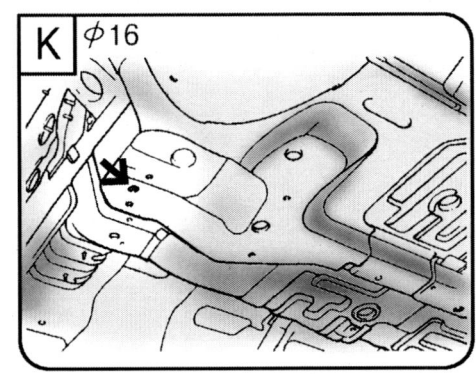

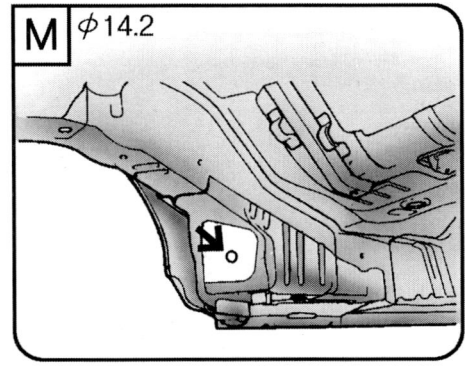

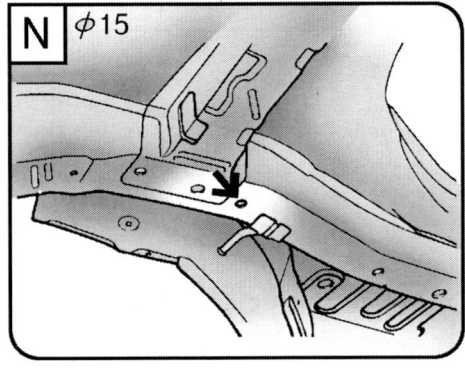

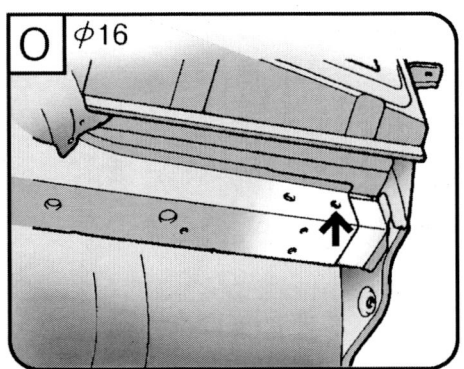

Grandeur XG

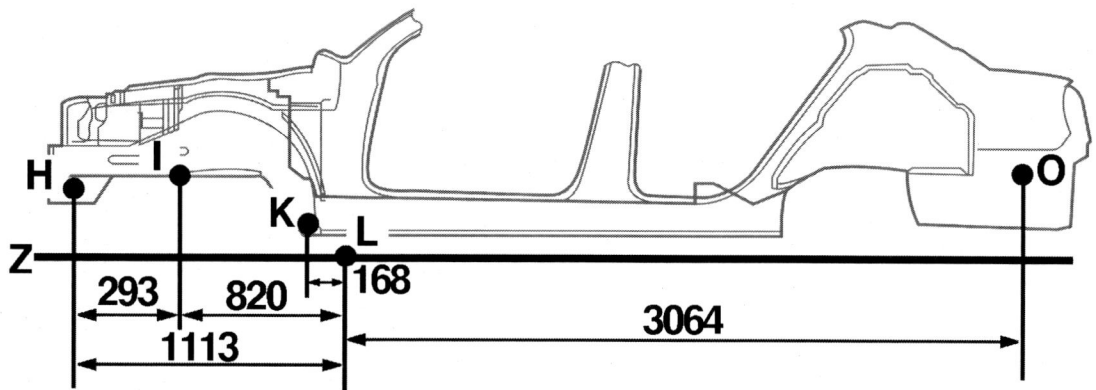

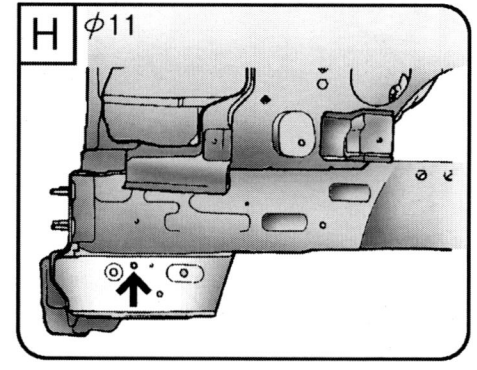

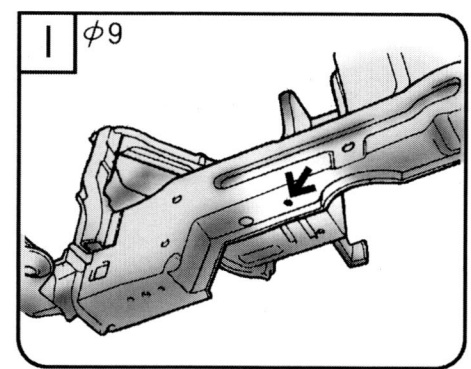

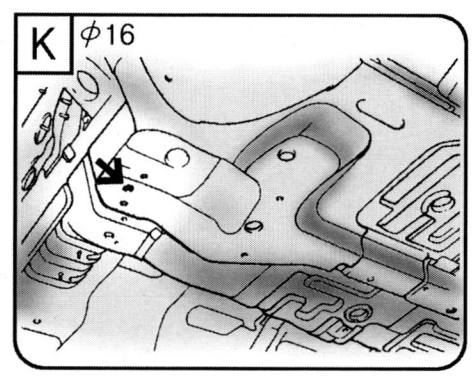

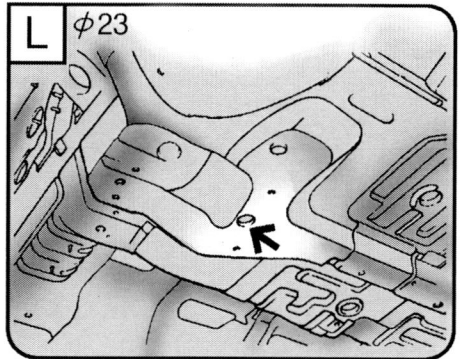

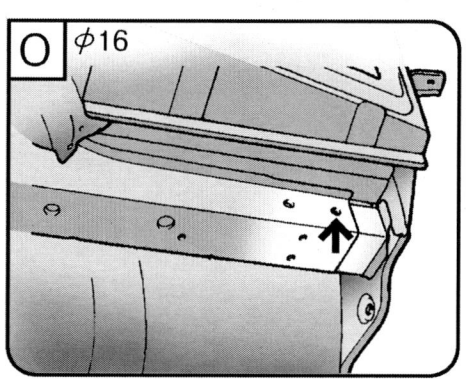

8. 차체수리전개도

실내 (interior)

그랜저 XG

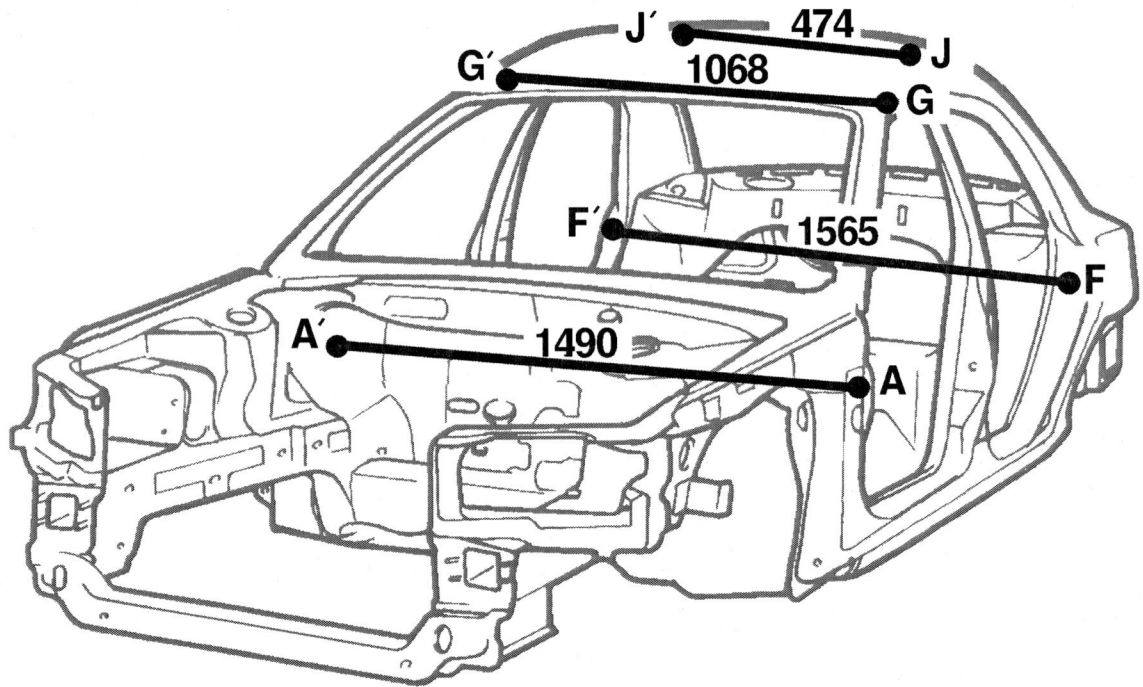

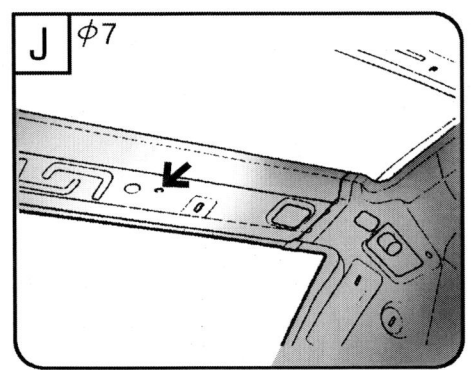

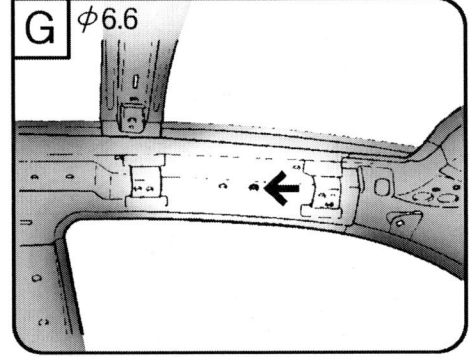

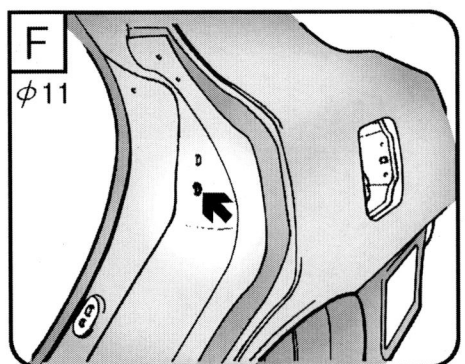

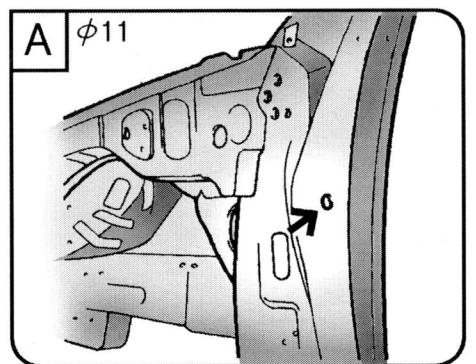

Grandeur XG

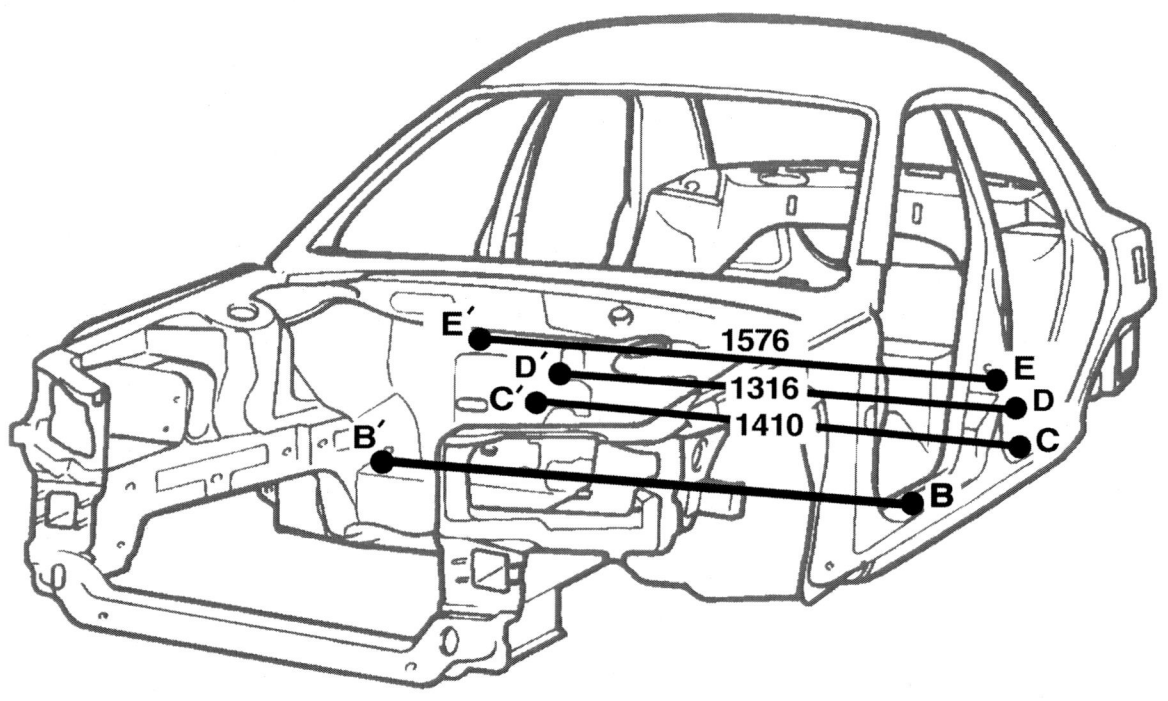

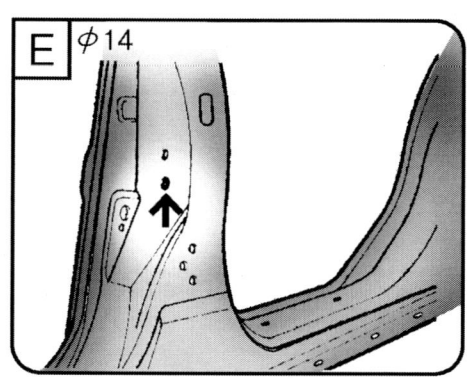

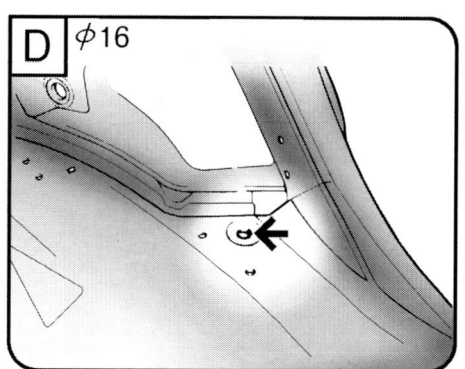

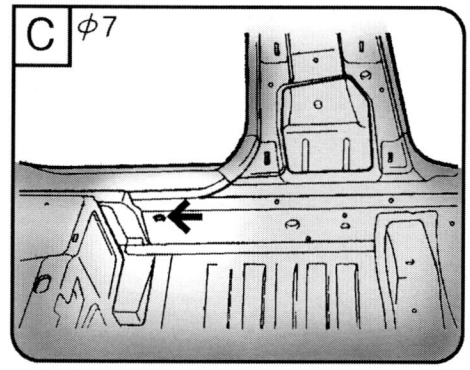

8. 차체수리전개도

실내 (interior)

그랜저 XG

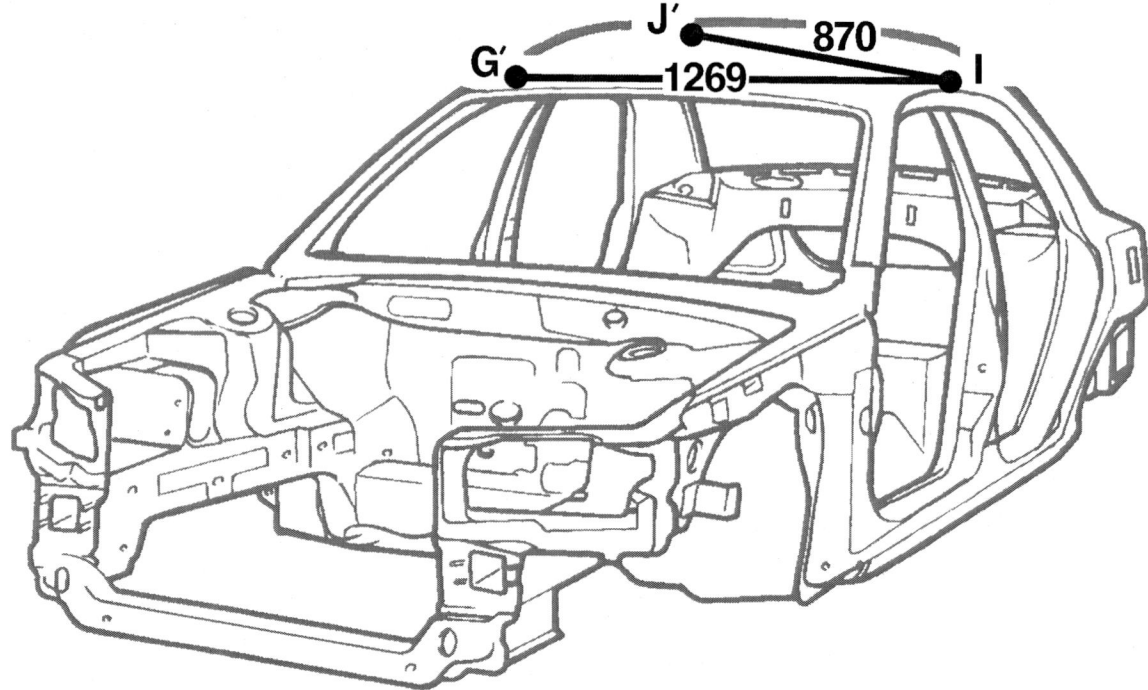

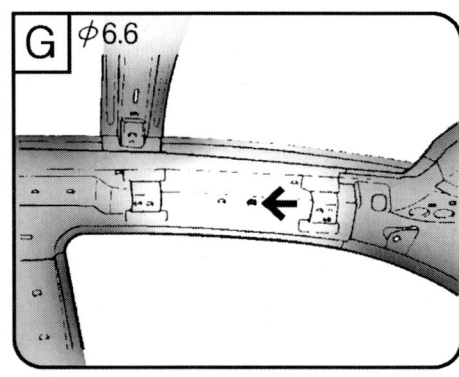

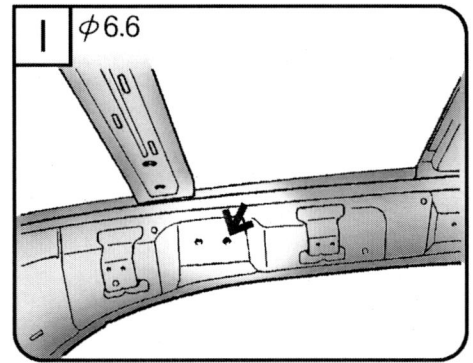

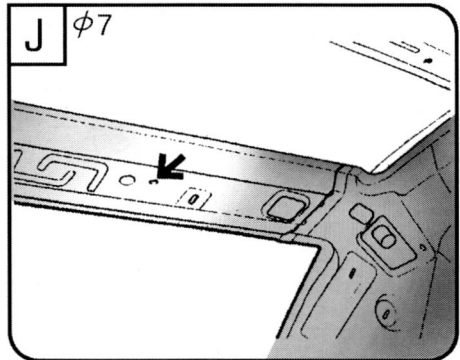

Grandeur XG

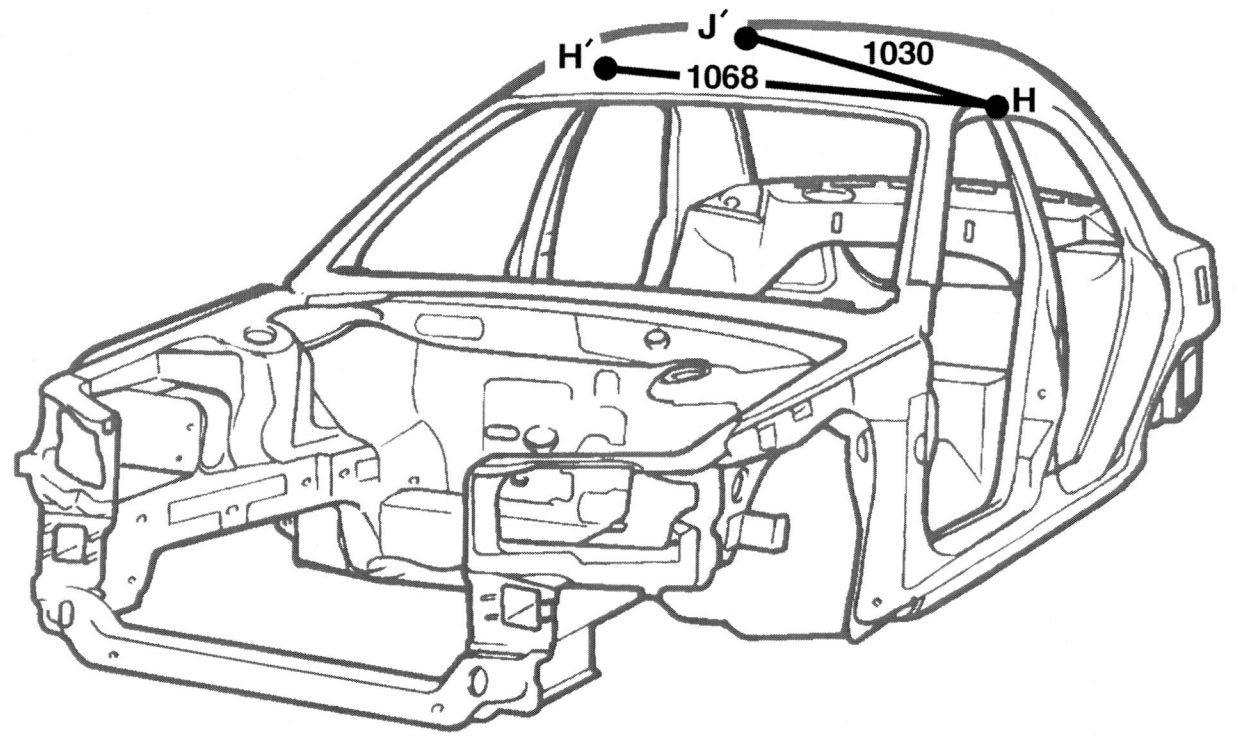

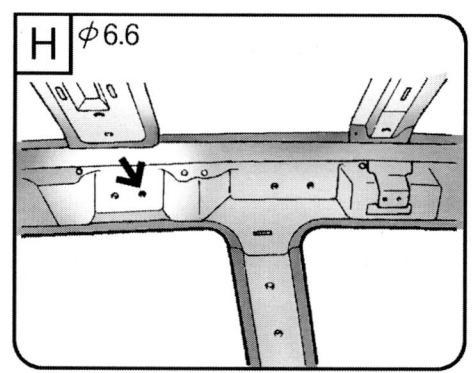

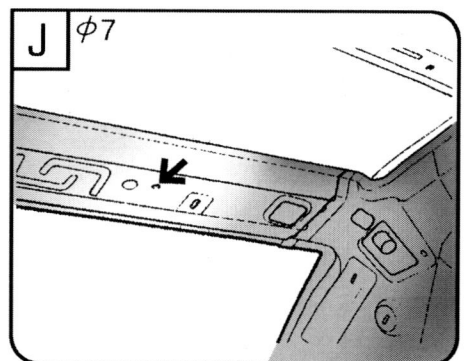

언더보디 (under body)

그랜저 XG

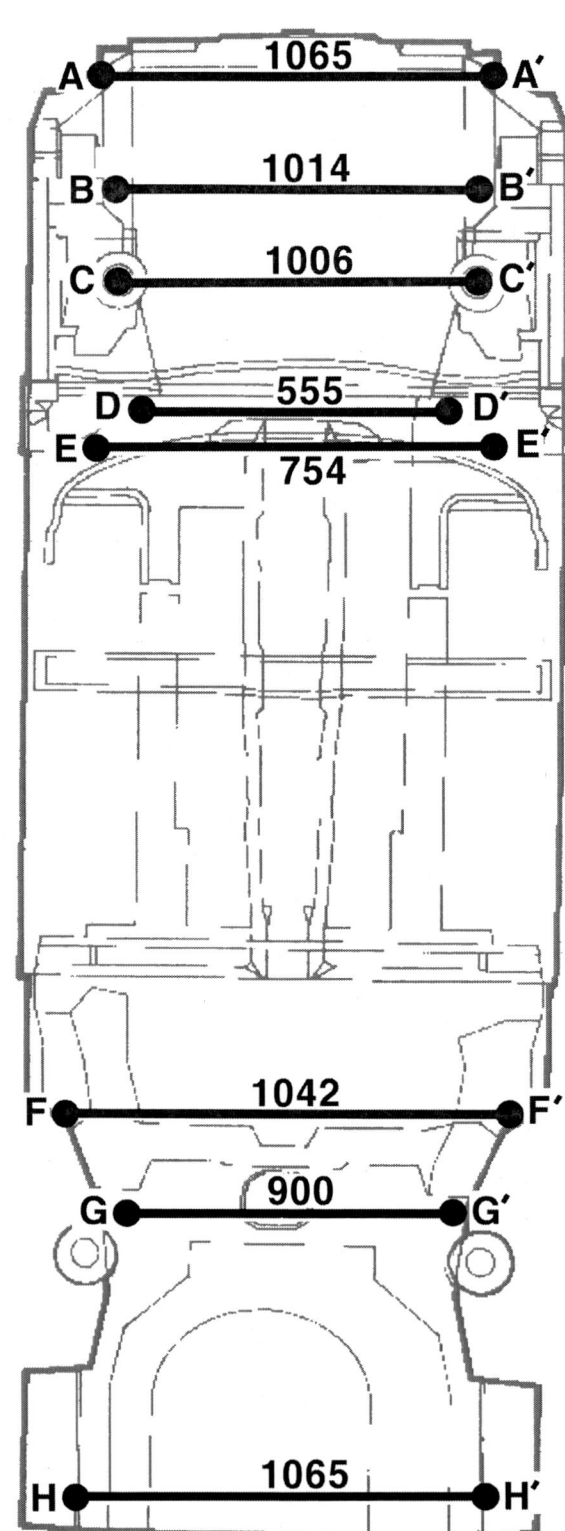

Grandeur XG

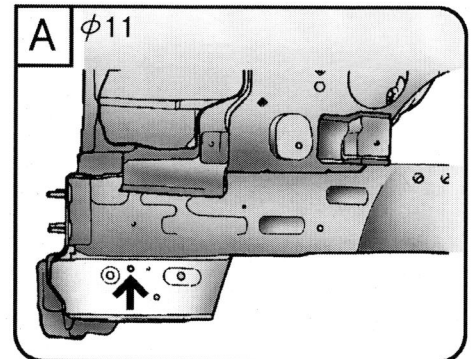
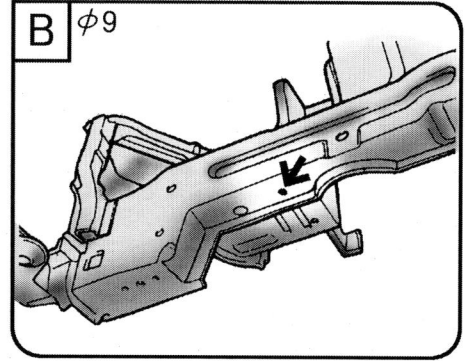
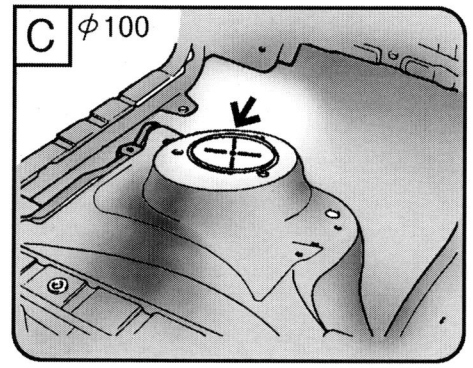
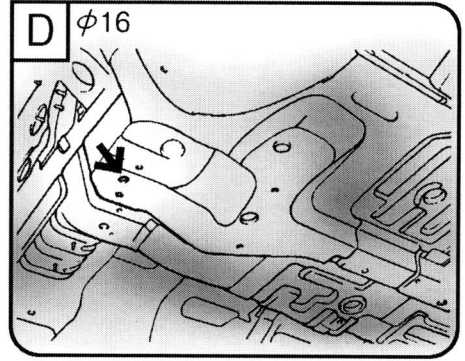
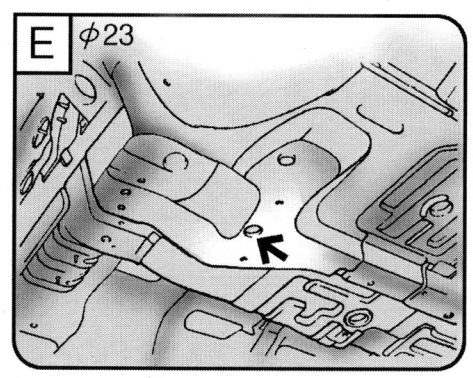
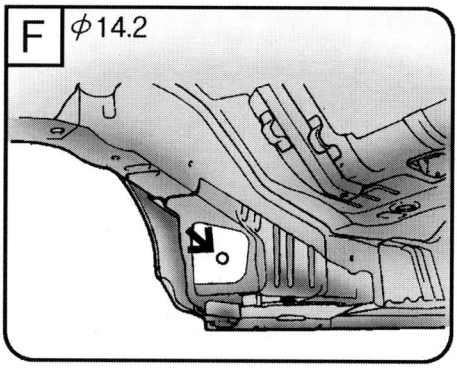
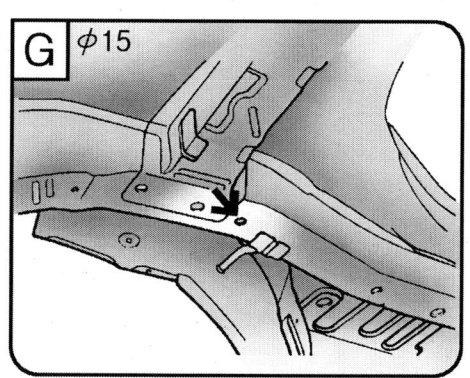
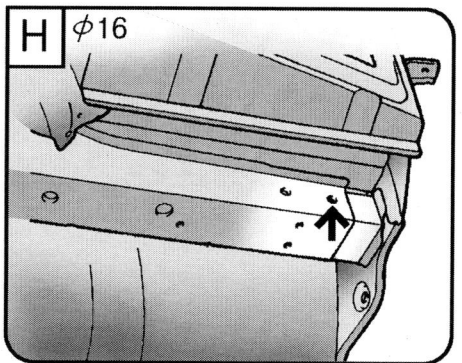

8. 차체수리전개도

언더보디 (under body)

그랜저 XG

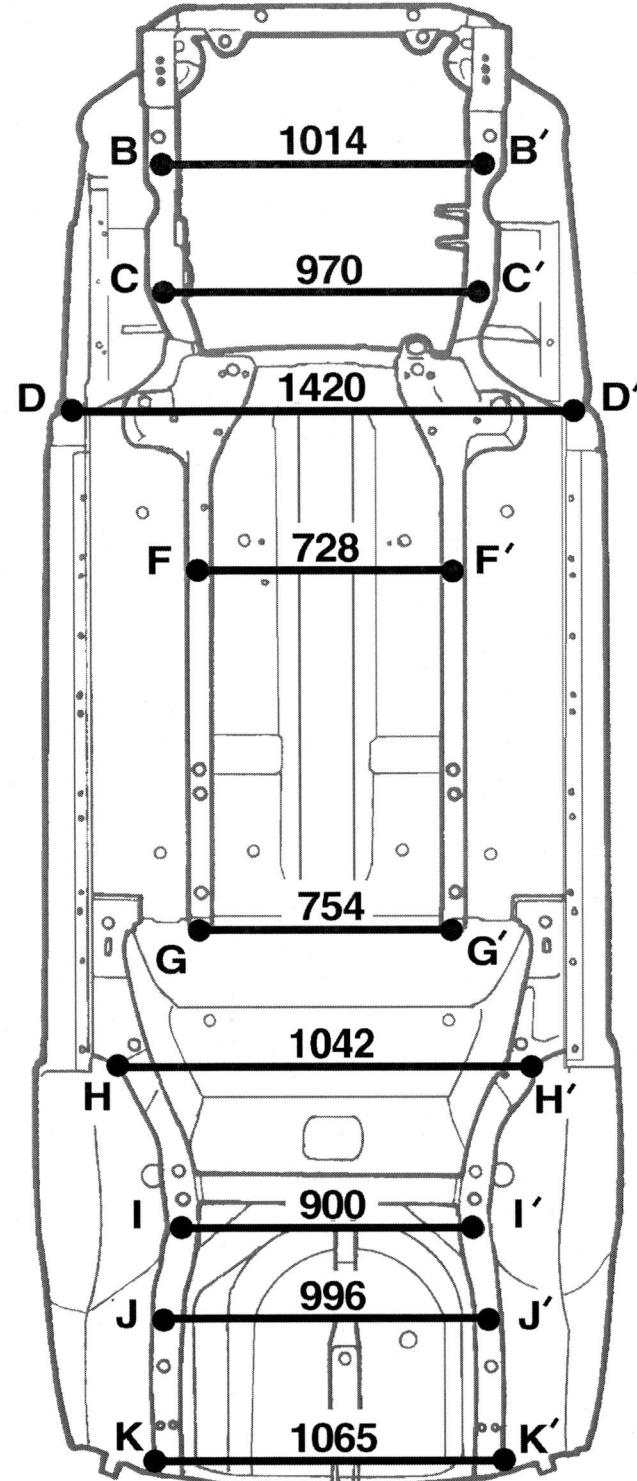
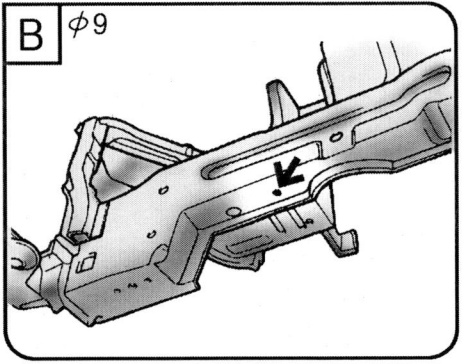
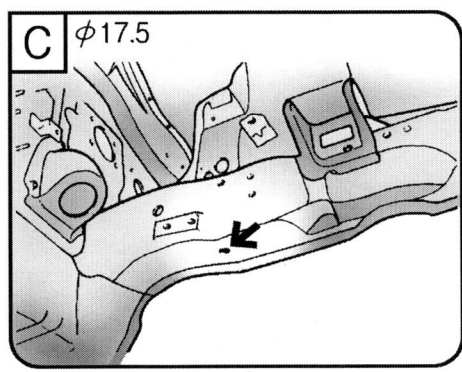
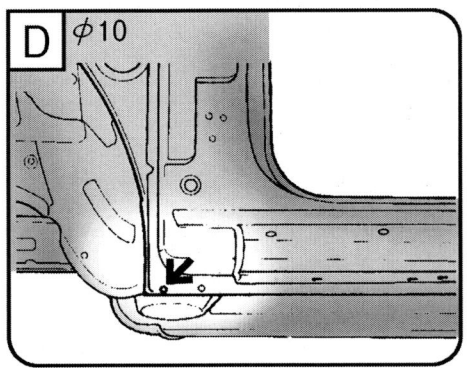

Grandeur XG

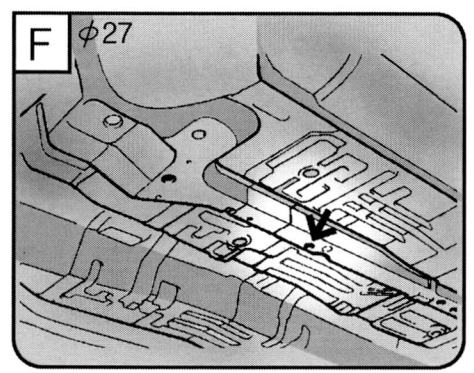
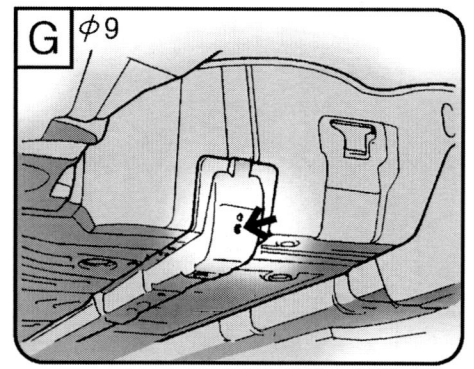
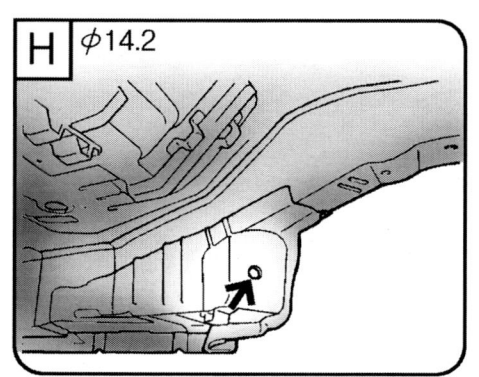
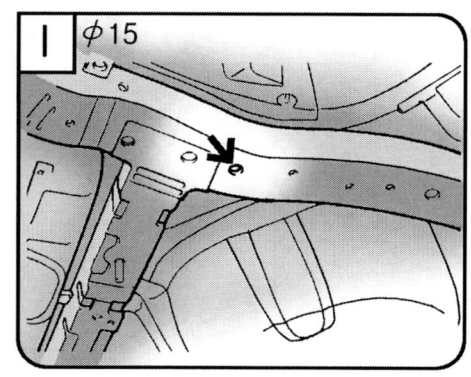
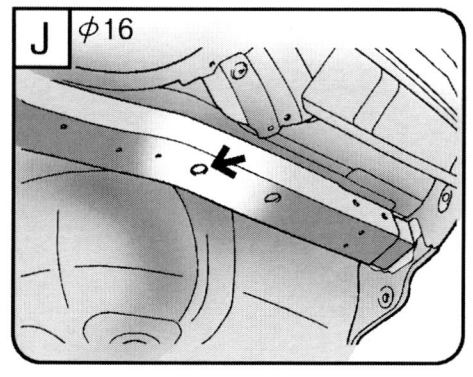
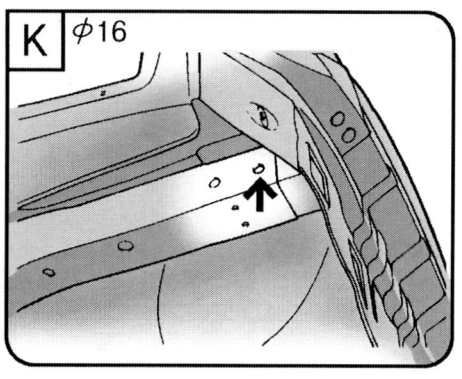

8. 차체수리전개도

언더보디 (under body)

그랜저 XG

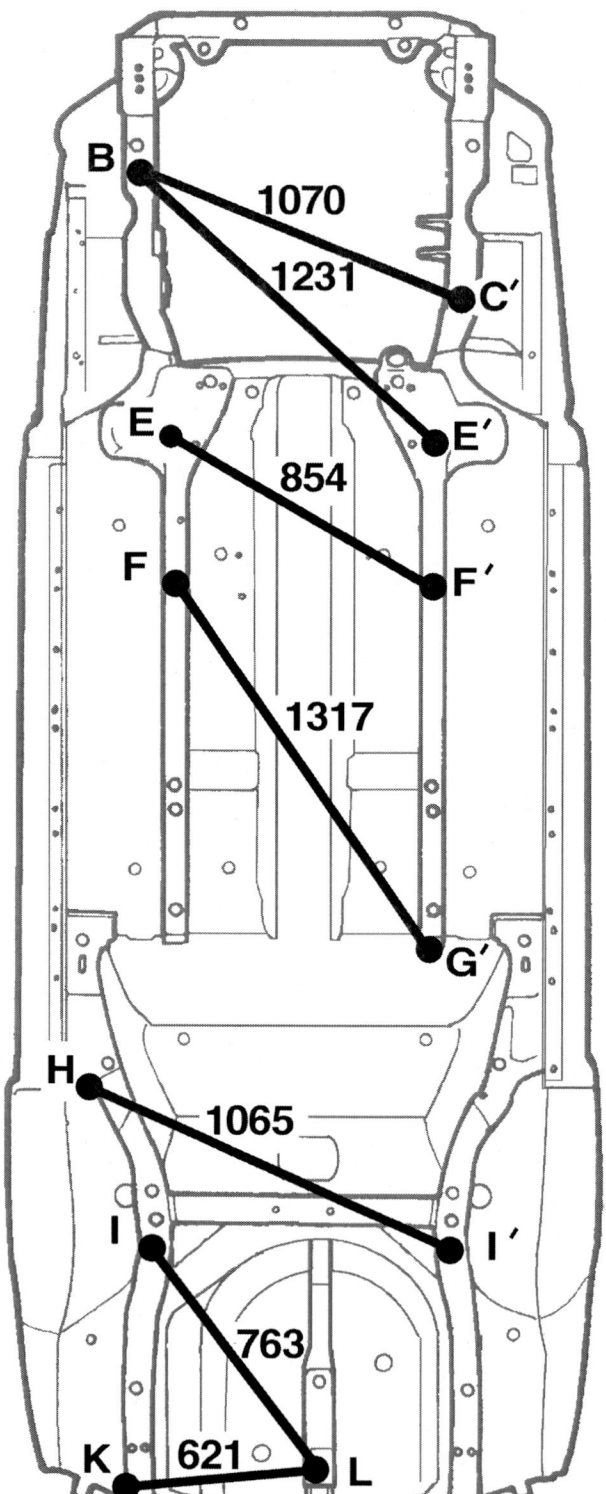
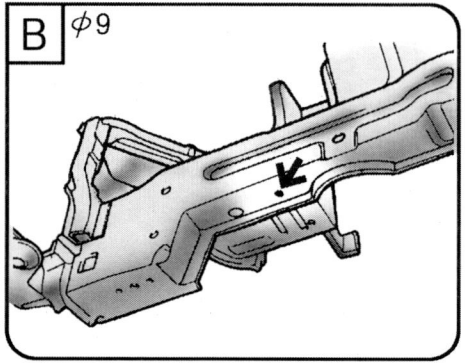
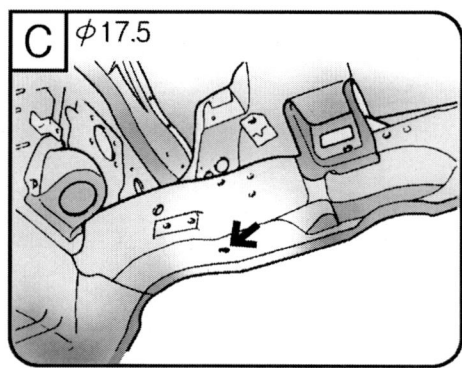
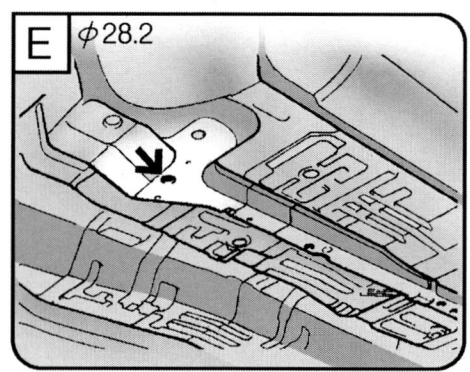

Grandeur XG

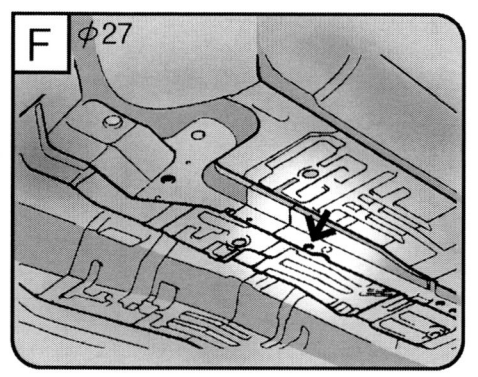
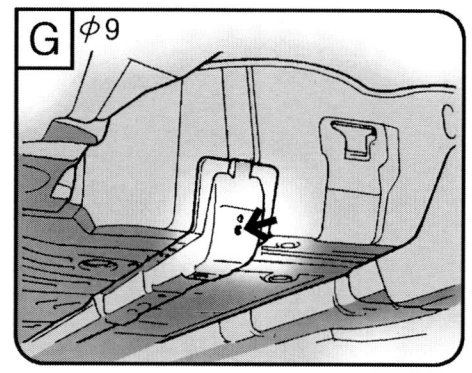
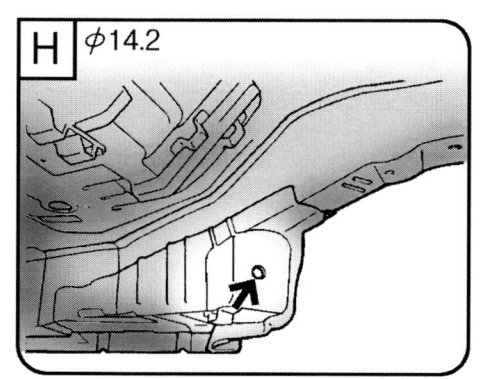
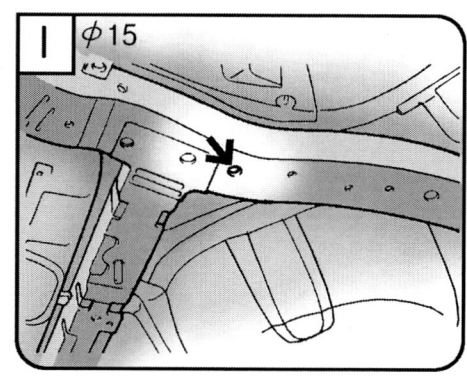
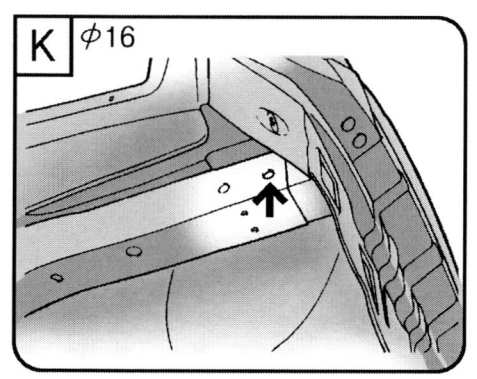
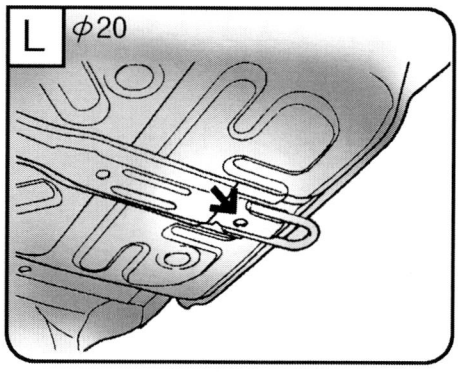

언더보디 (under body)

그랜저 XG

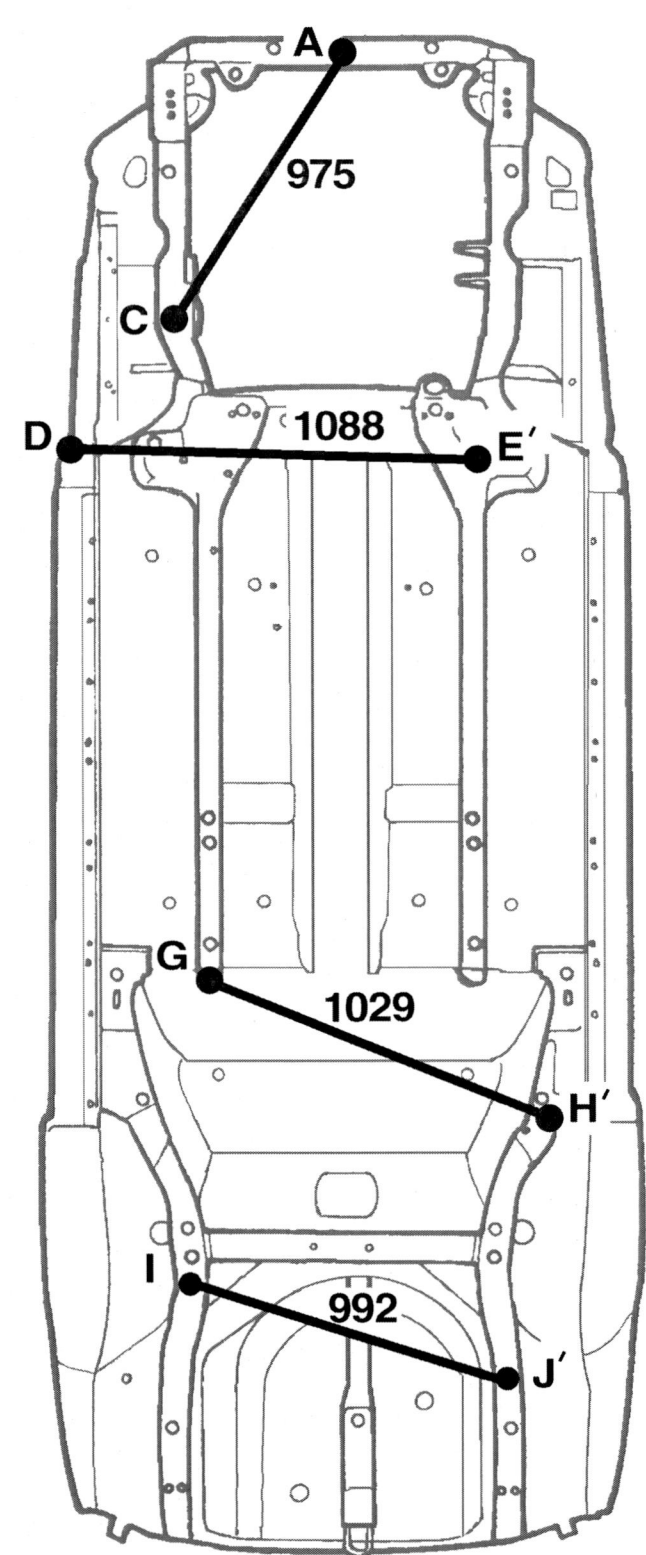

Grandeur XG

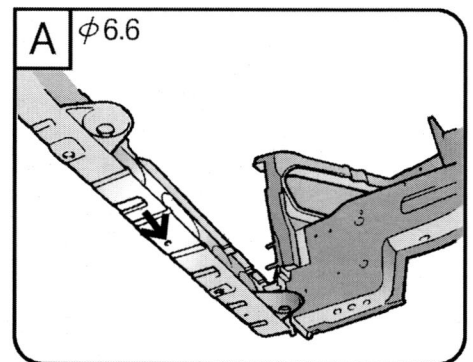
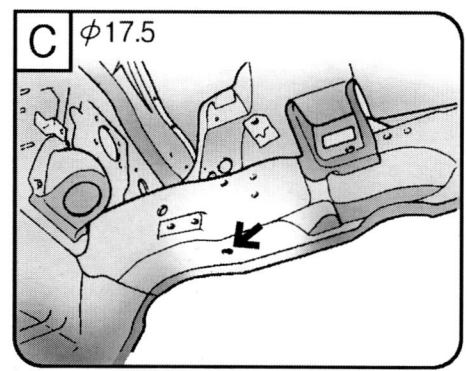
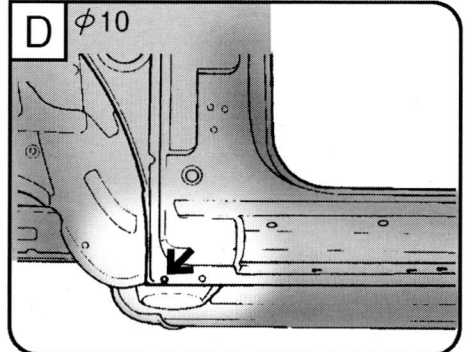
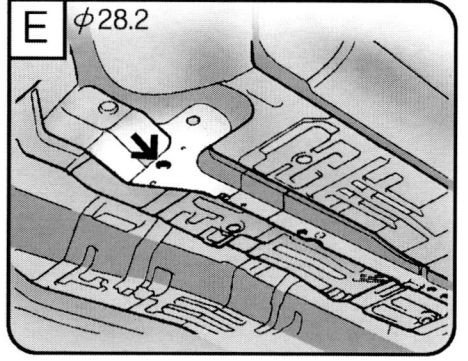
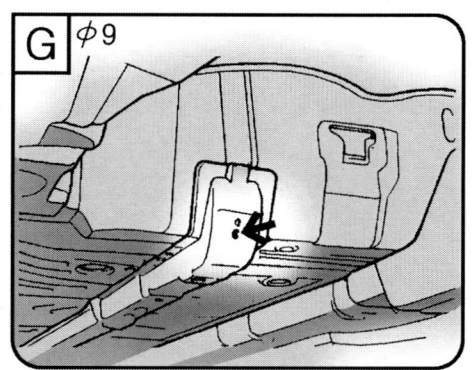

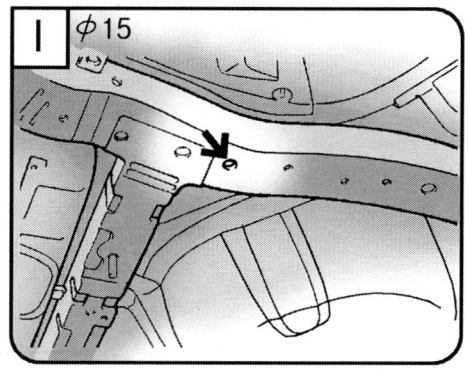
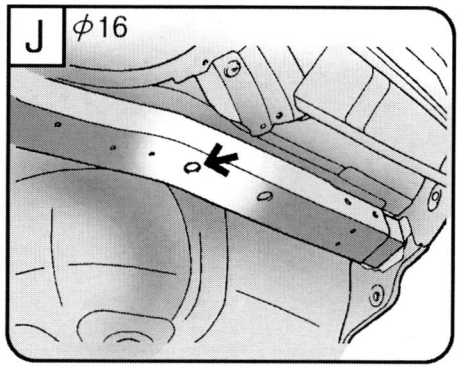

8. 차체수리전개도
177

엔진룸 (engine room)

그랜저 XG

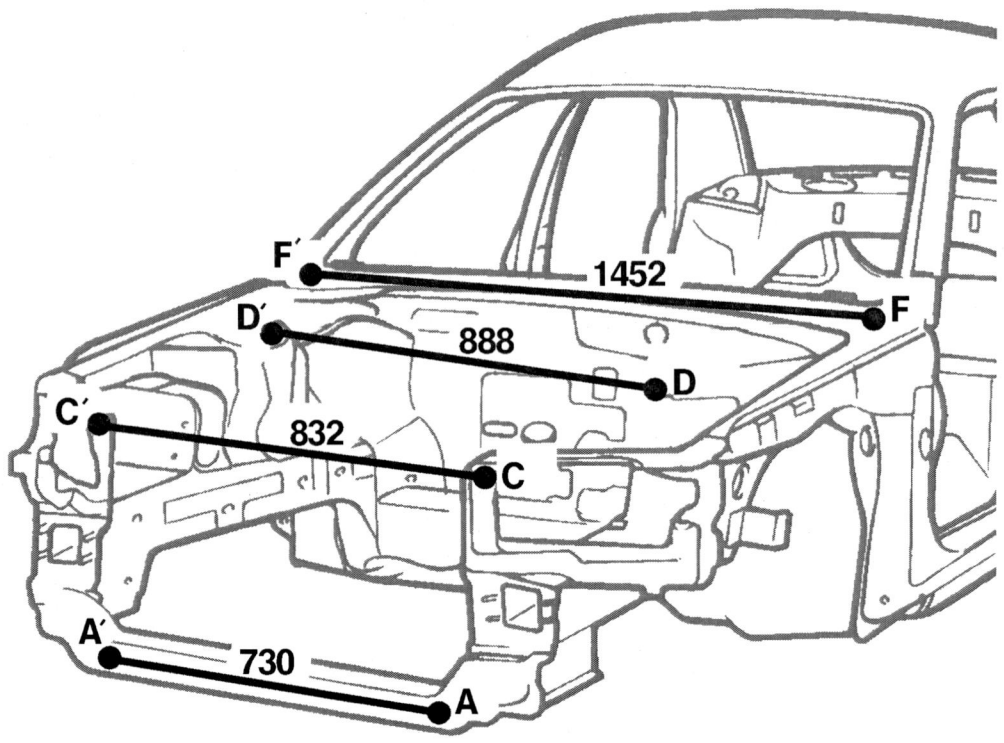

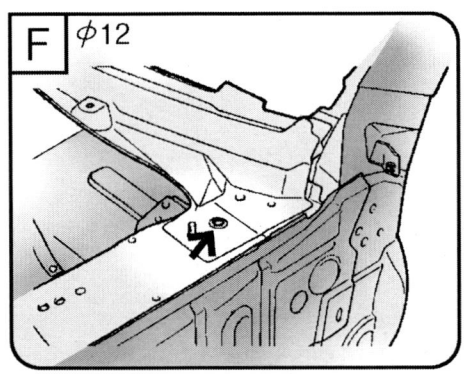

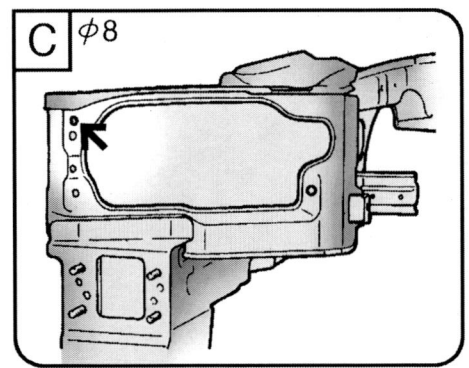

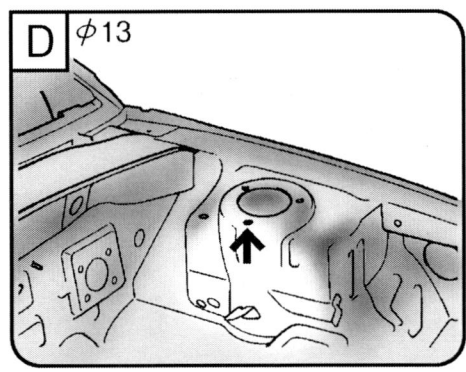

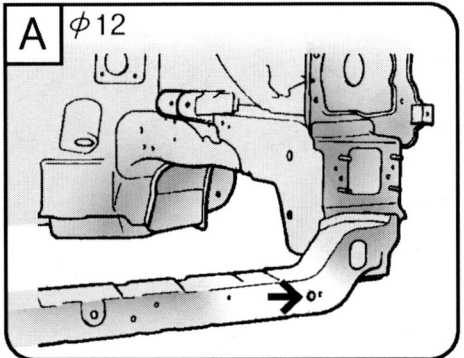

Grandeur XG

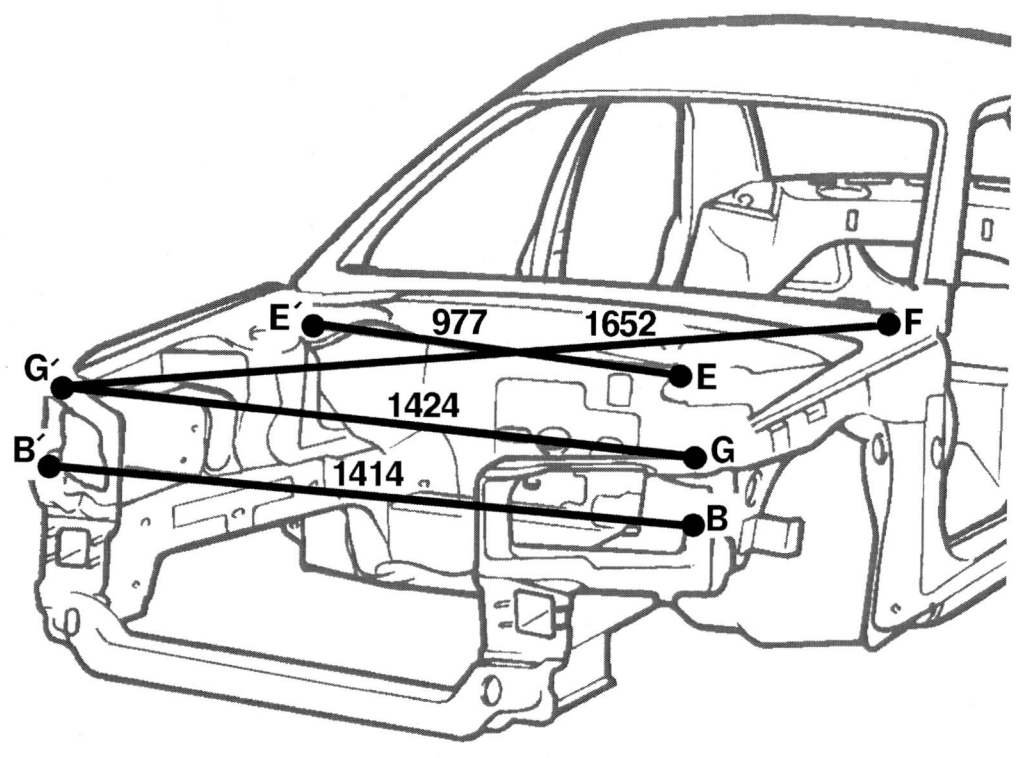

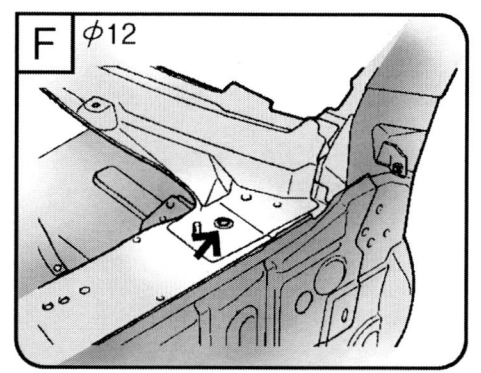

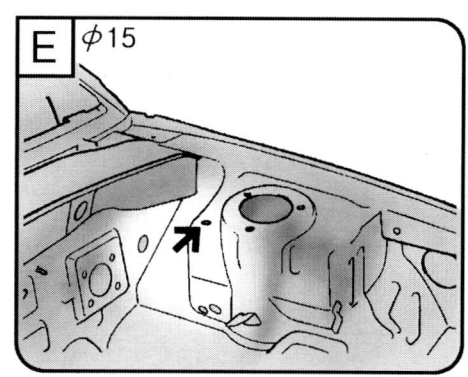

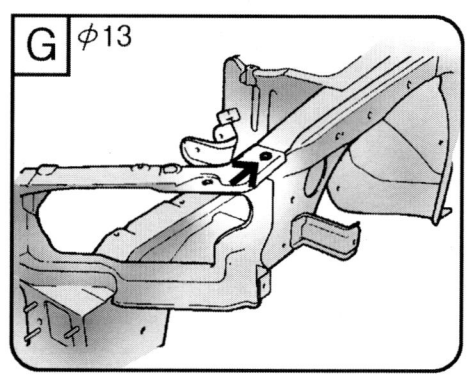

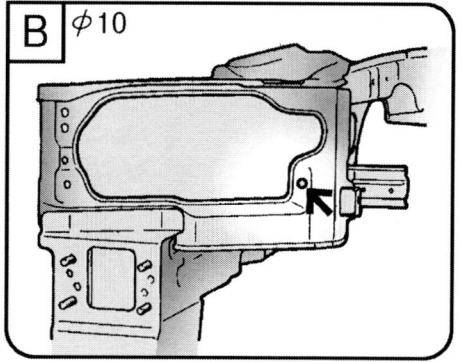

8. 차체수리전개도

트렁크(trunk)

그랜저 XG

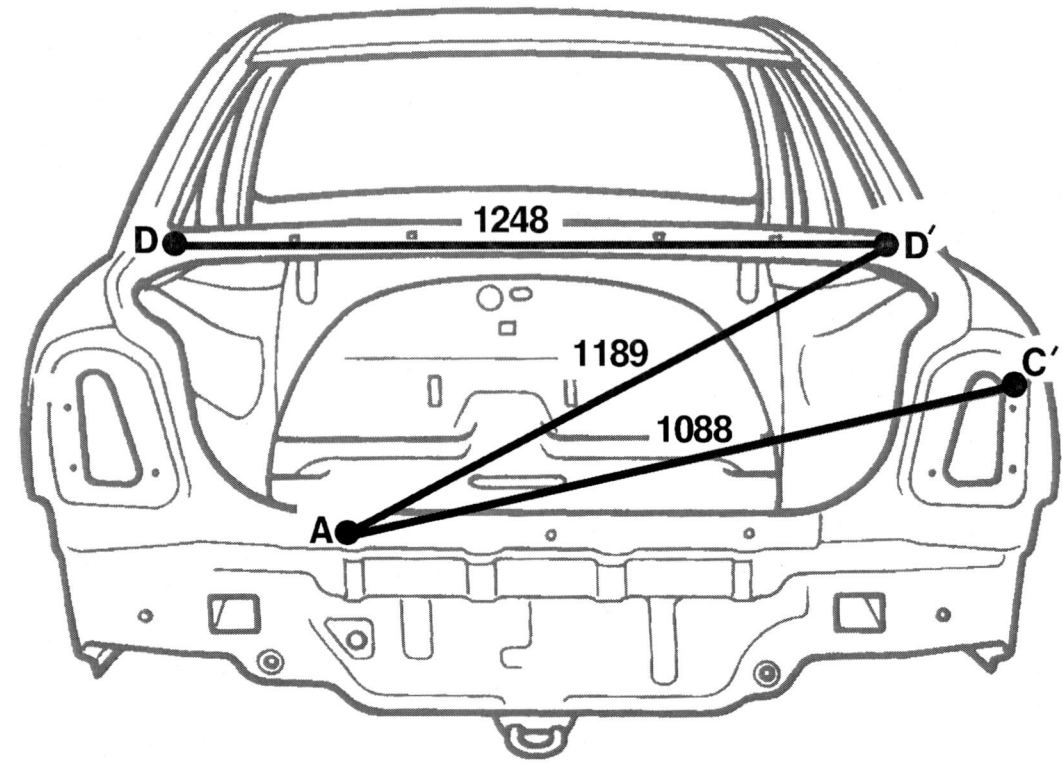

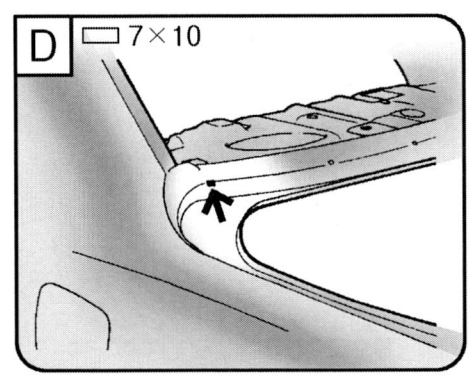

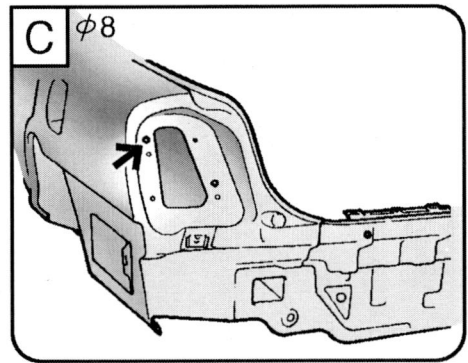

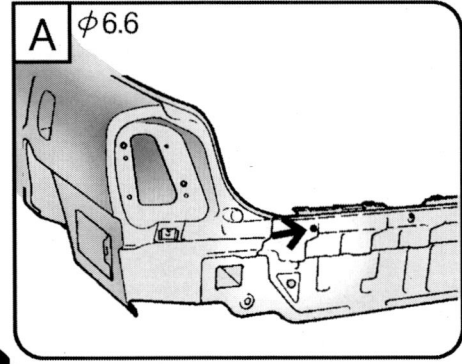

Grandeur XG

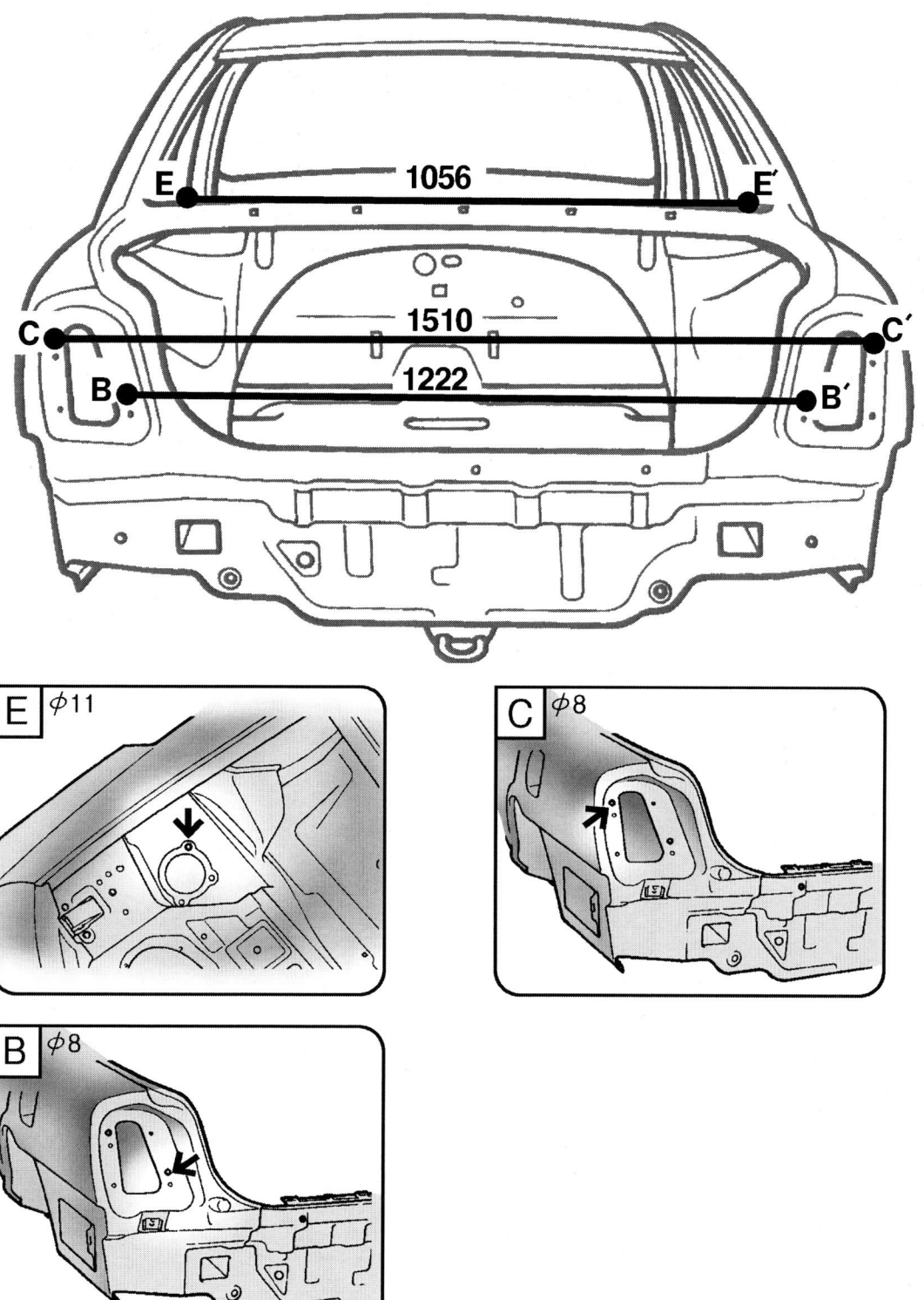

2. 티뷰론

상부보디 (upper body)

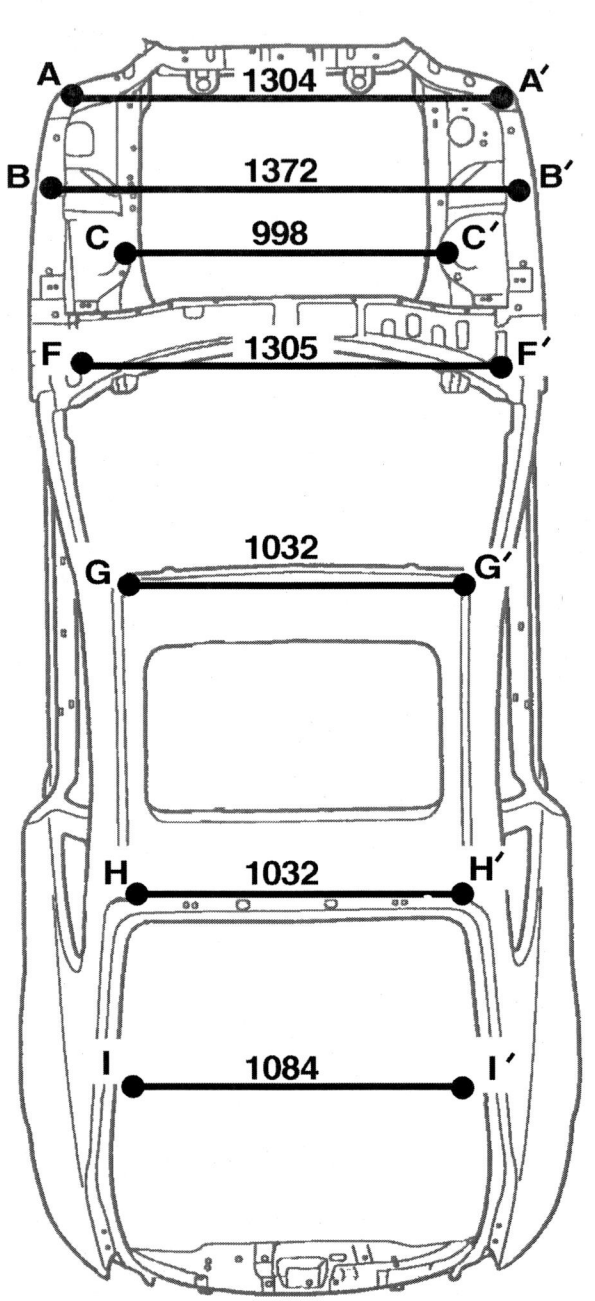

Coupe Tiburon 2002

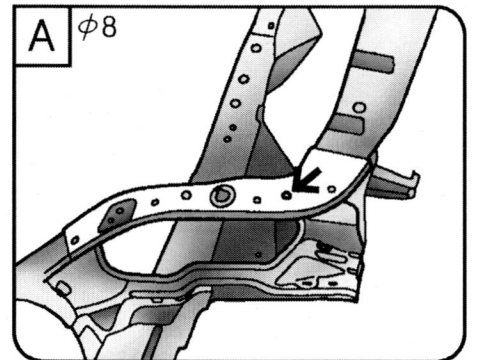
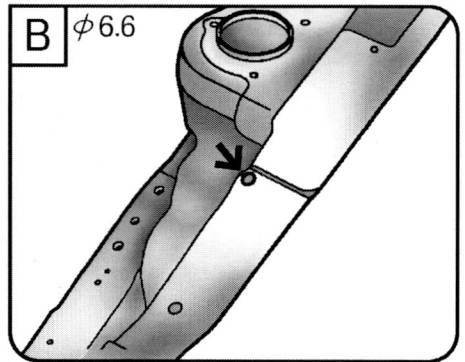
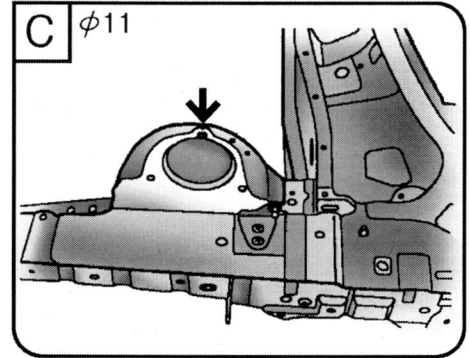
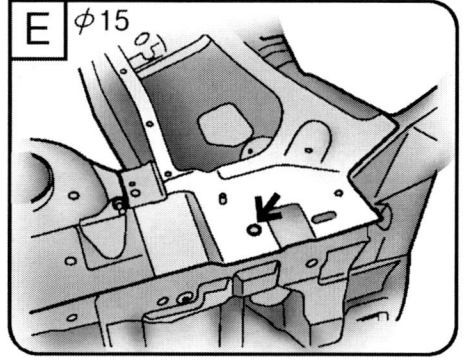
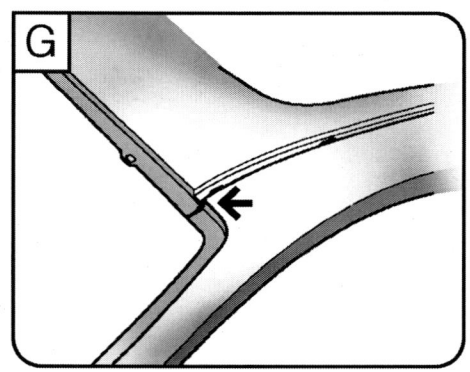

8. 차체수리전개도

상부보디 (upper body)

티뷰론

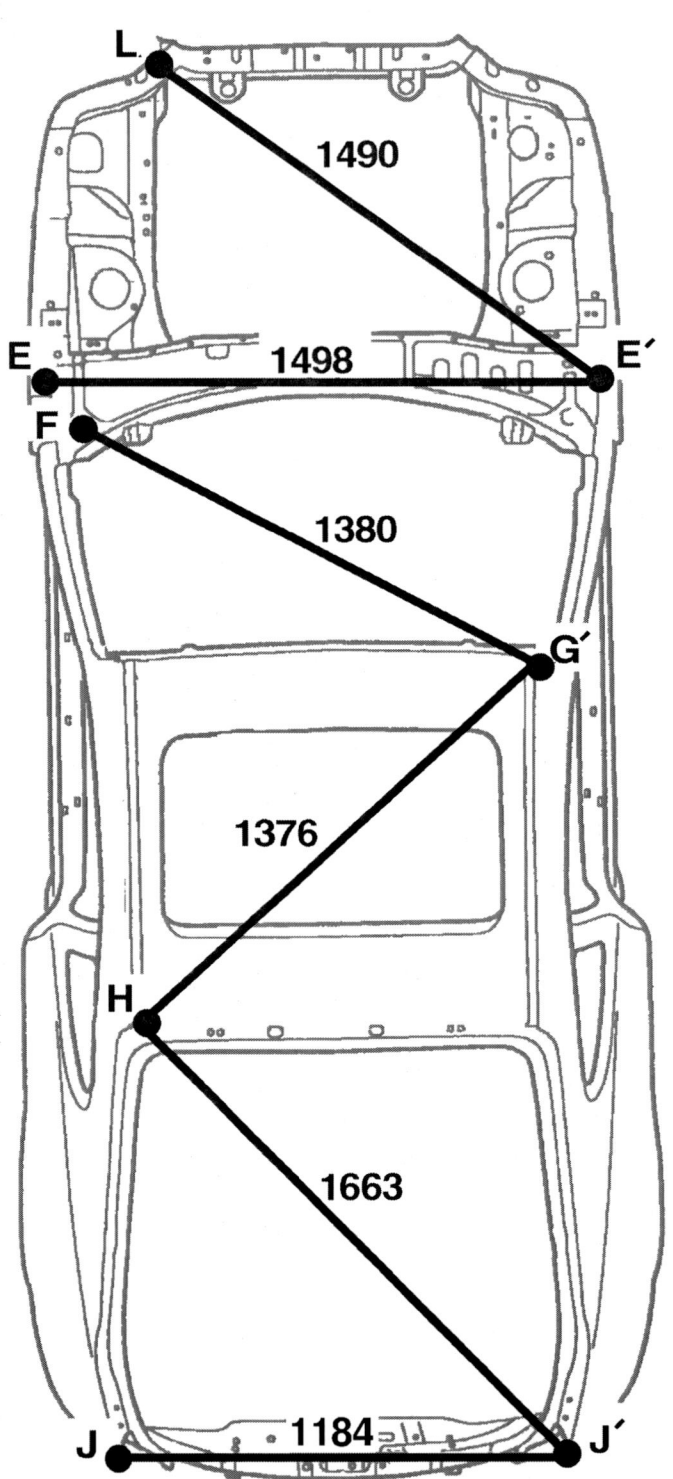

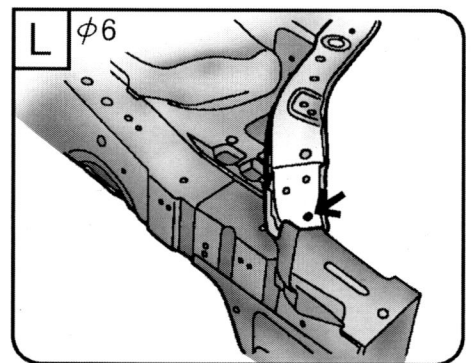
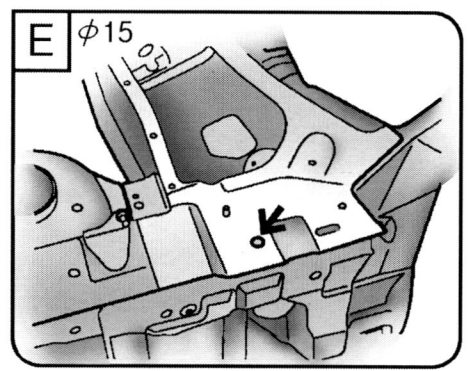
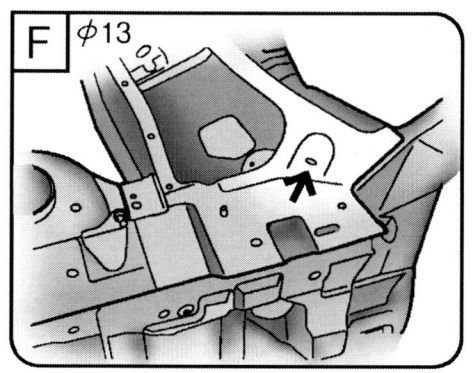
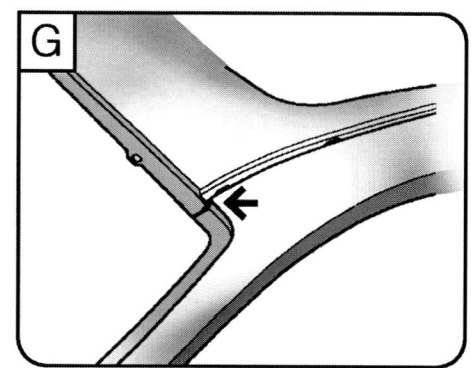
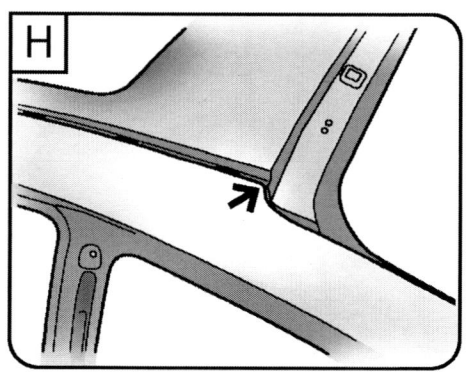
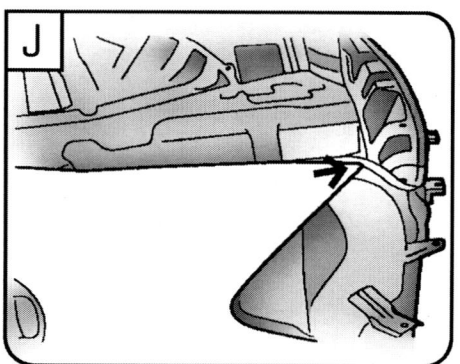

상부보디 (upper body)

티뷰론

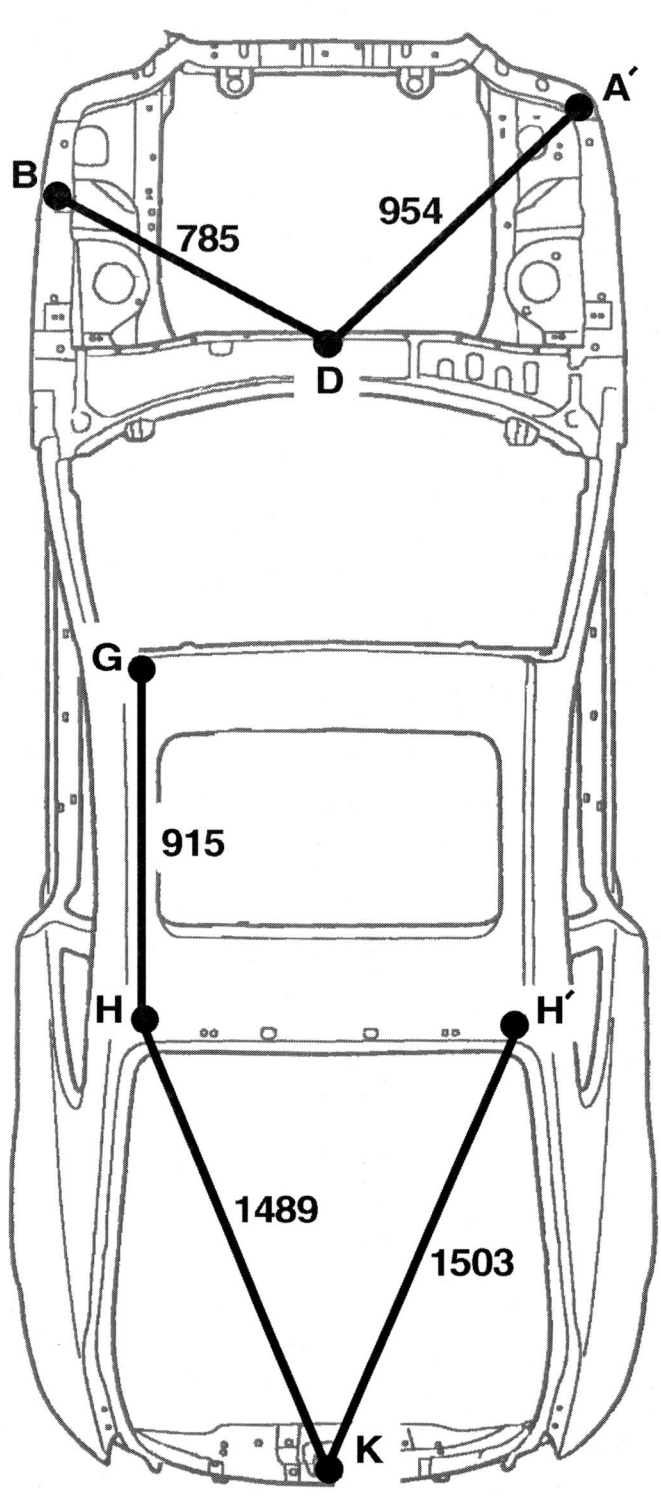

Coupe Tiburon 2002

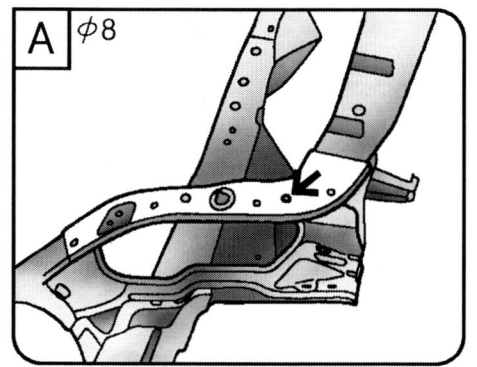
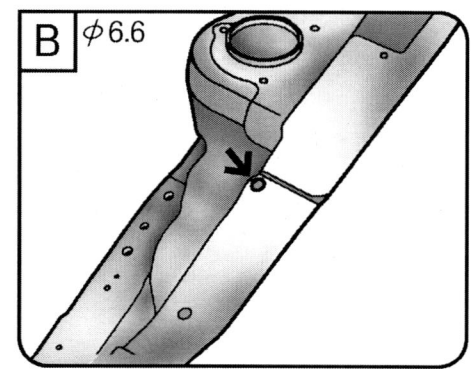
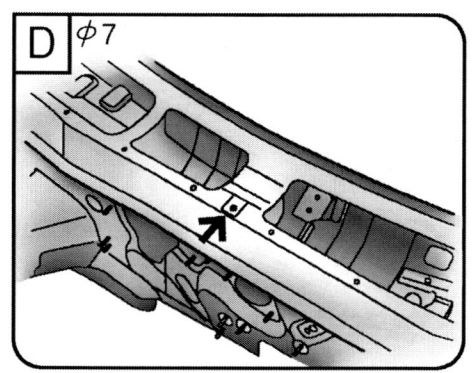
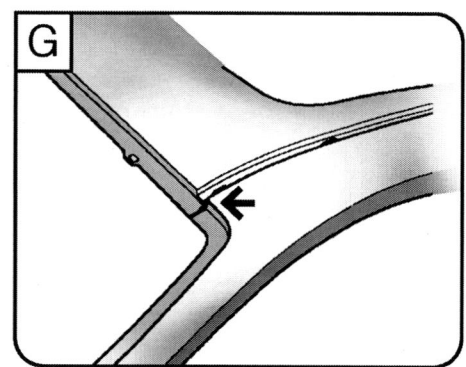
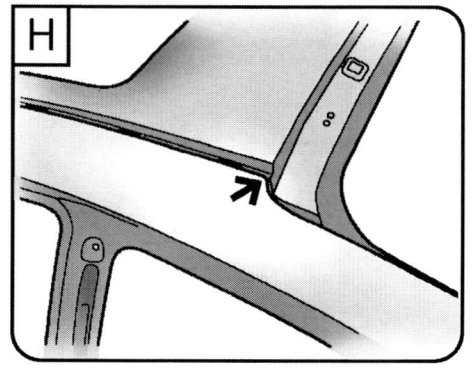
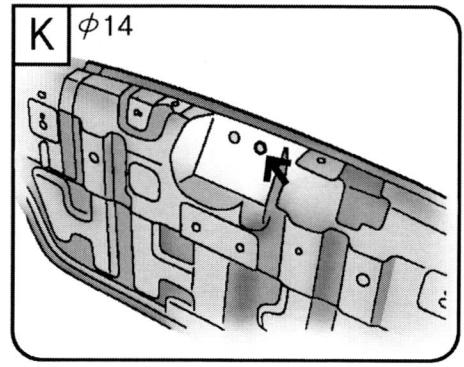

8. 차체수리전개도

사이드보디 (side body)

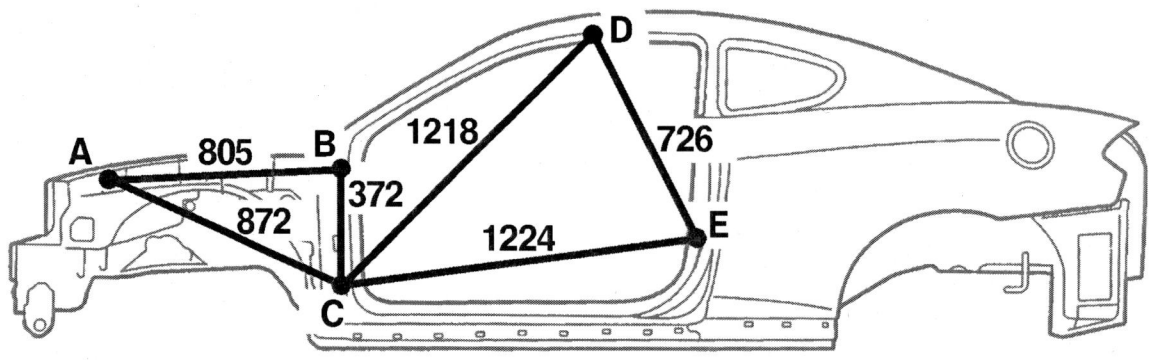

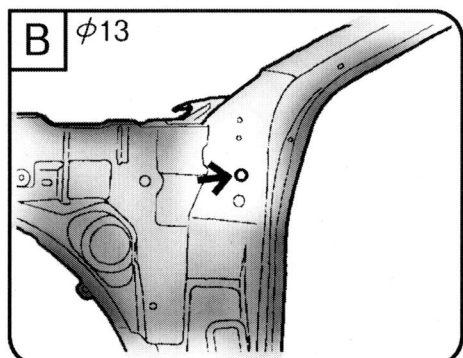

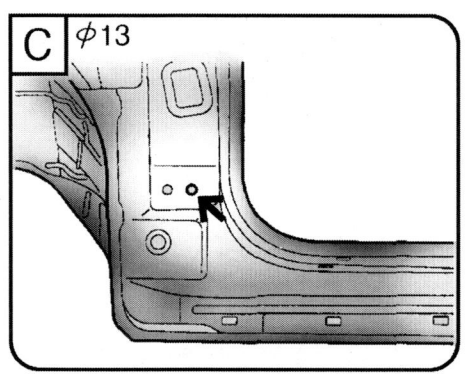

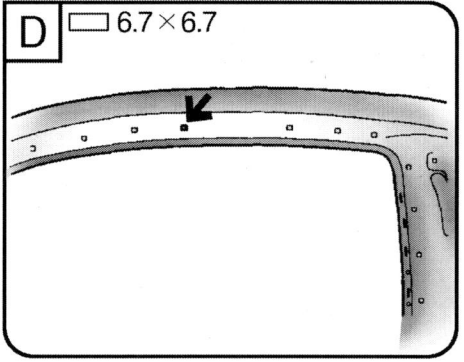

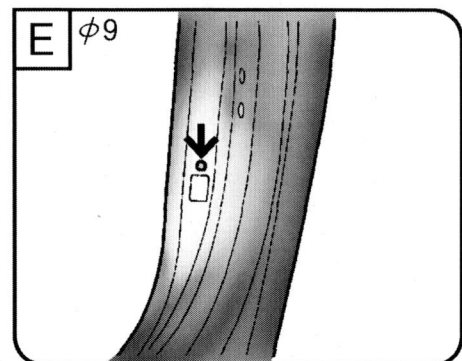

Coupe Tiburon 2002

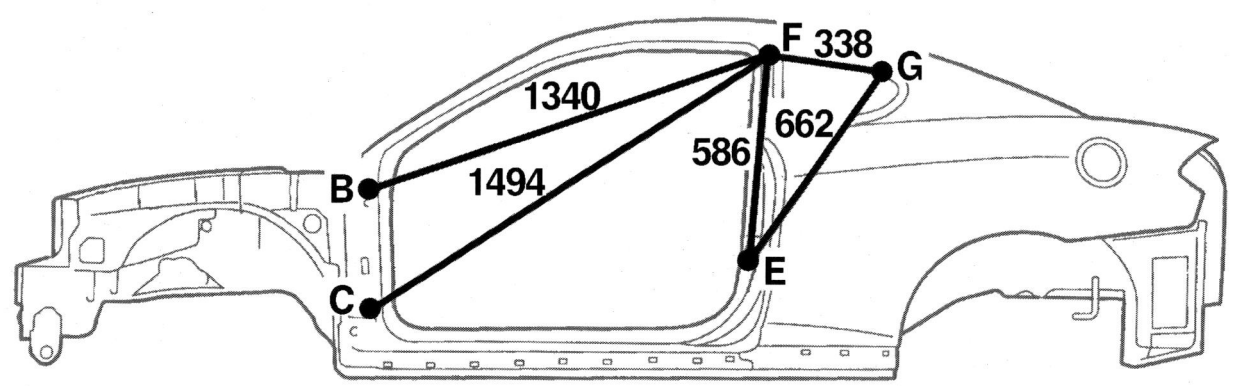

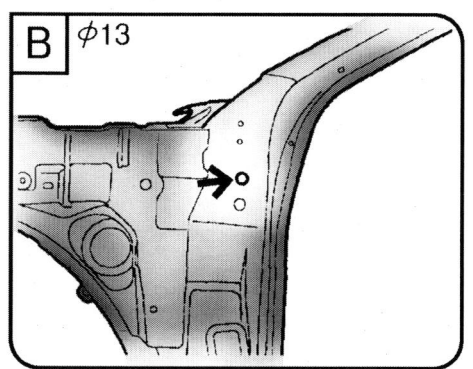

B ⌀13

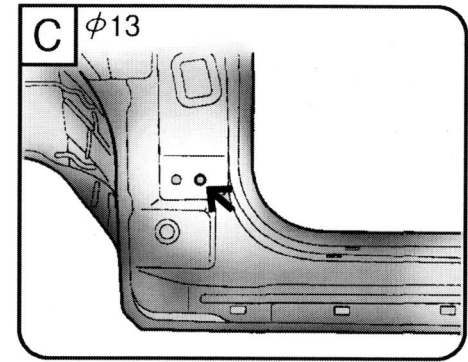

C ⌀13

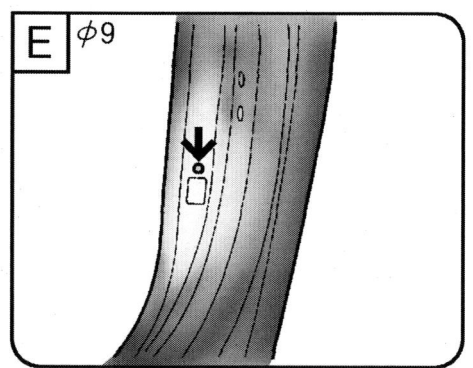

E ⌀9

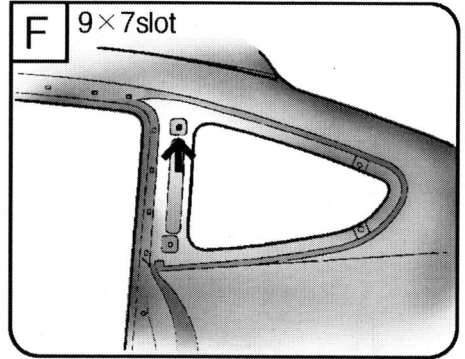

F 9×7slot

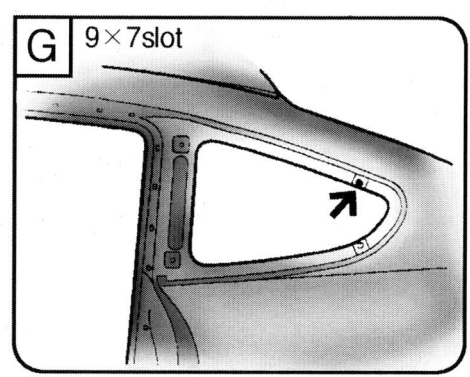

G 9×7slot

사이드보디 (side body)

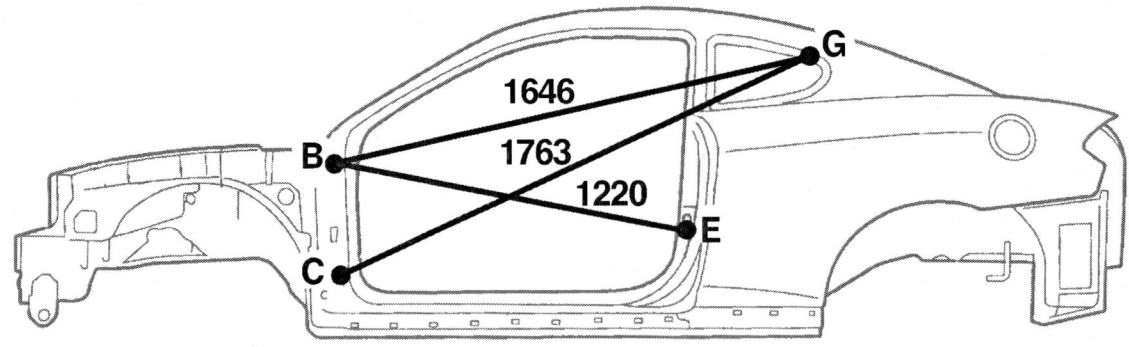

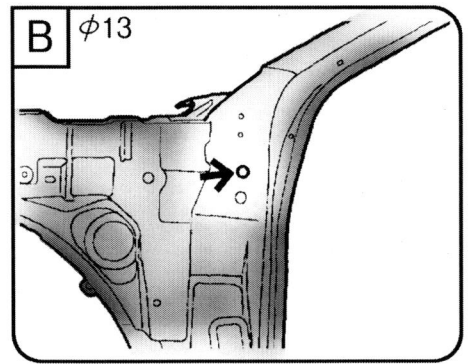

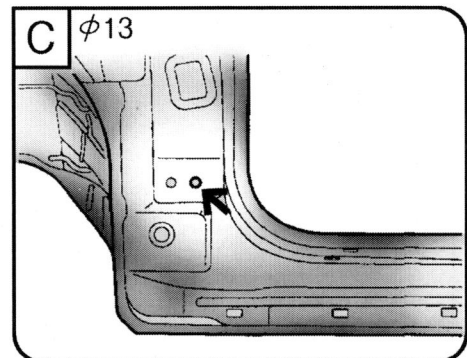

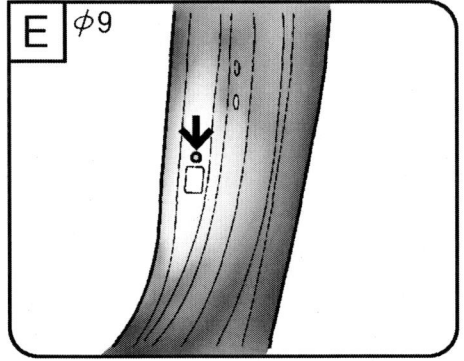

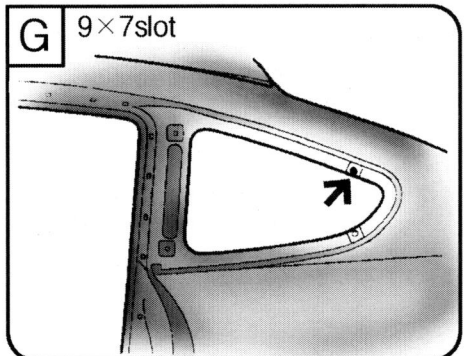

Coupe Tiburon 2002

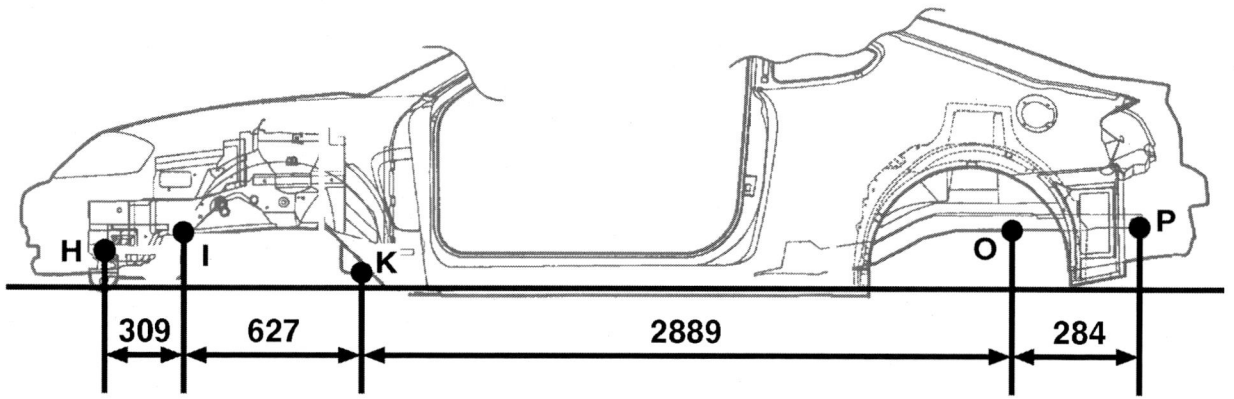

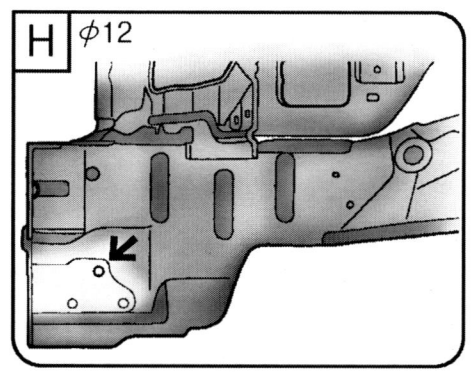

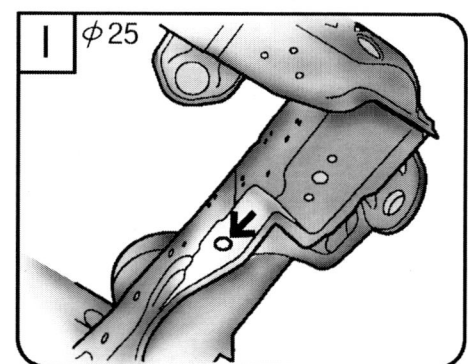

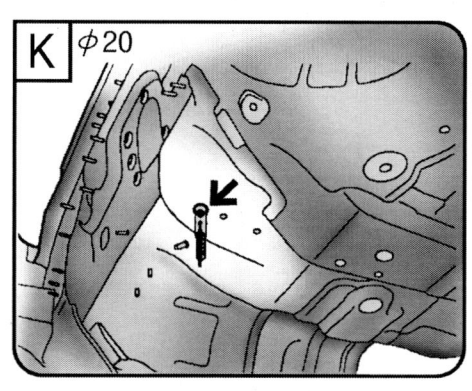

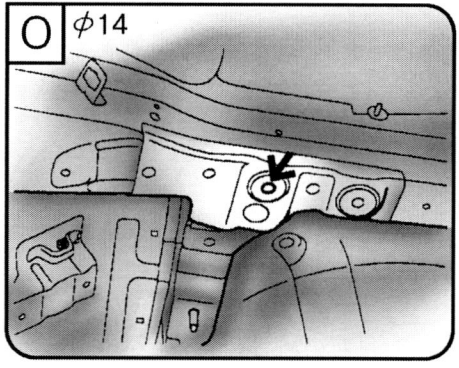

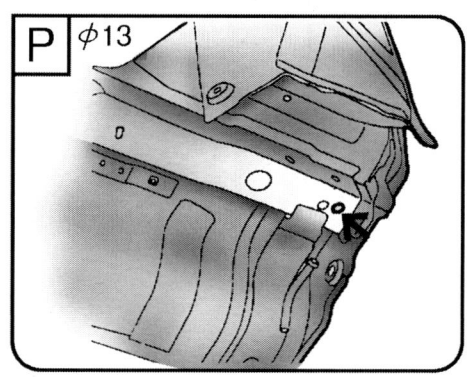

8. 차체수리전개도

사이드보디 (side body)

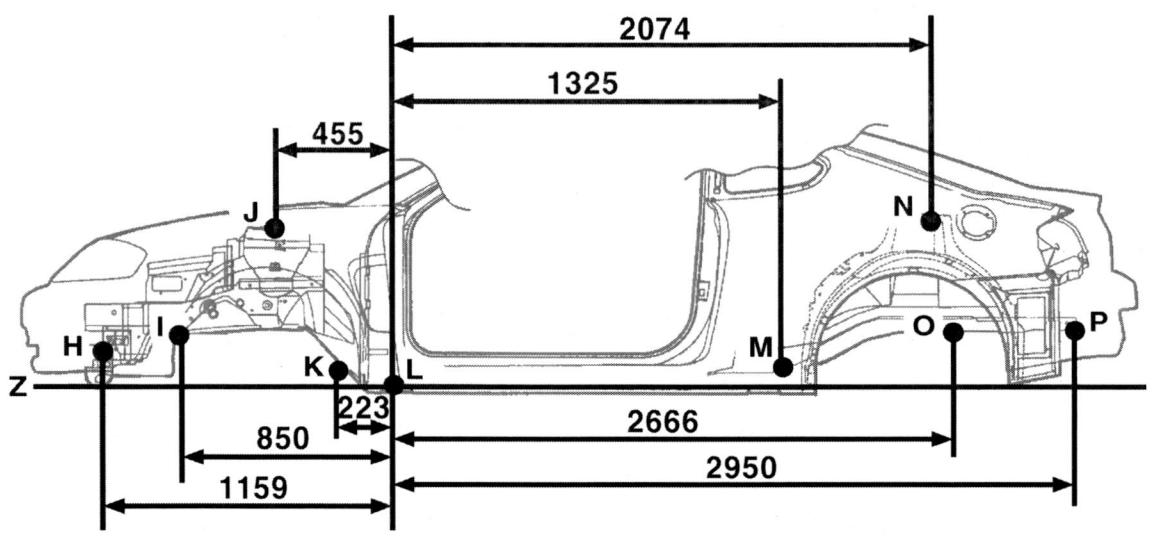

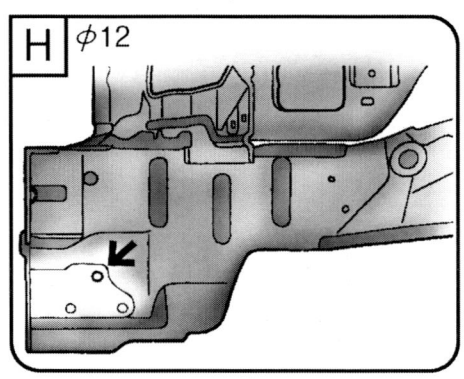

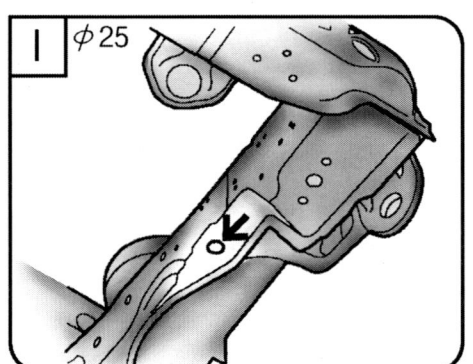

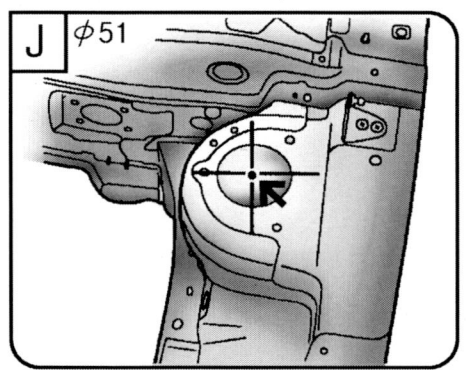

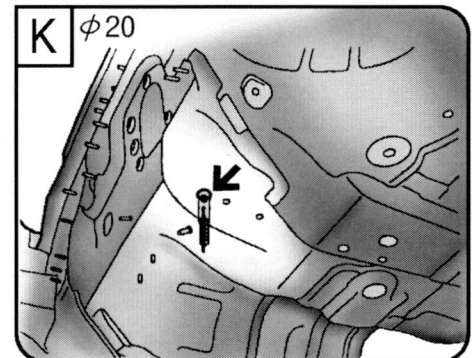

Coupe Tiburon 2002

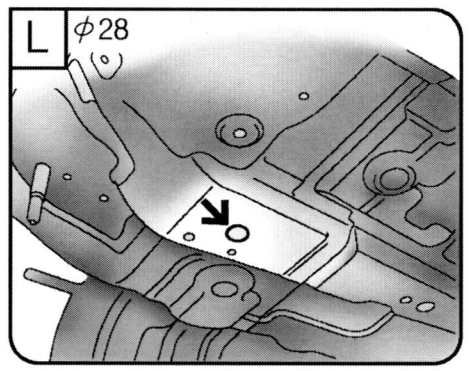
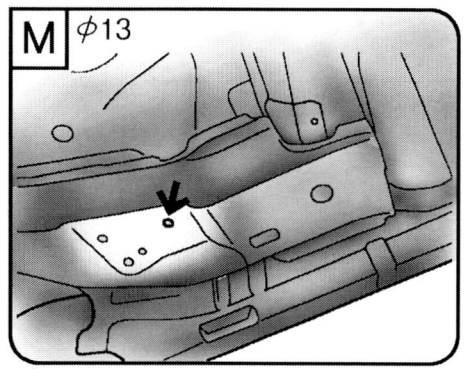
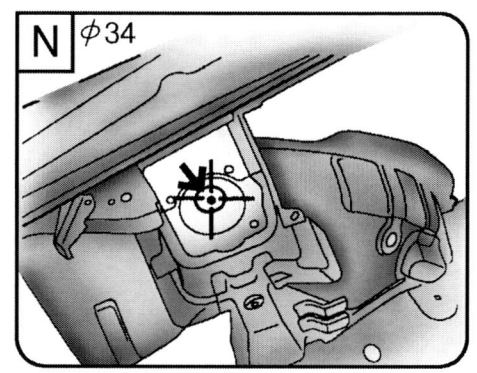
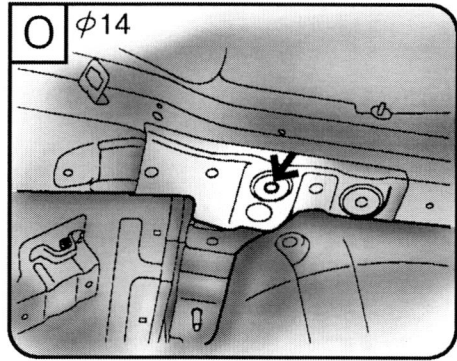
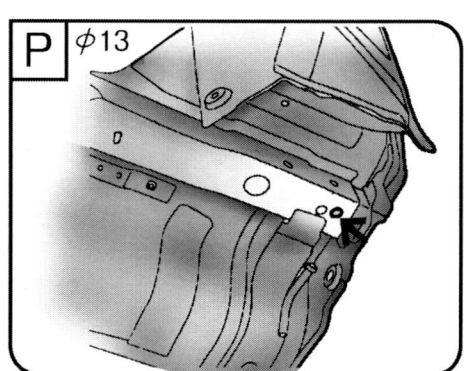

8. 차체수리전개도

사이드보디(side body)

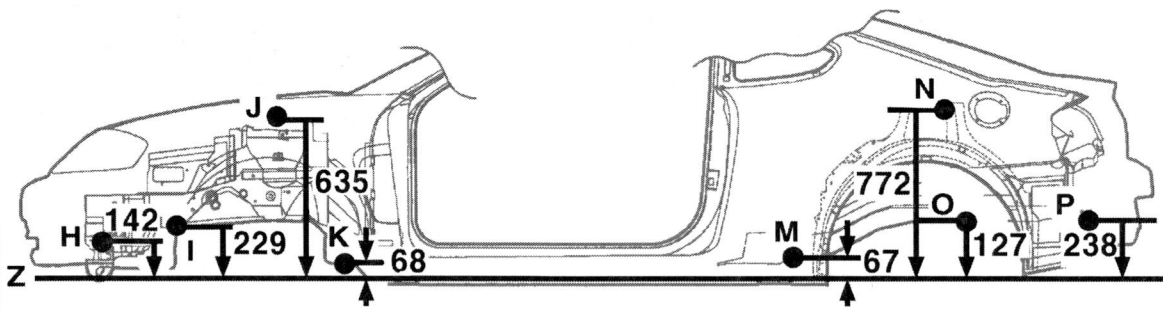

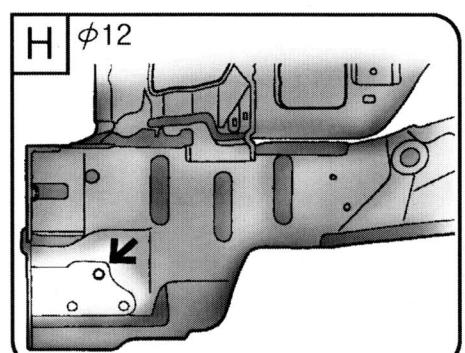

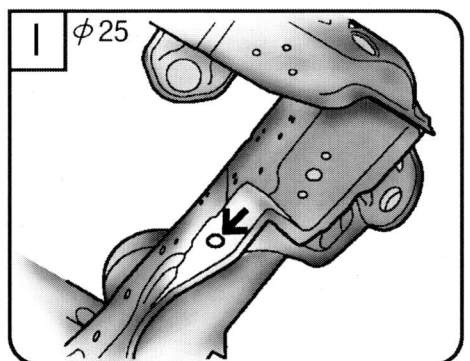

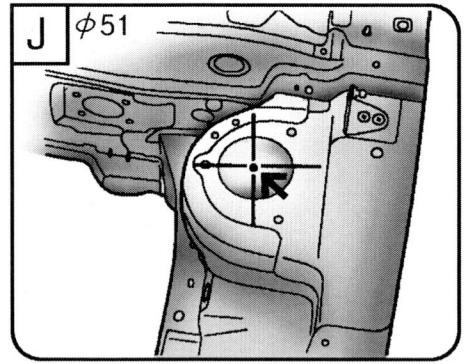

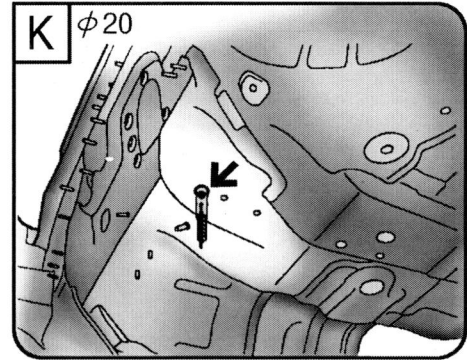

Coupe Tiburon 2002

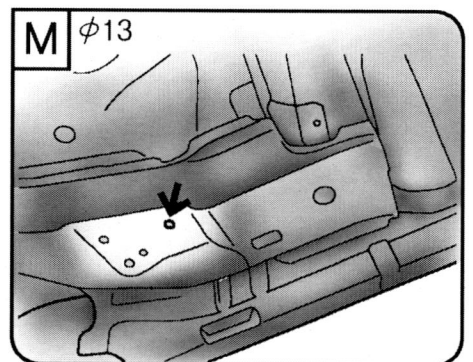
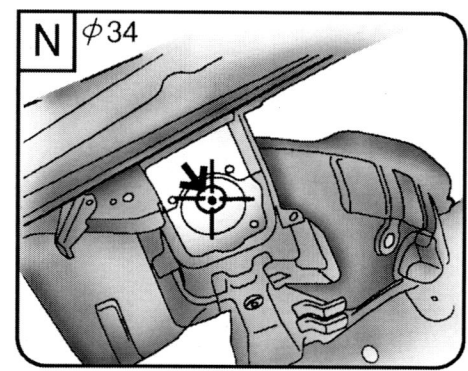
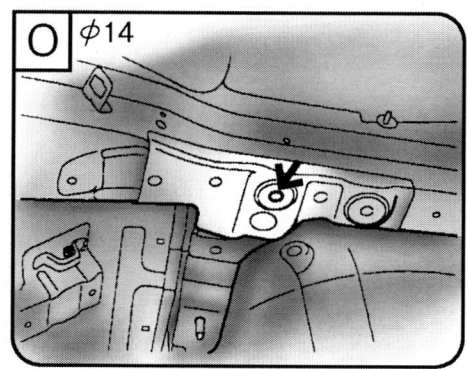
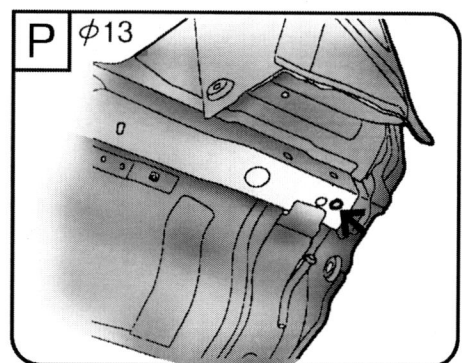

8. 차체수리전개도

언더보디 (under body)

티뷰론

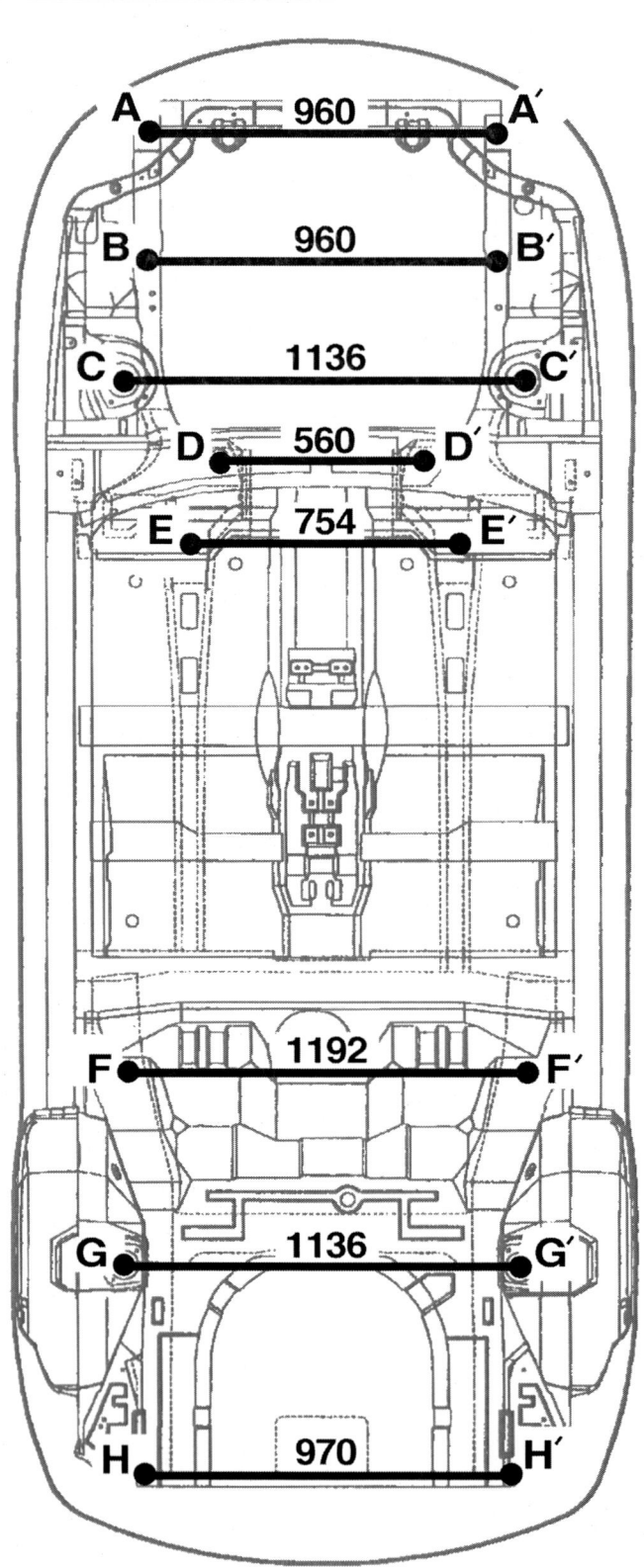

Coupe Tiburon 2002

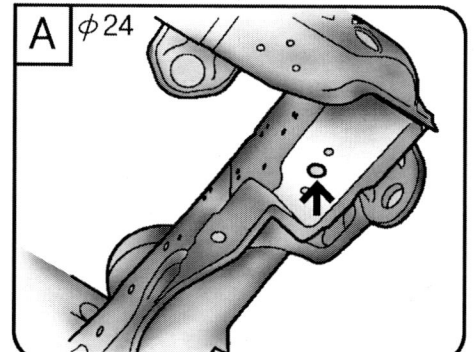
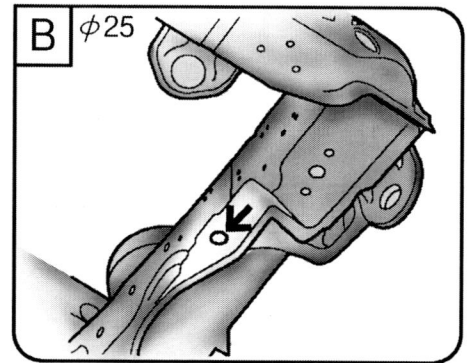
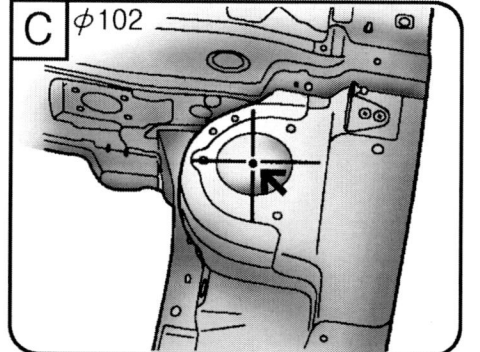
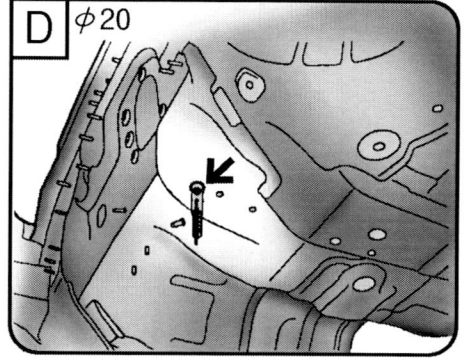
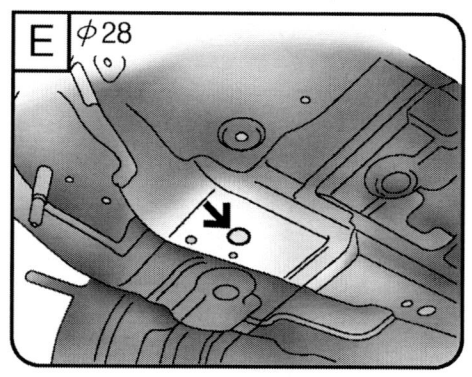
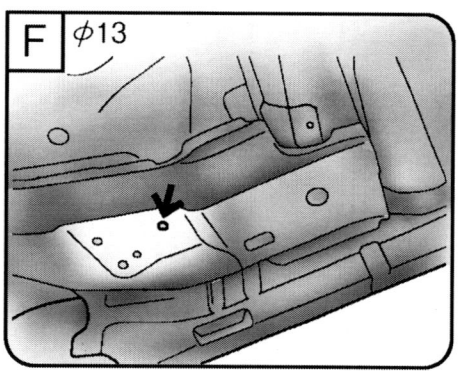
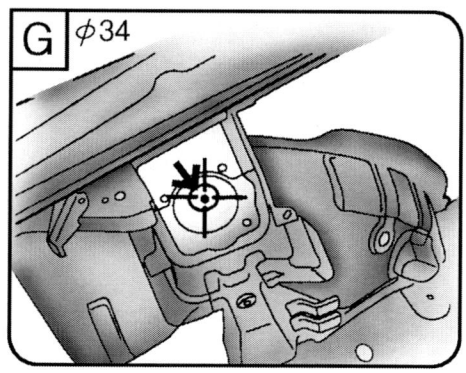
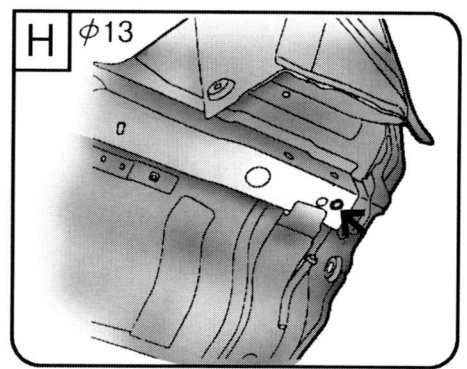

8. 차체수리전개도

언더보디 (under body)

티뷰론

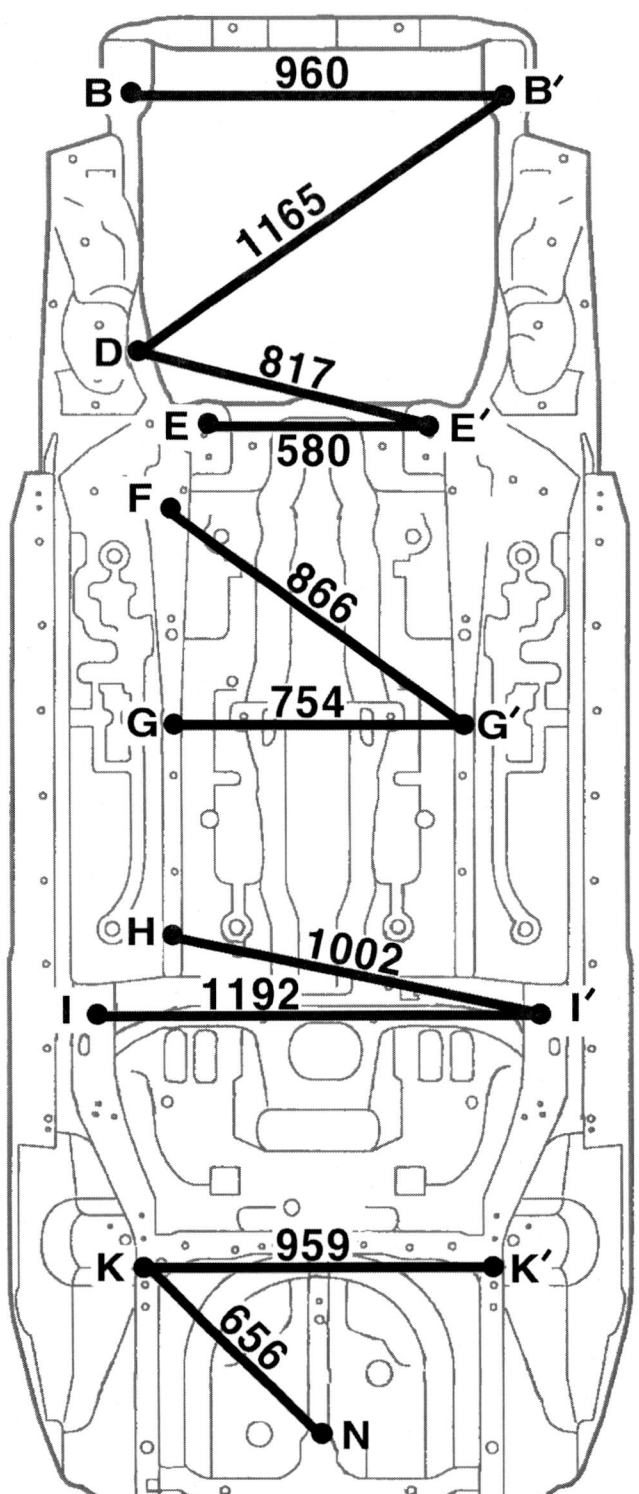
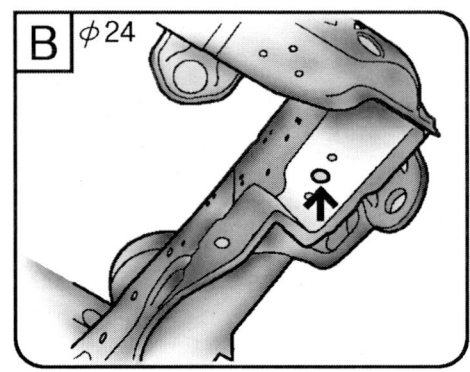

Coupe Tiburon 2002

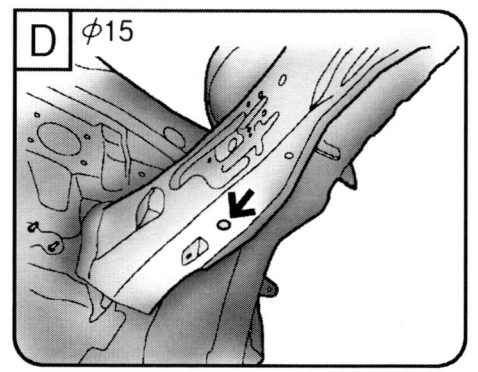

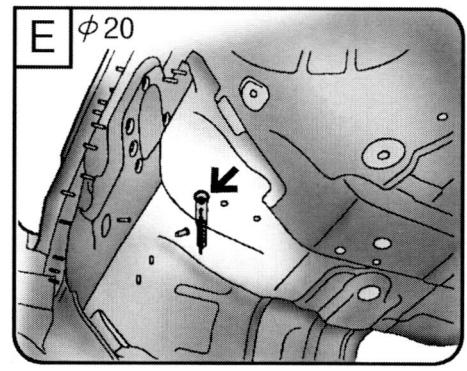

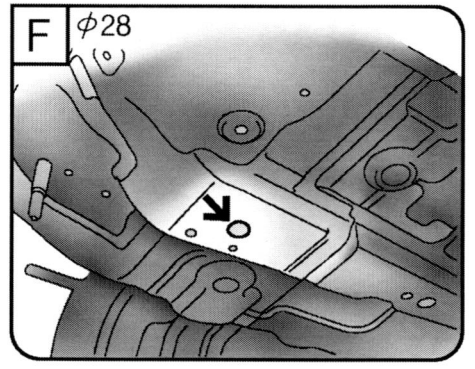

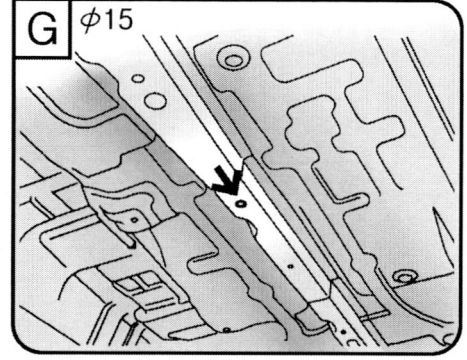

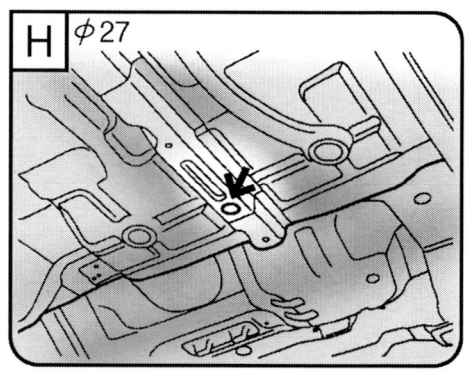

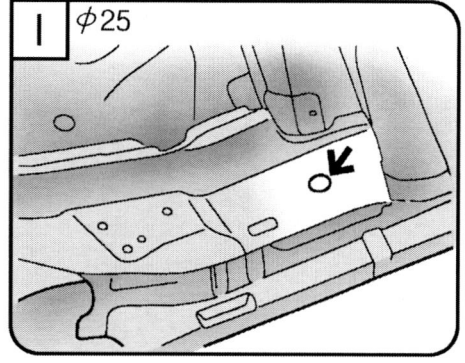

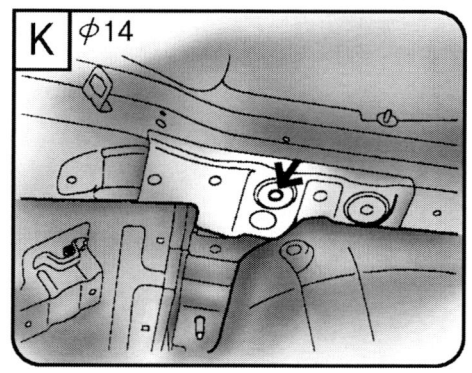

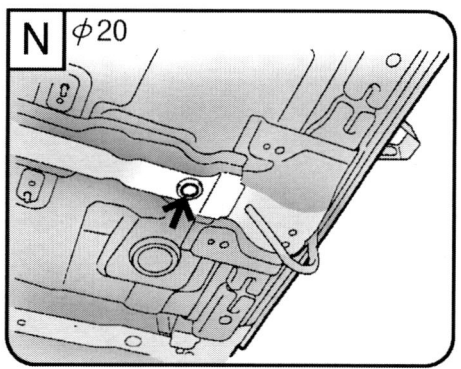

8. 차체수리전개도

언더보디 (under body)

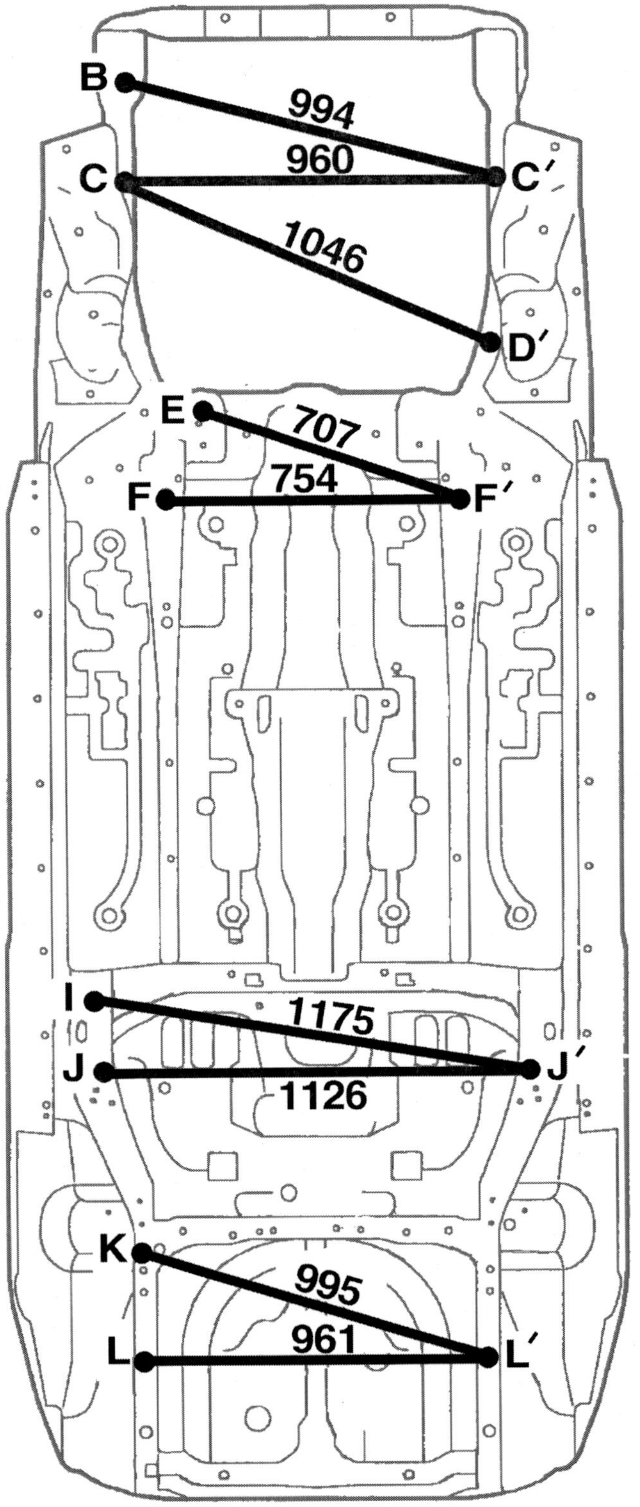

티뷰론

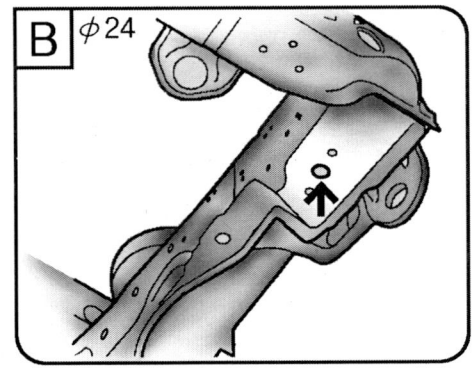

B ⌀24

Coupe Tiburon 2002

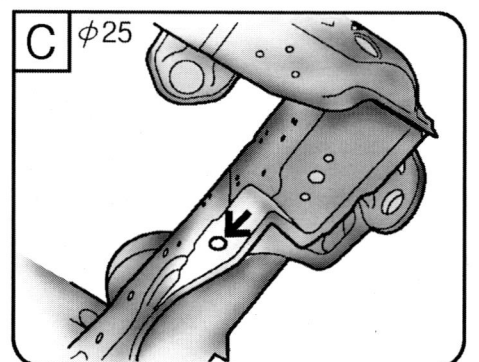
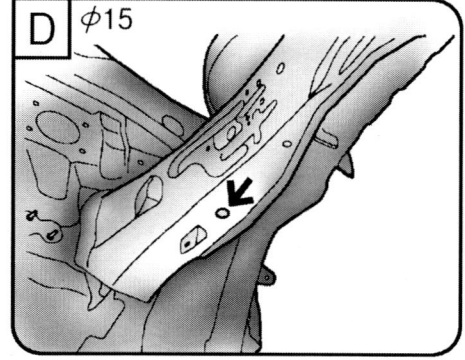
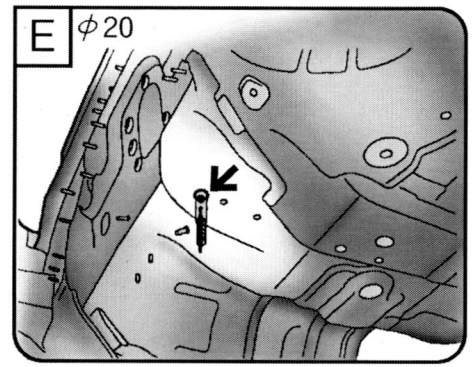
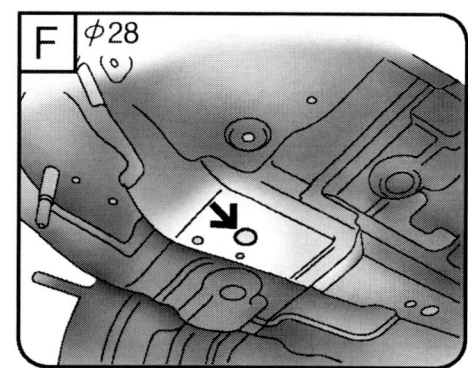
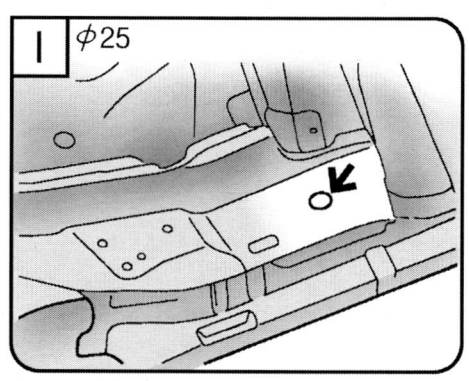
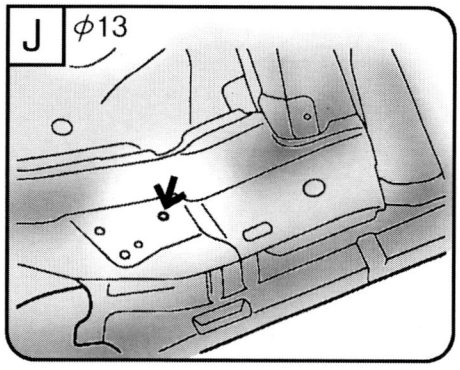
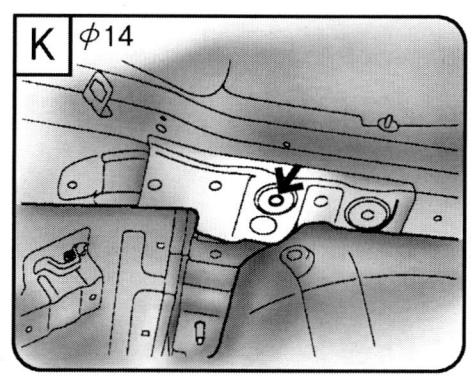
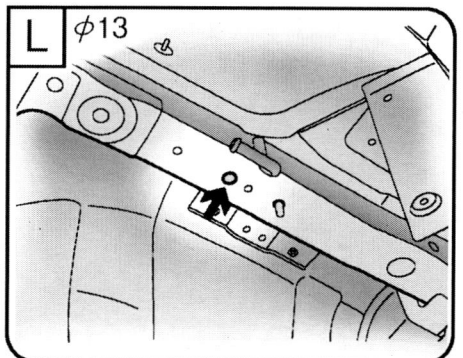

8. 차체수리전개도

언더보디 (under body)

티뷰론

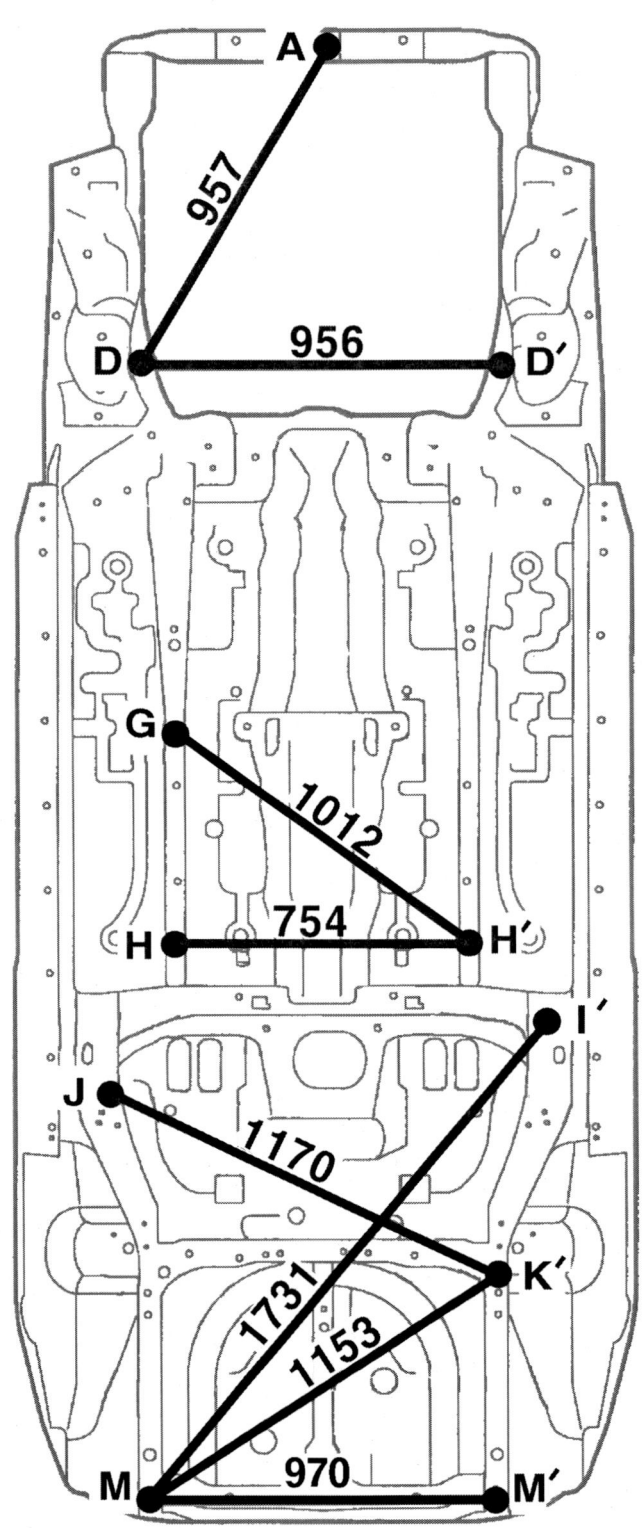

Coupe Tiburon 2002

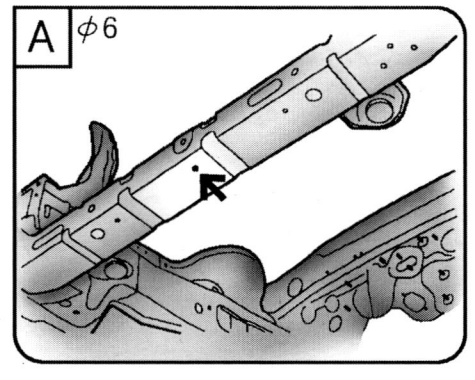

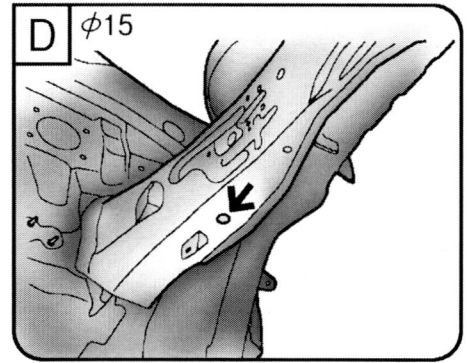

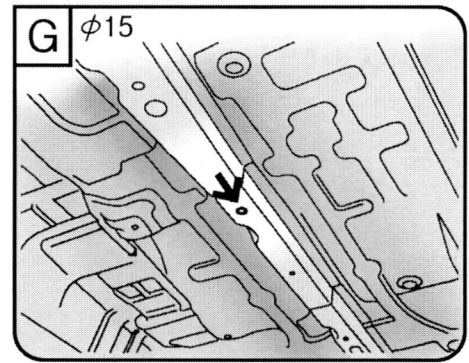

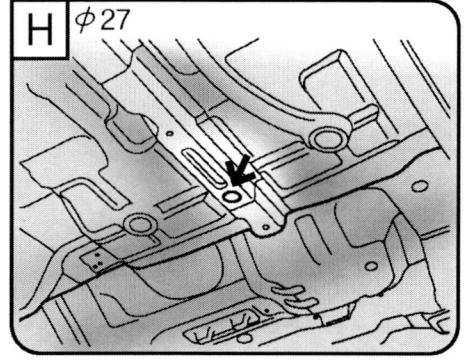

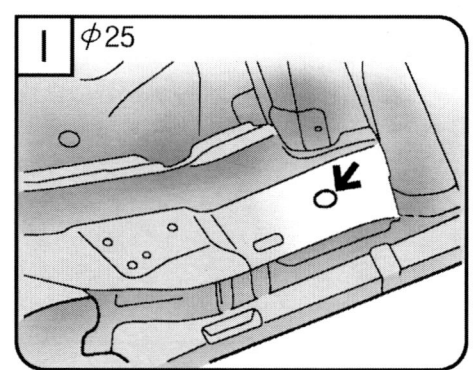

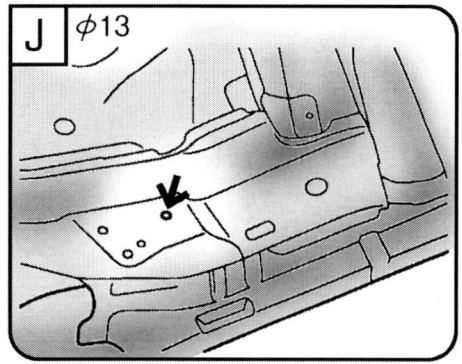

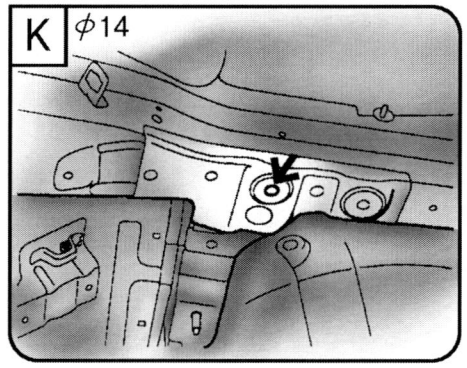

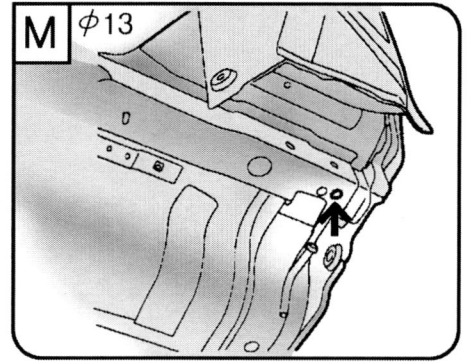

8. 차체수리전개도

실내 (interior)

티뷰론

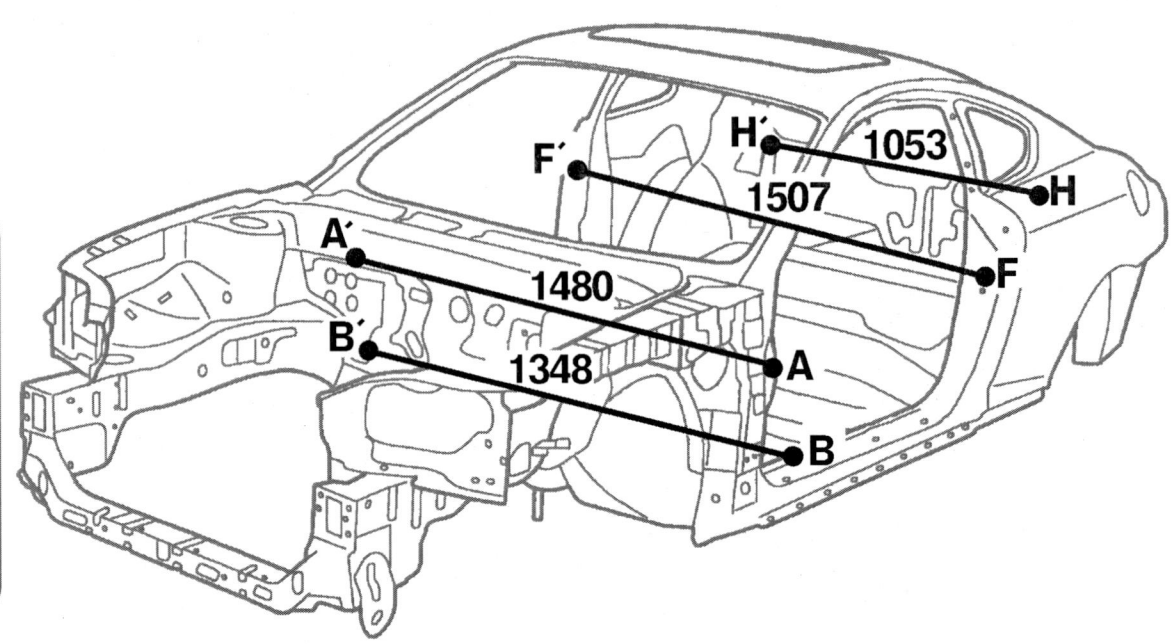

A φ11

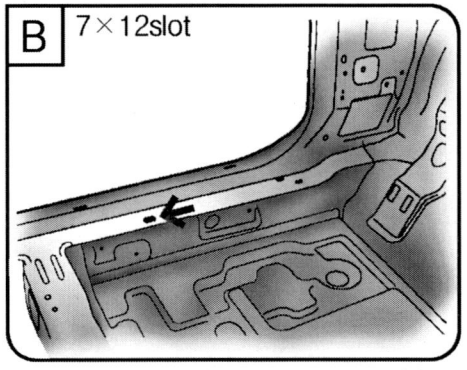

B 7×12slot

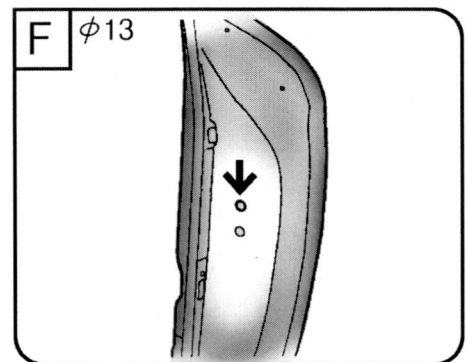

F φ13

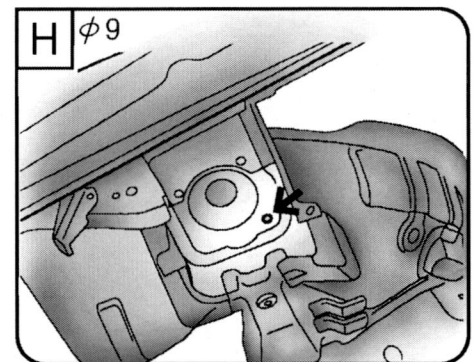

H φ9

Coupe Tiburon 2002

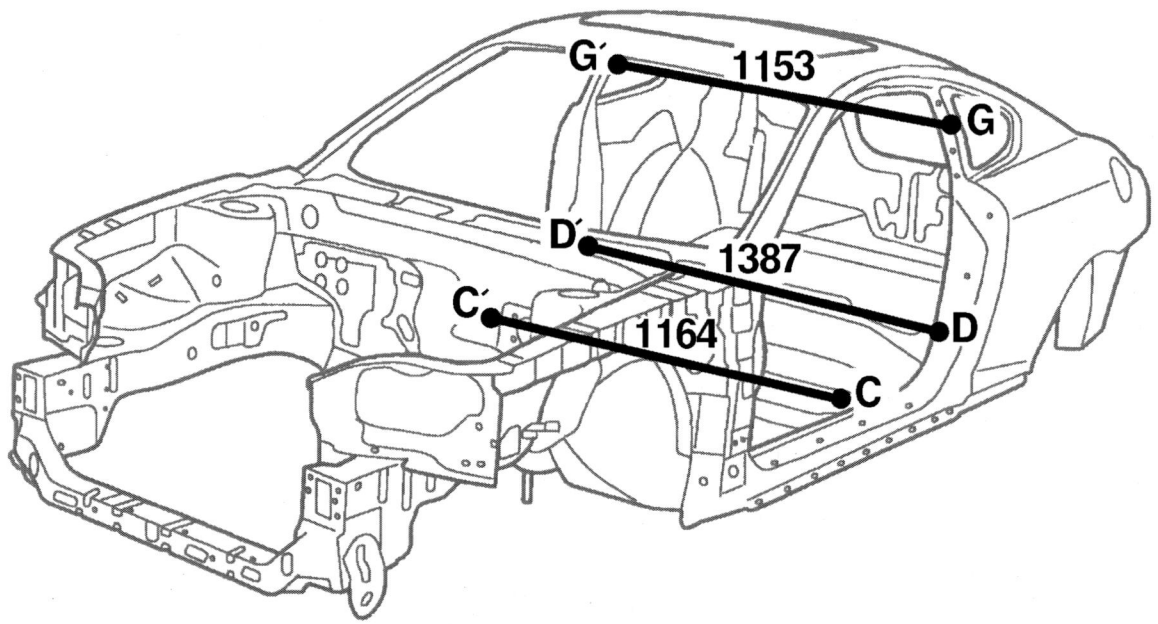

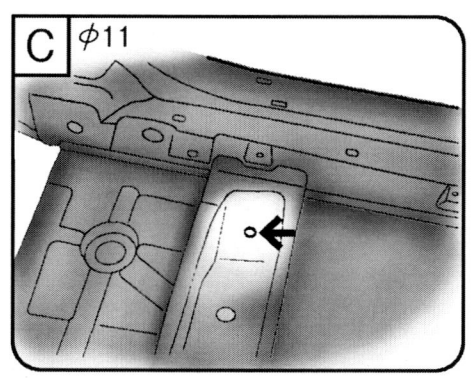

C ϕ11

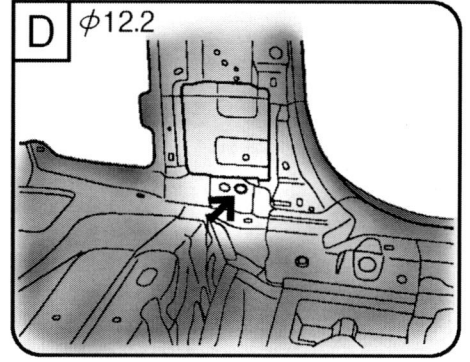

D ϕ12.2

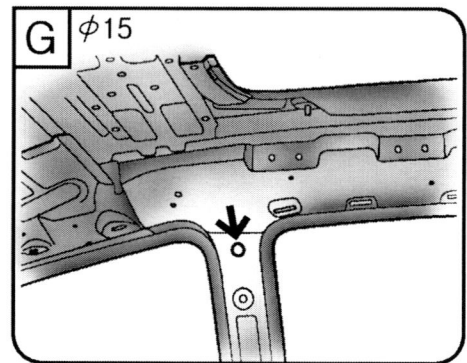

G ϕ15

실내 (interior)

티뷰론

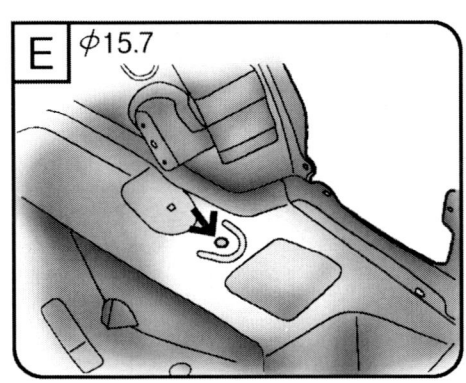

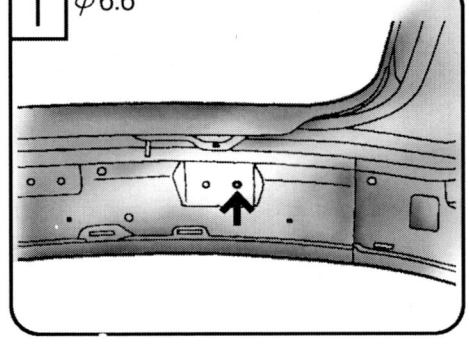

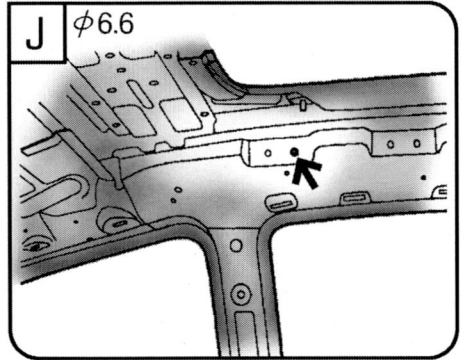

엔진 컴파트먼트

Coupe Tiburon 2002

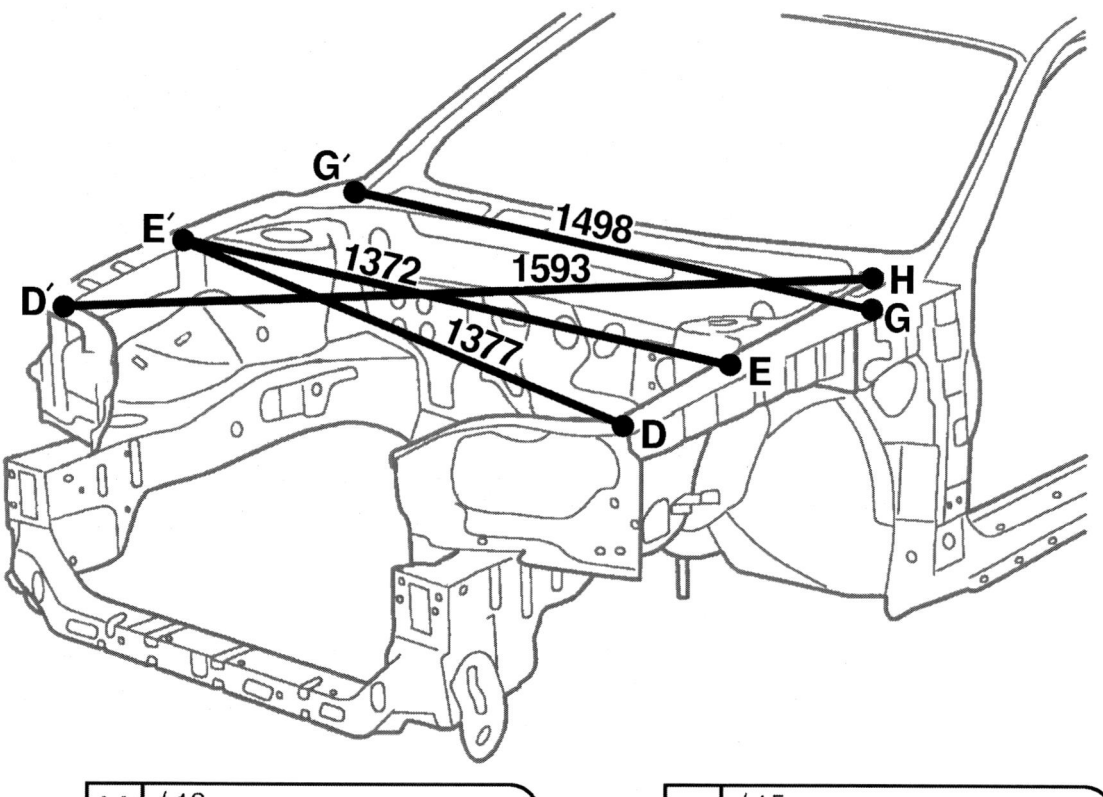

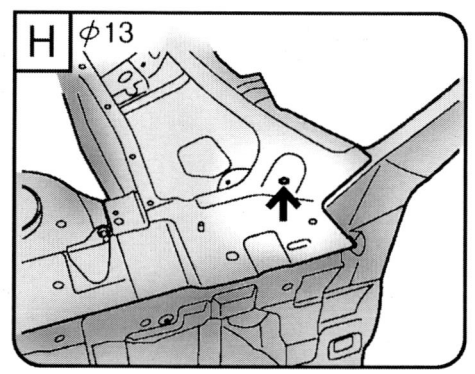

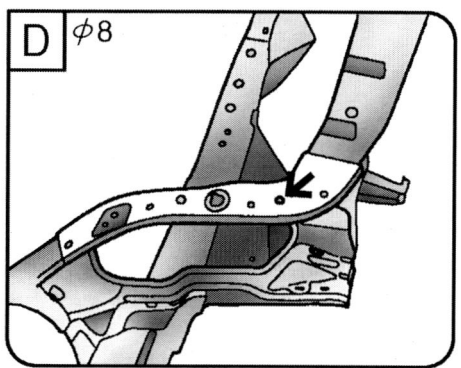

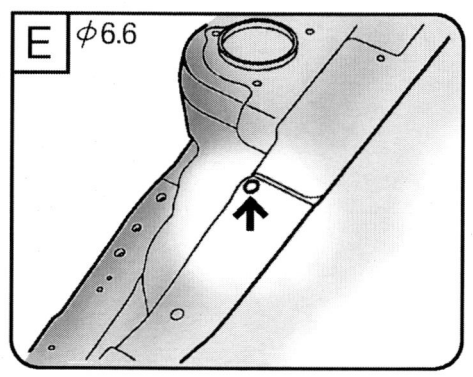

8. 차체수리전개도

엔진 컴파트먼트

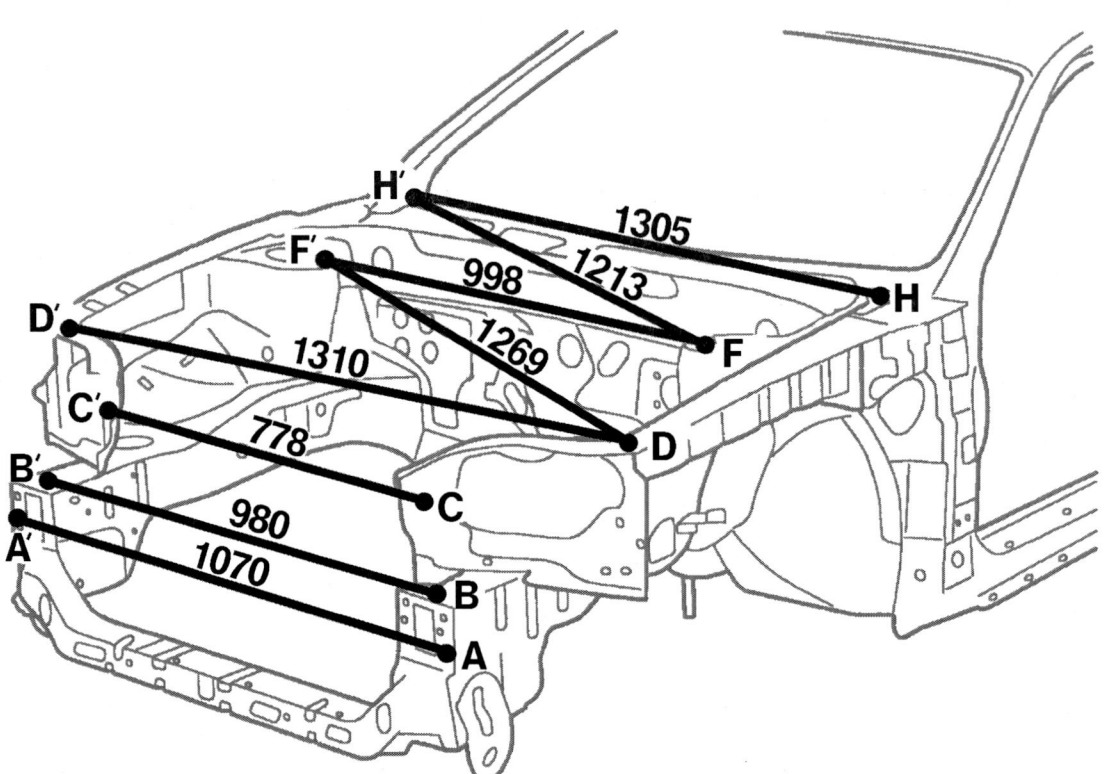

Coupe Tiburon 2002

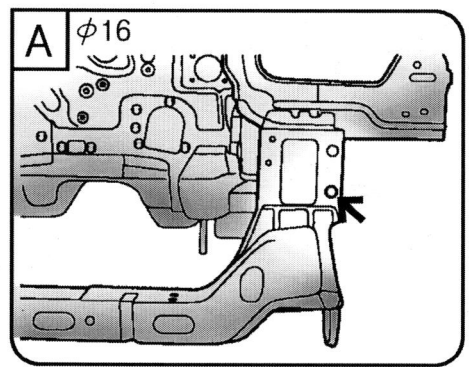
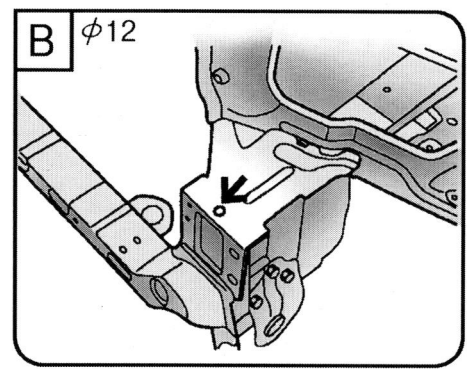
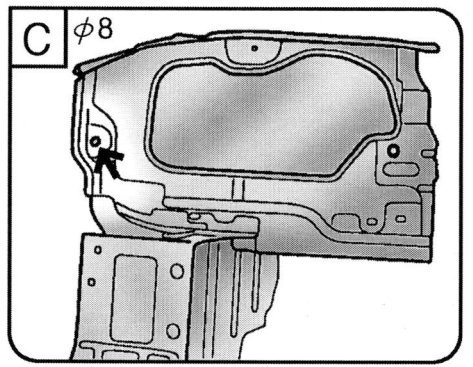
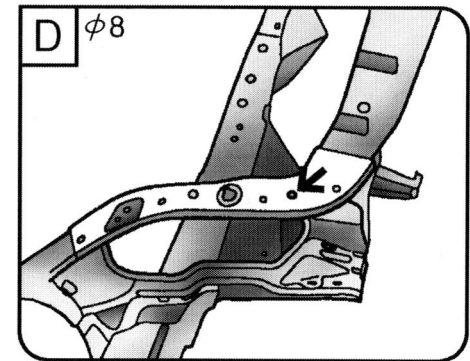
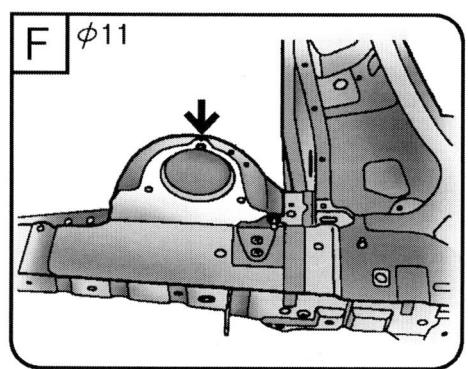
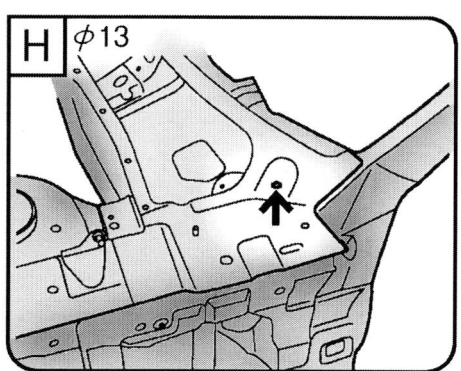

러기지 컴파트먼트

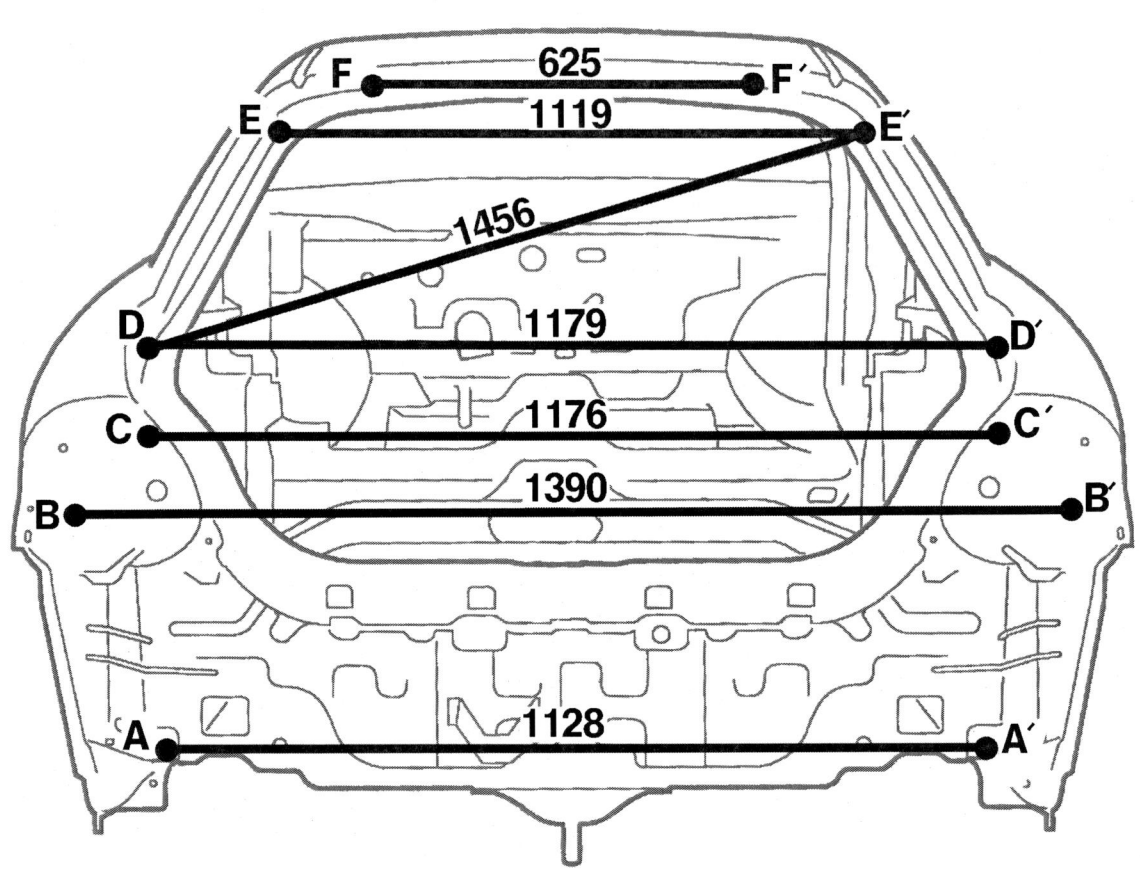

Coupe Tiburon 2002

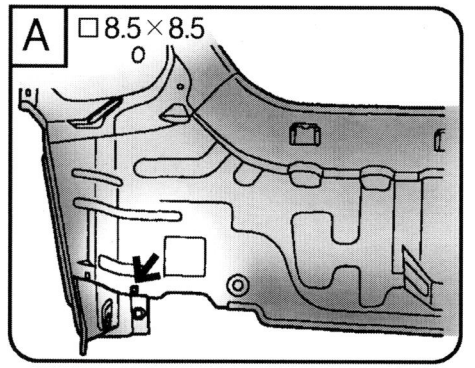
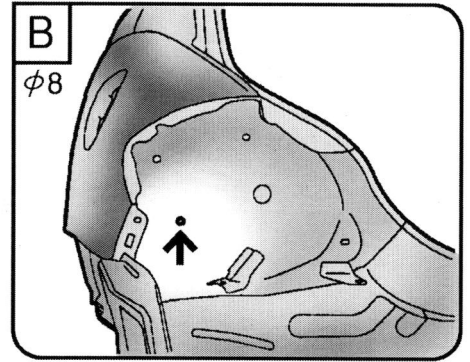
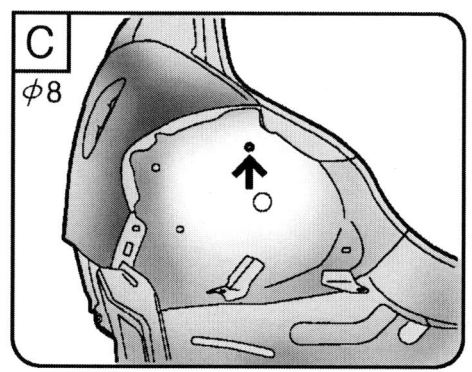
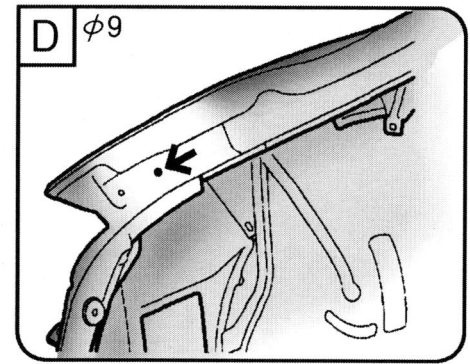
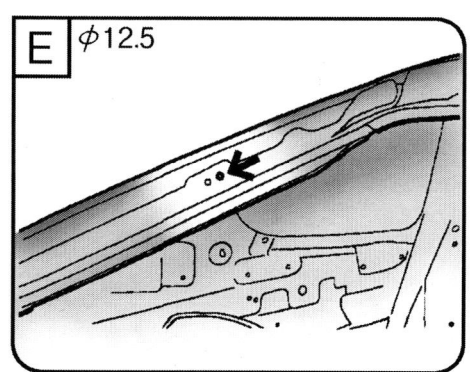
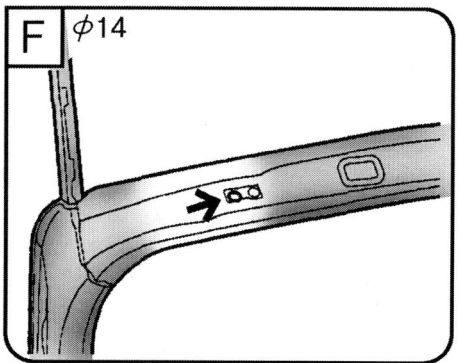

러기지 컴파트먼트

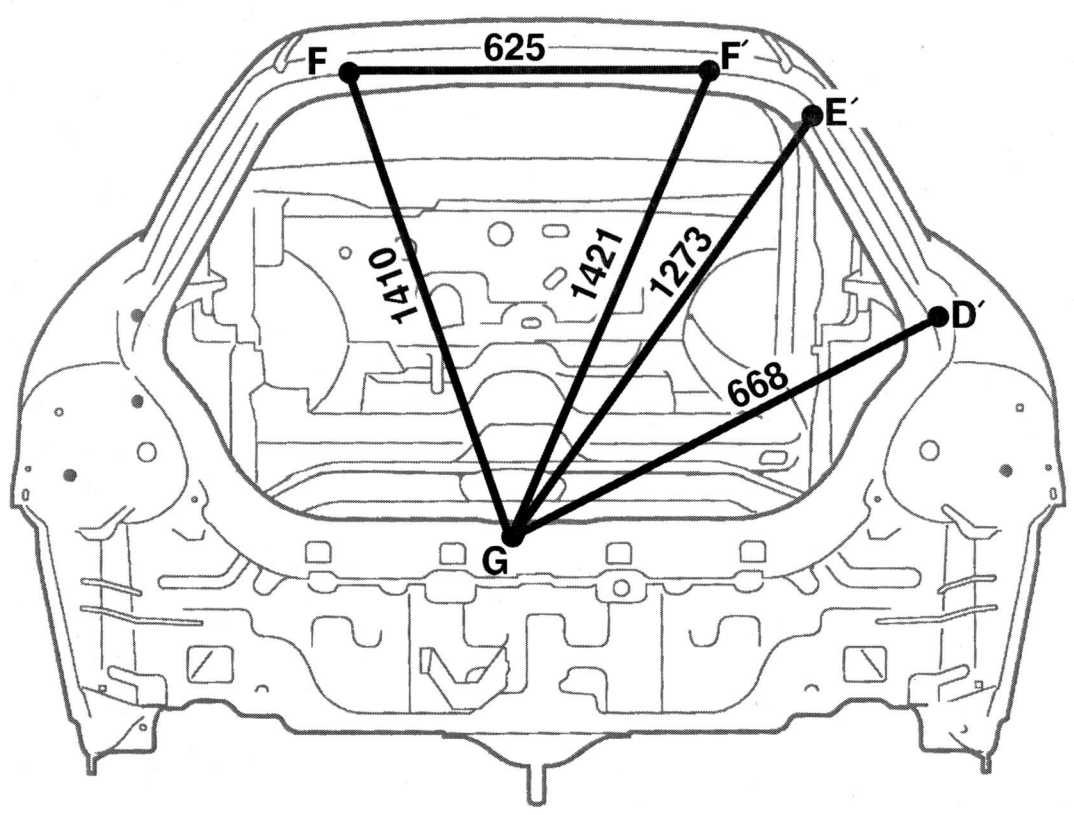

Coupe Tiburon 2002

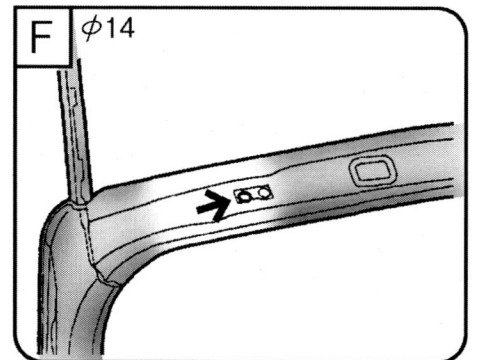

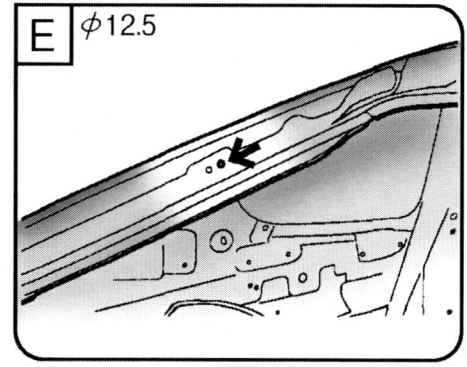

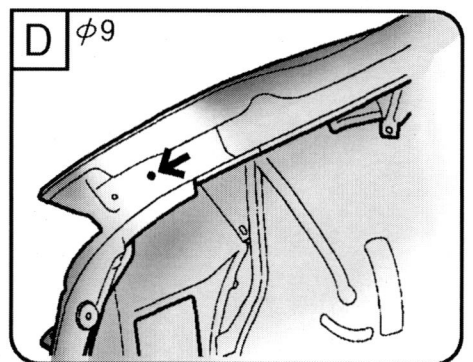

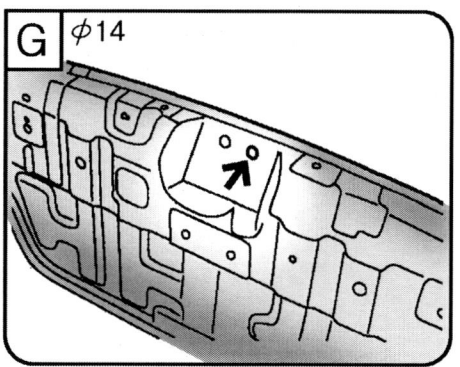

3. 트라제 XG

상부보디(upper body)

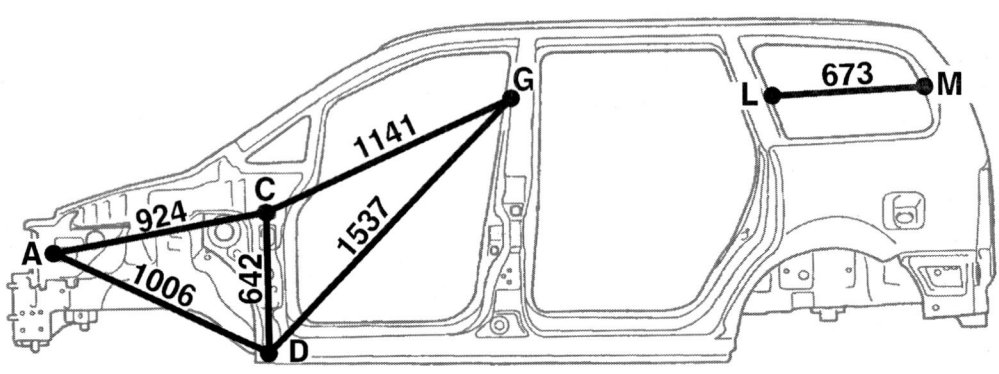

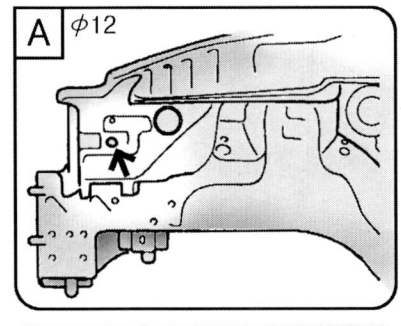

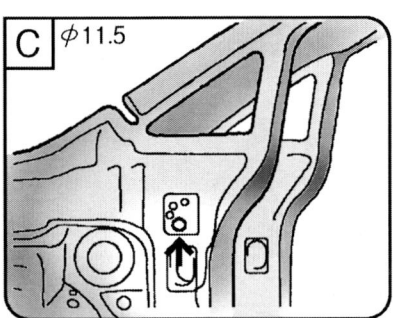

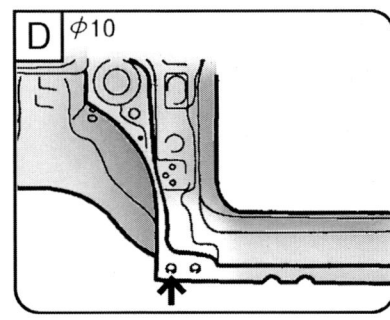

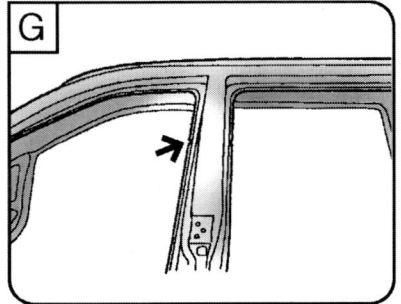

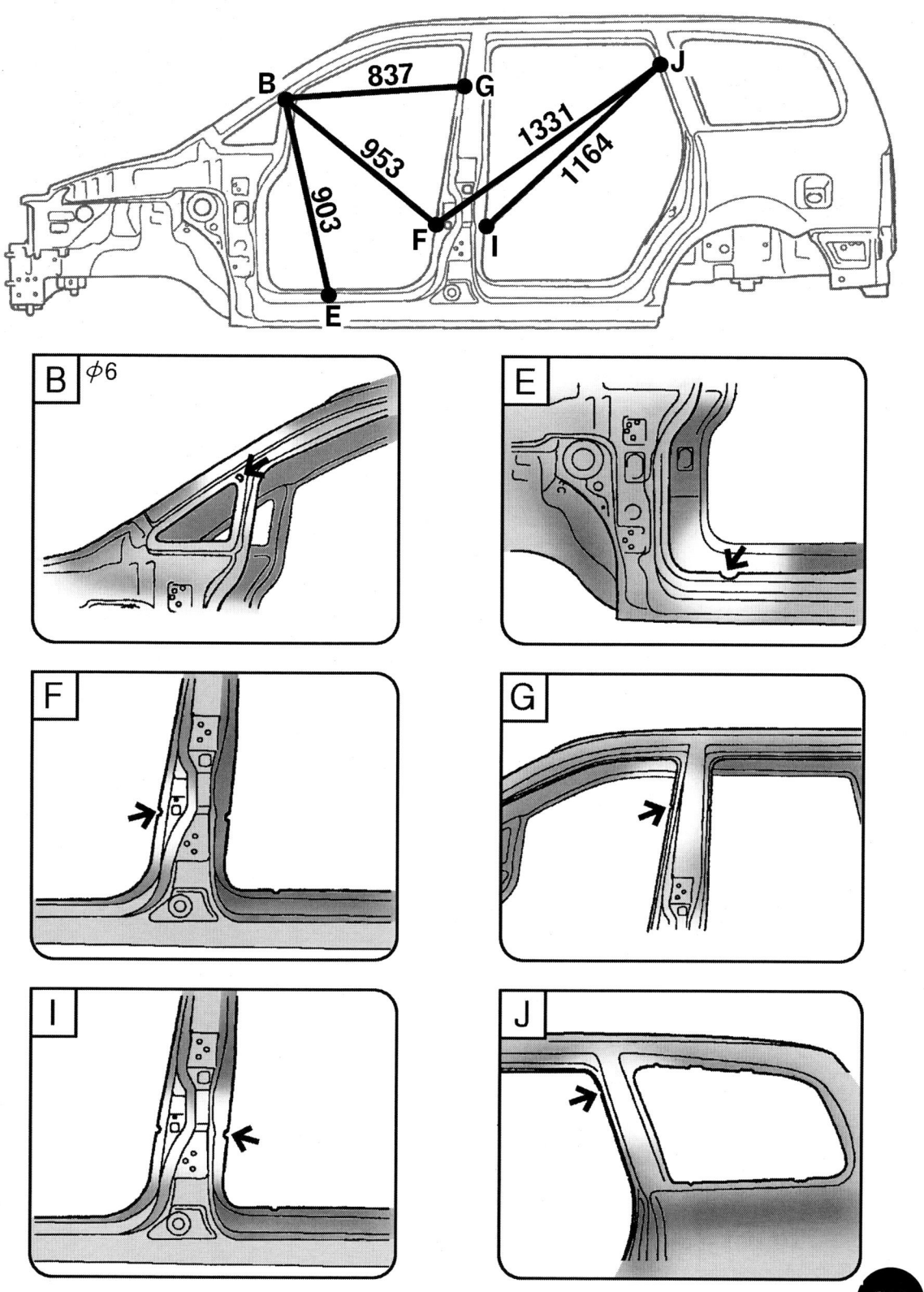

사이드보디 (side body)

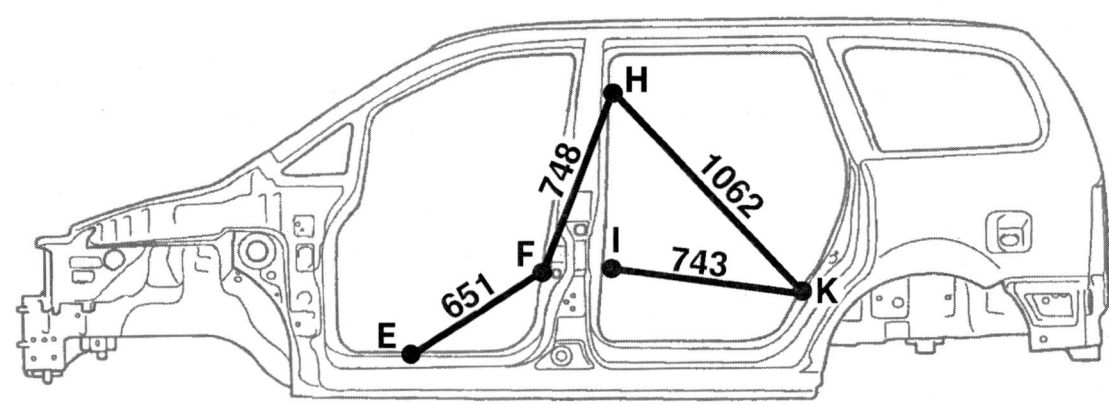

트라제 XG

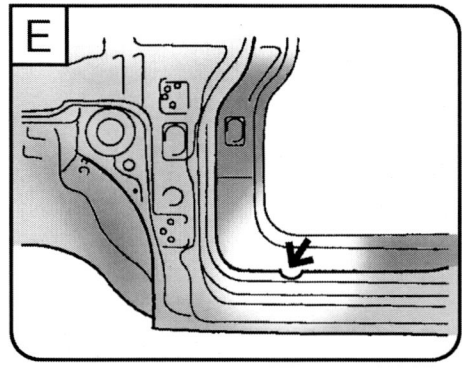

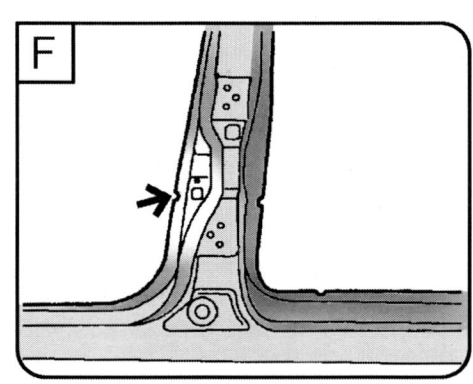

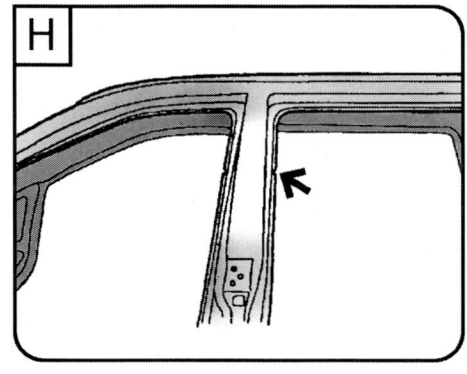

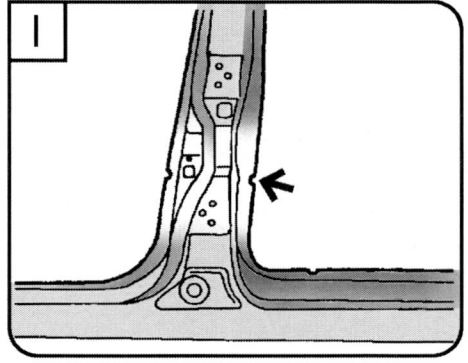

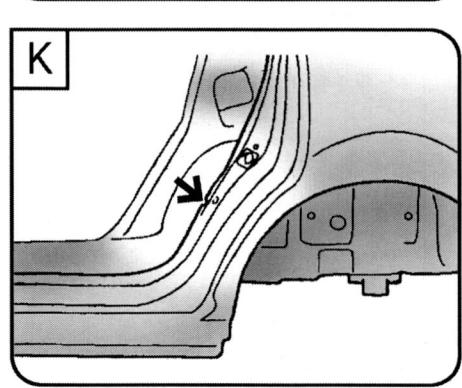

Trajet XG

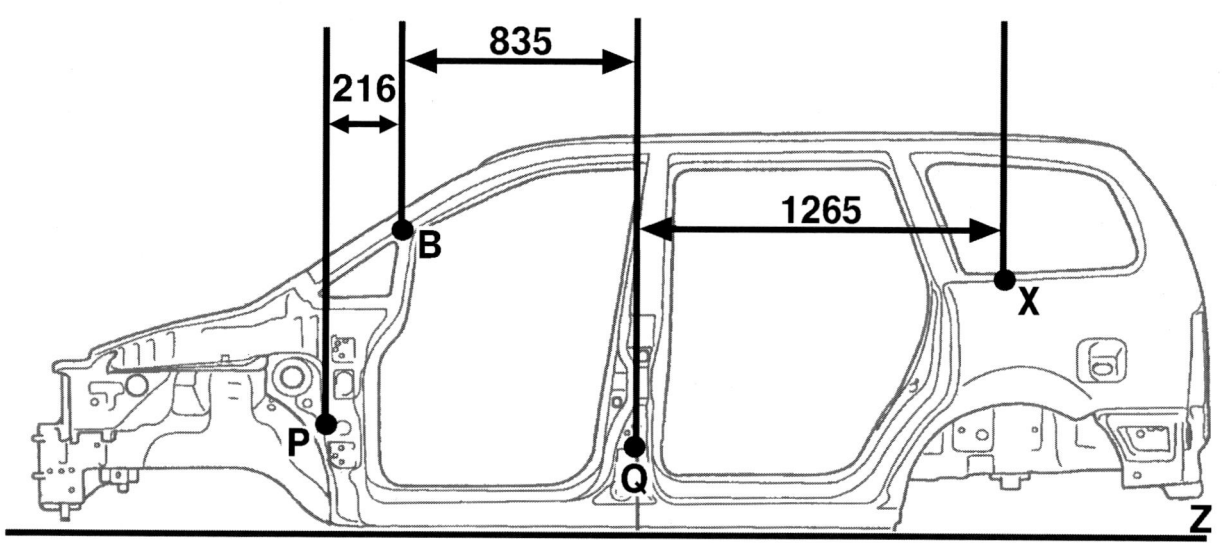

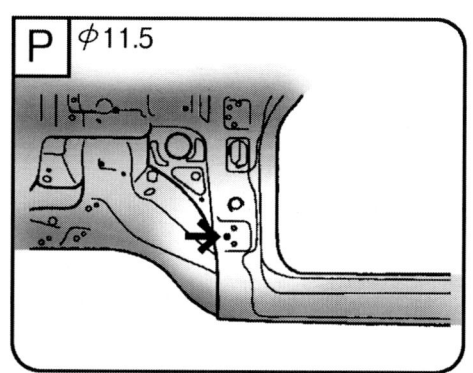

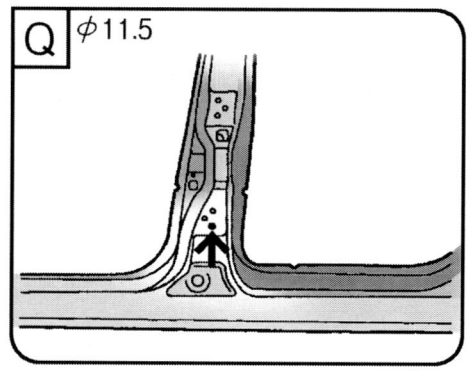

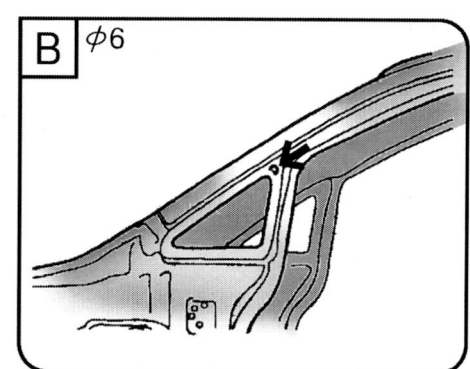

8. 차체수리전개도

사이드보디(side body)

트라제 XG

218

Trajet XG

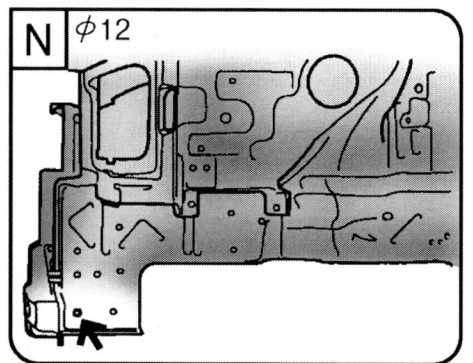
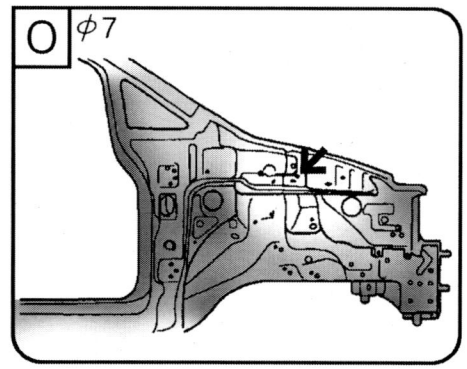
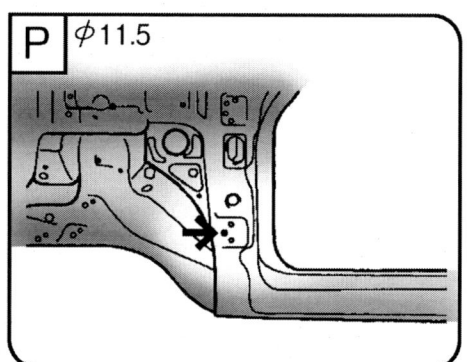
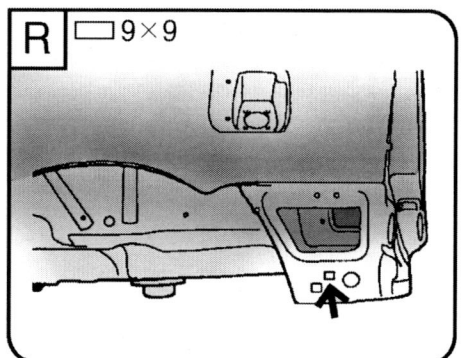

실내 (interior)

트라제 XG

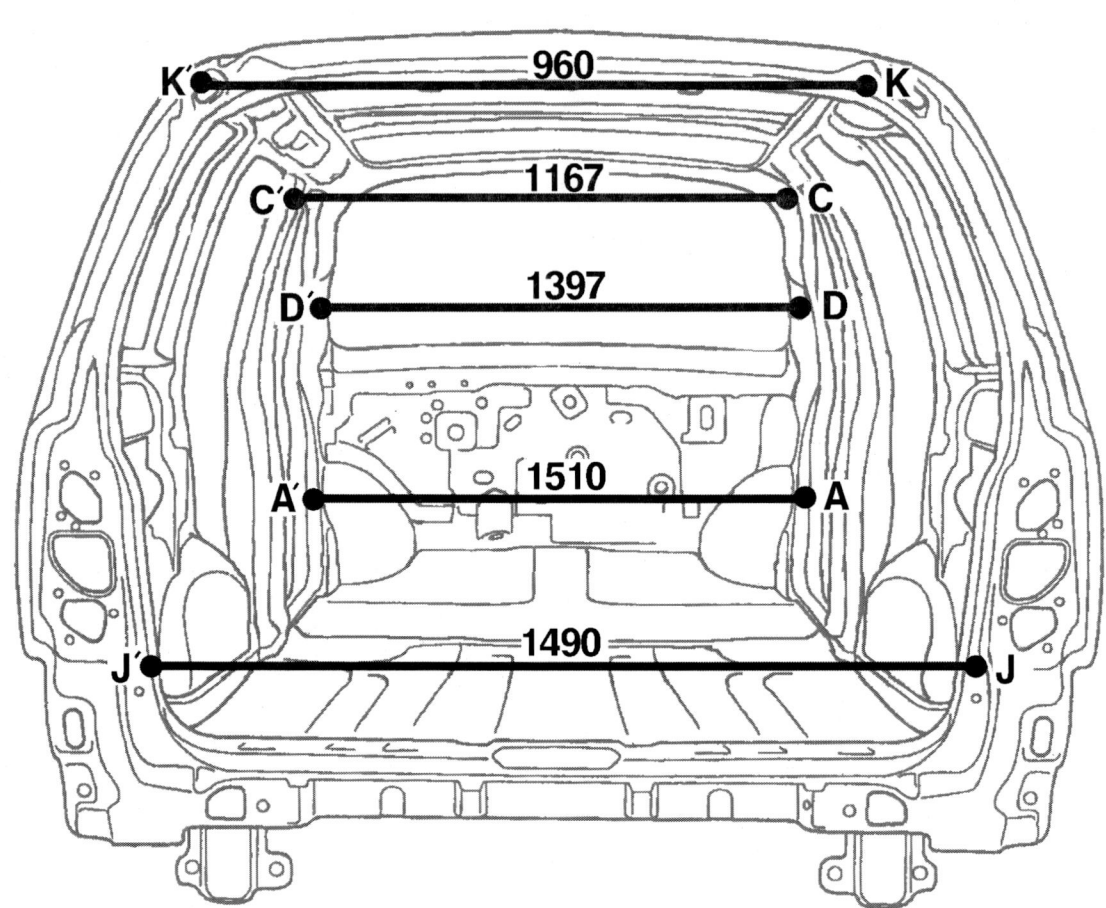

Trajet XG

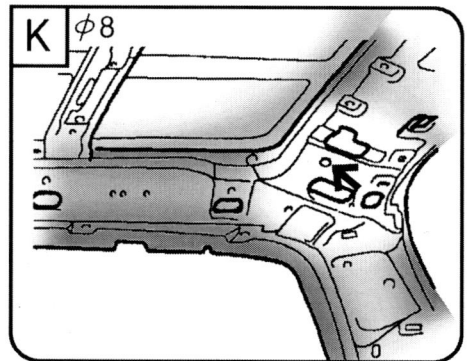
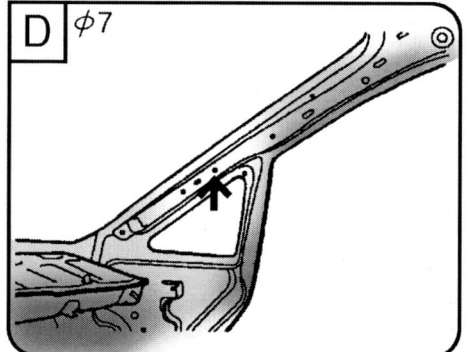

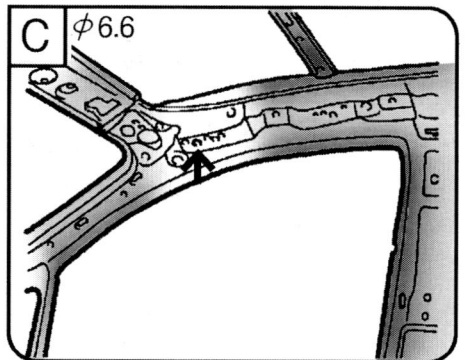
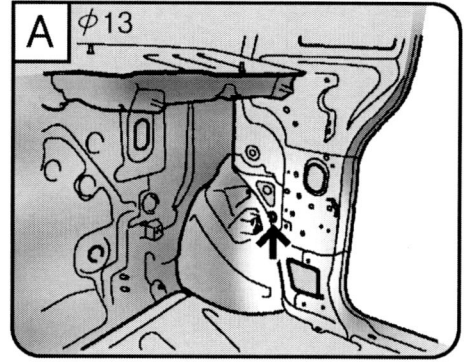

8. 차체수리전개도

실내 (interior)

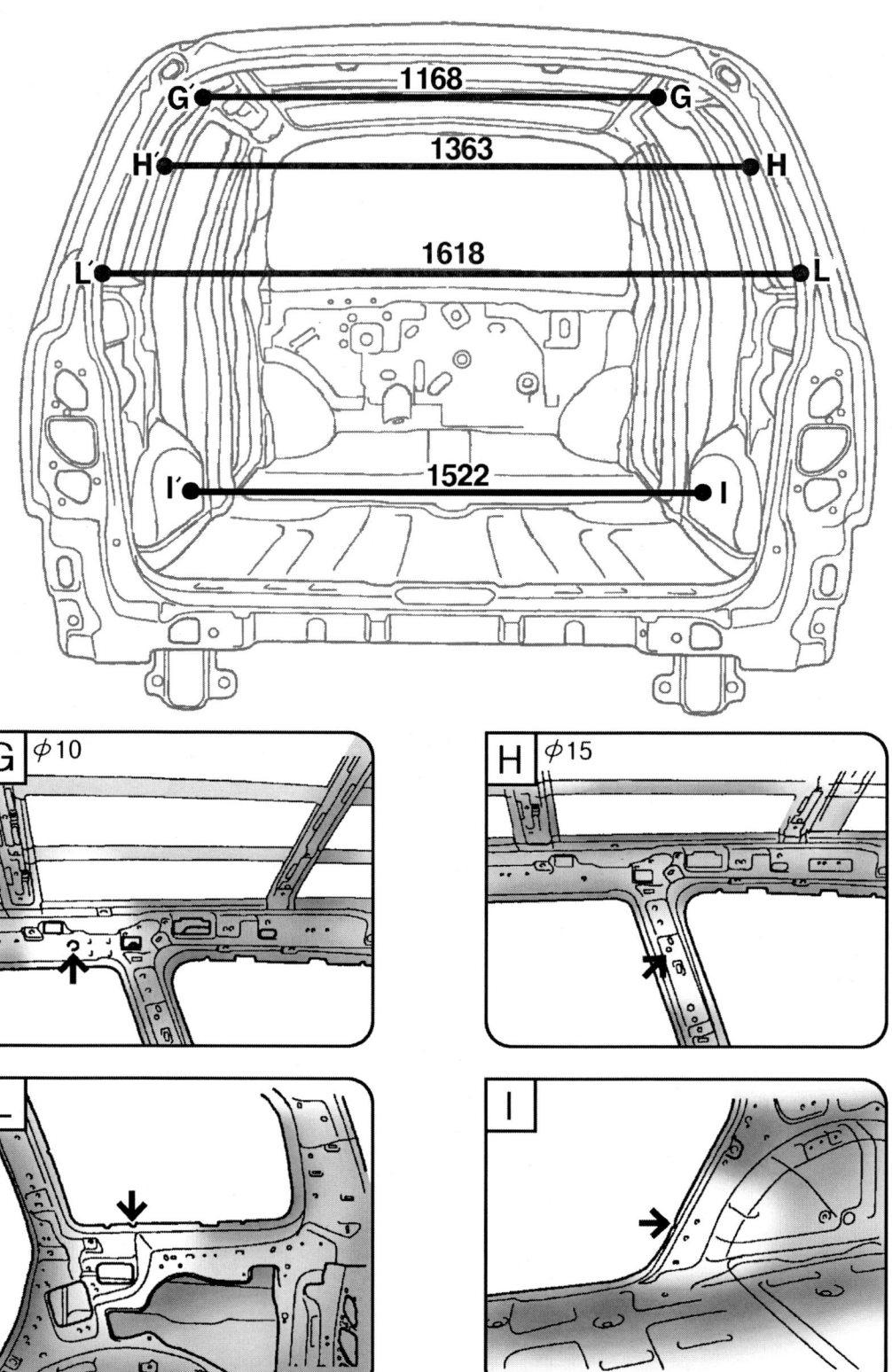

트라제 XG

Trajet XG

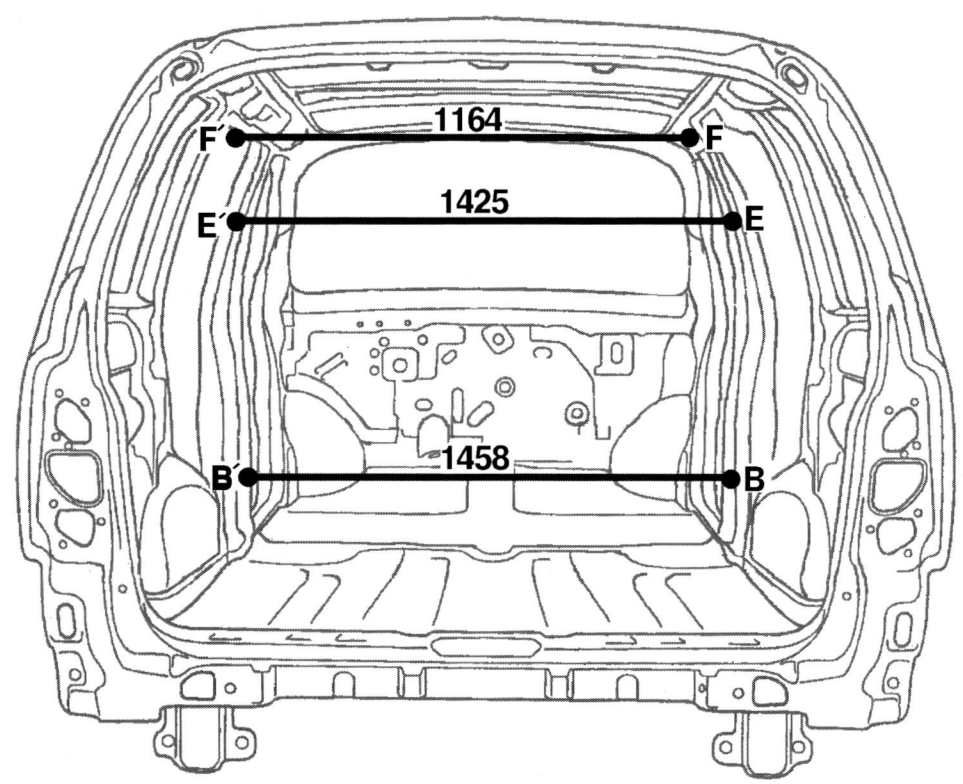

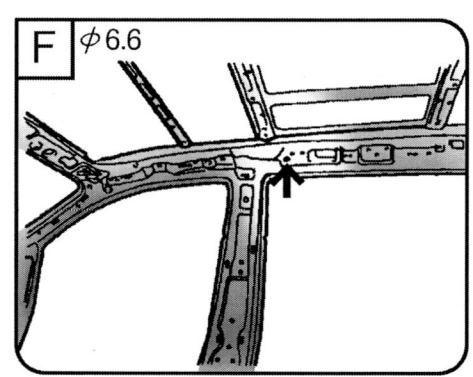

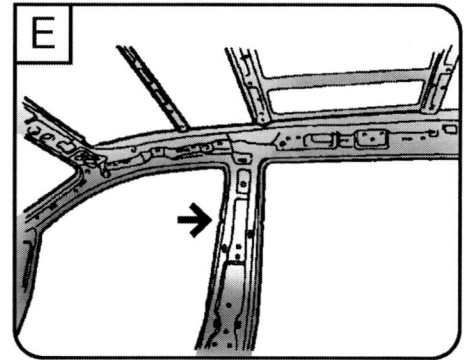

상부보디 (upper body)

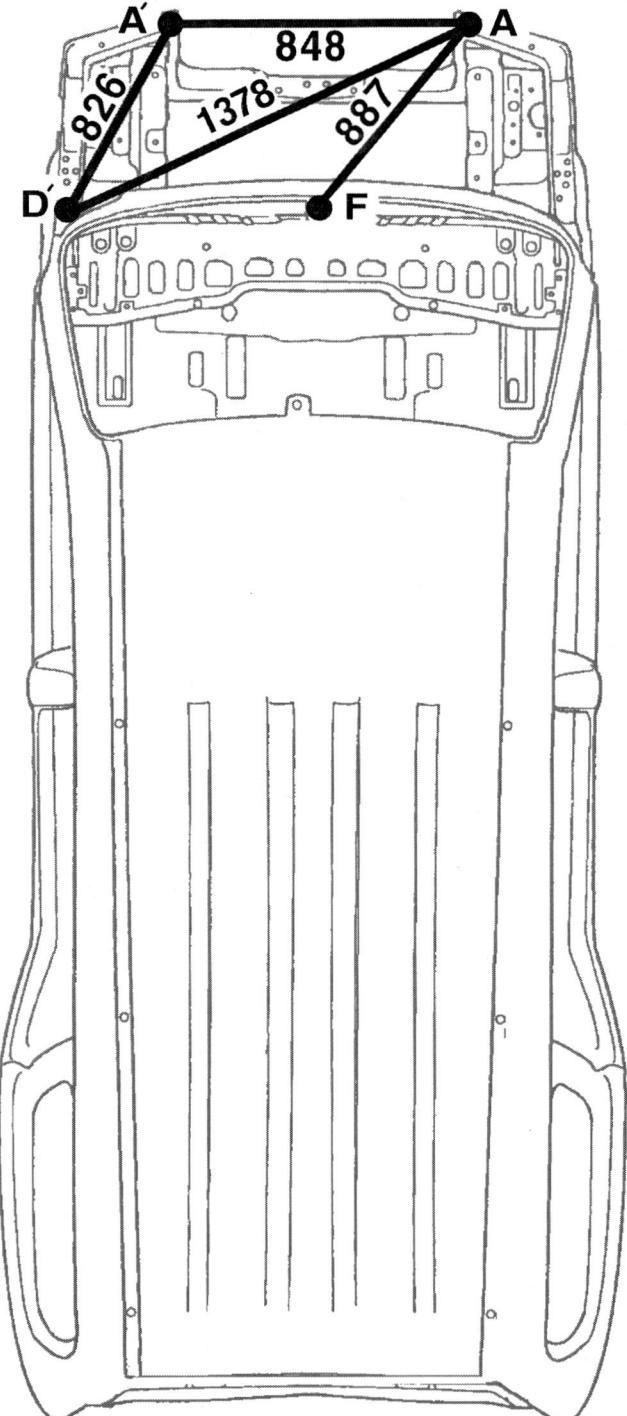
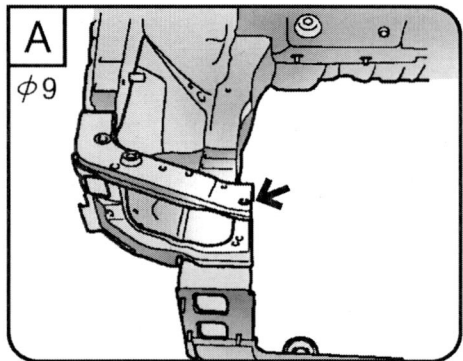
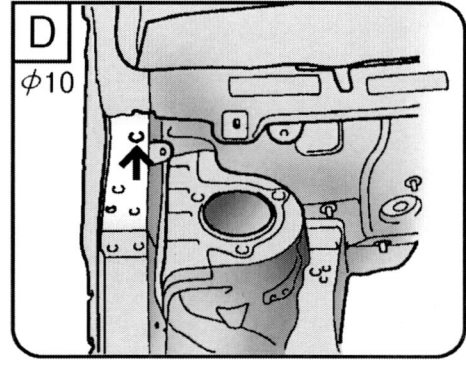
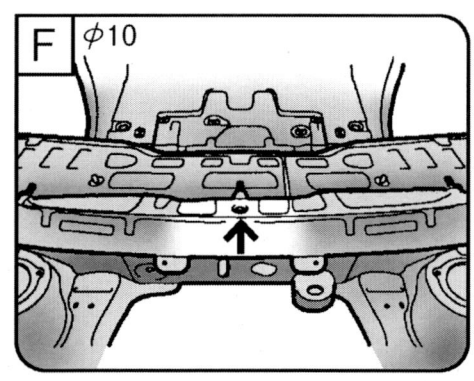

Trajet XG

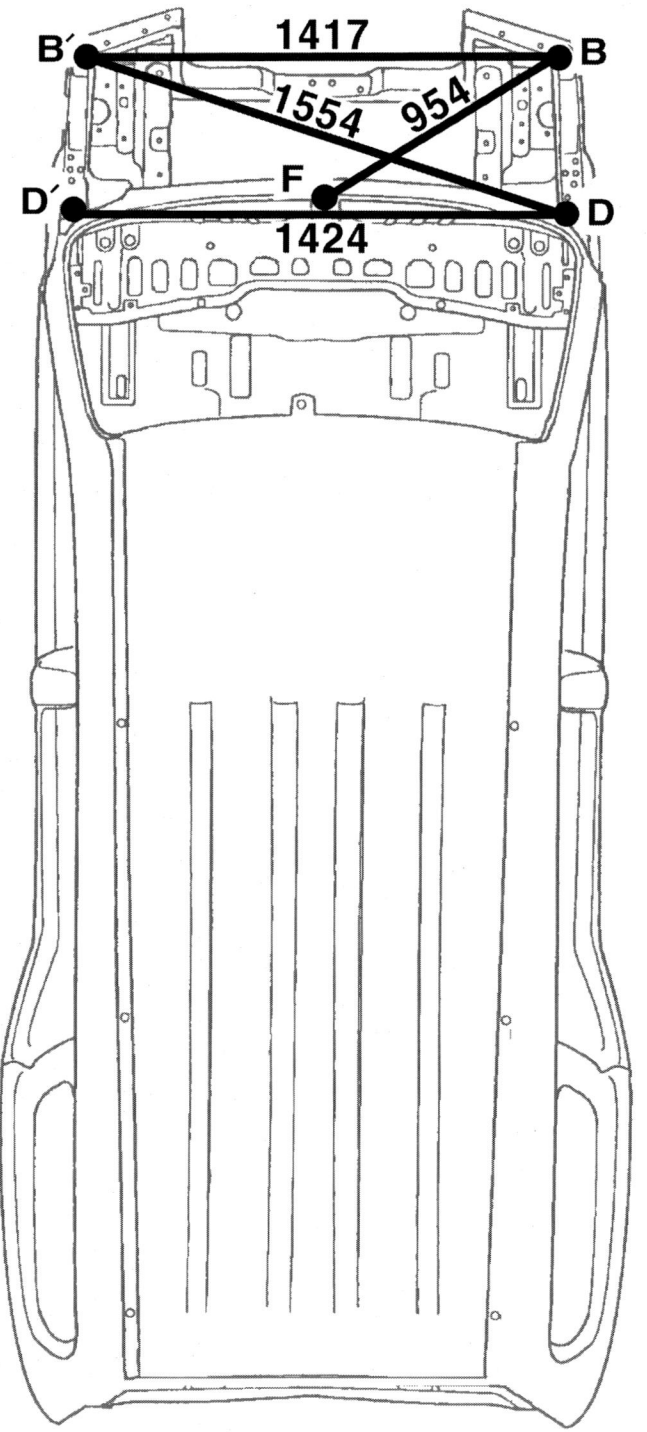
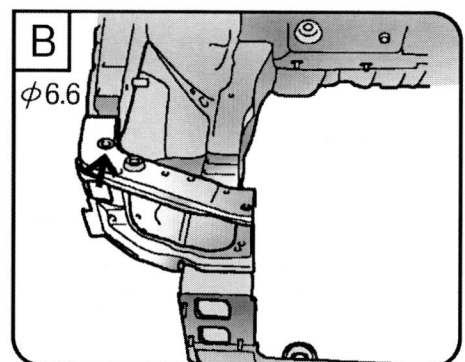
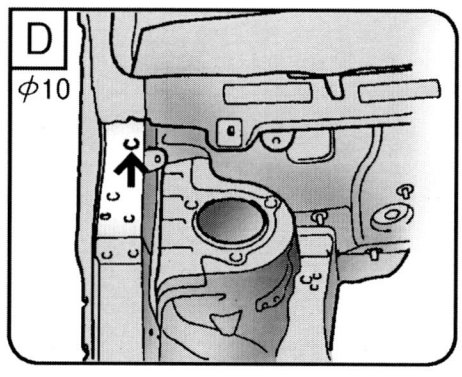
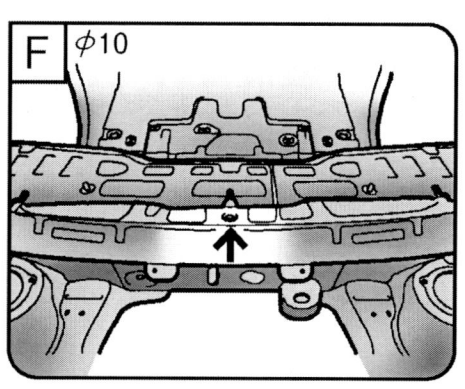

상부보디 (upper body)

트라제 XG

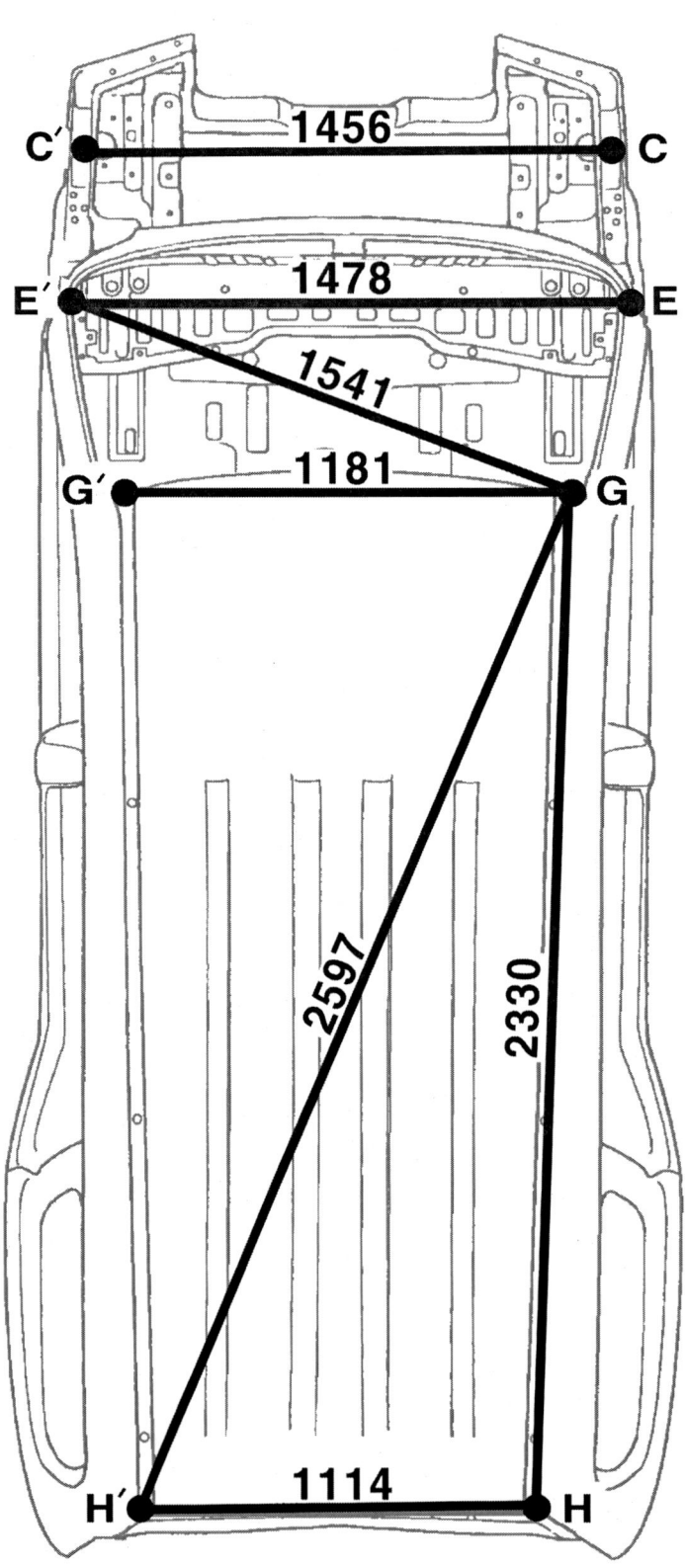

Trajet XG

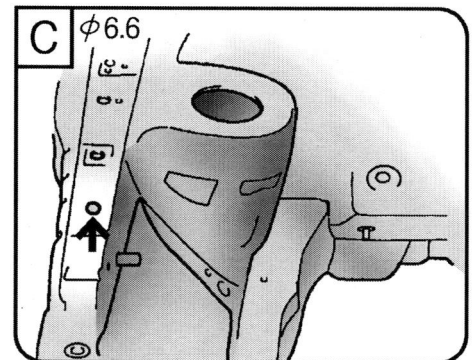
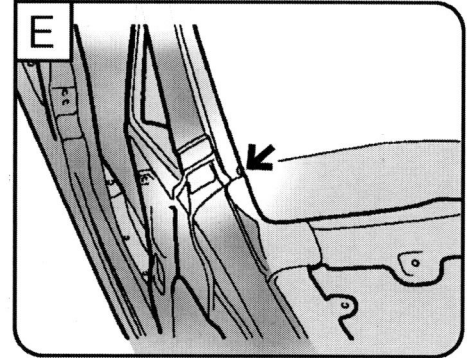
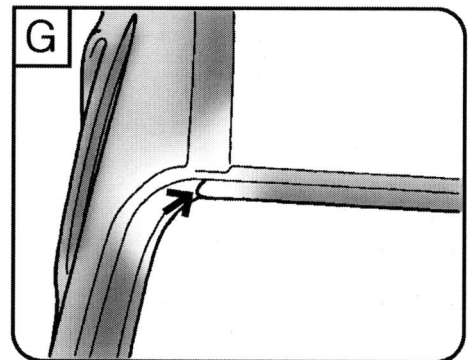
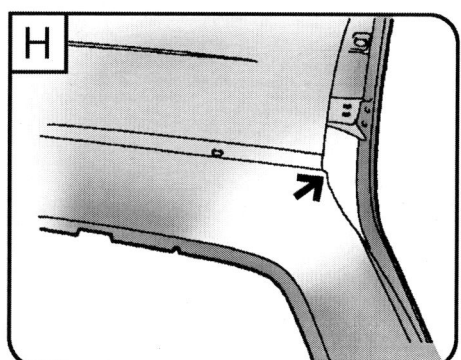

8. 차체수리전개도

언더보디 (under body)

트라제 XG

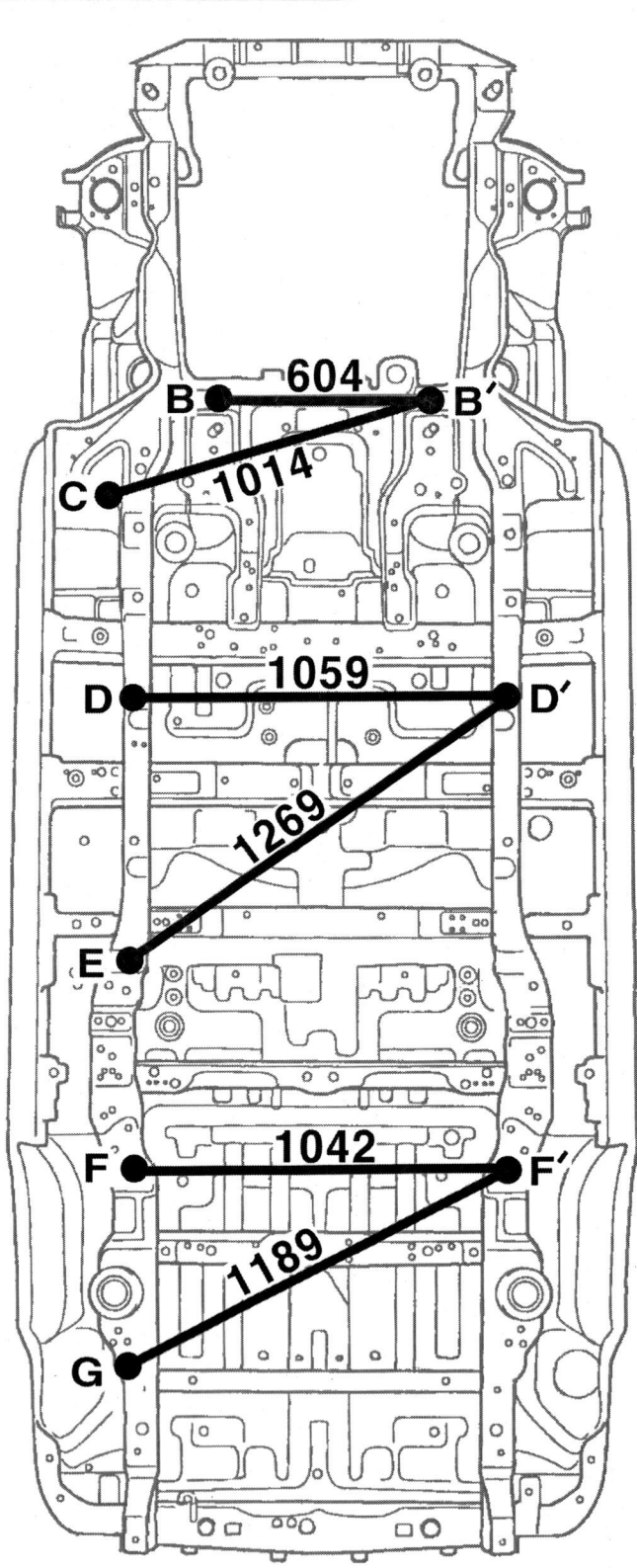

Trajet XG

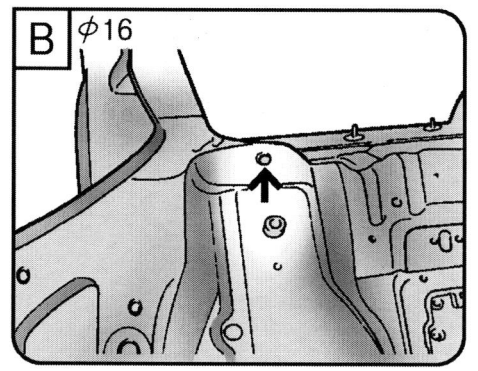
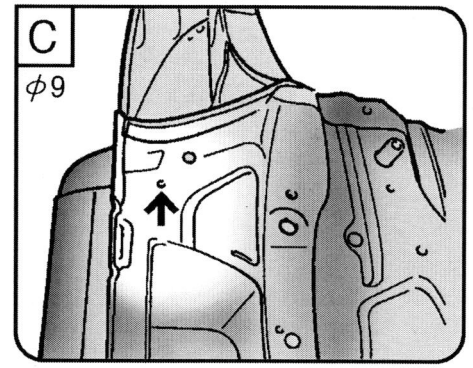
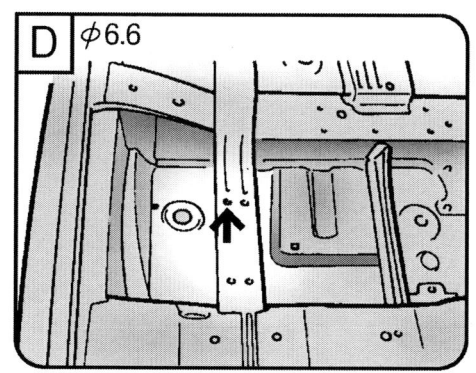

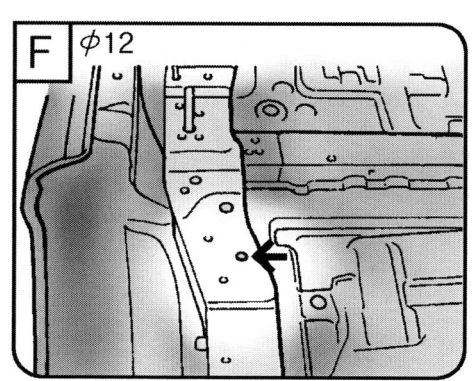

8. 차체수리전개도

언더보디 (under body)

트라제 XG

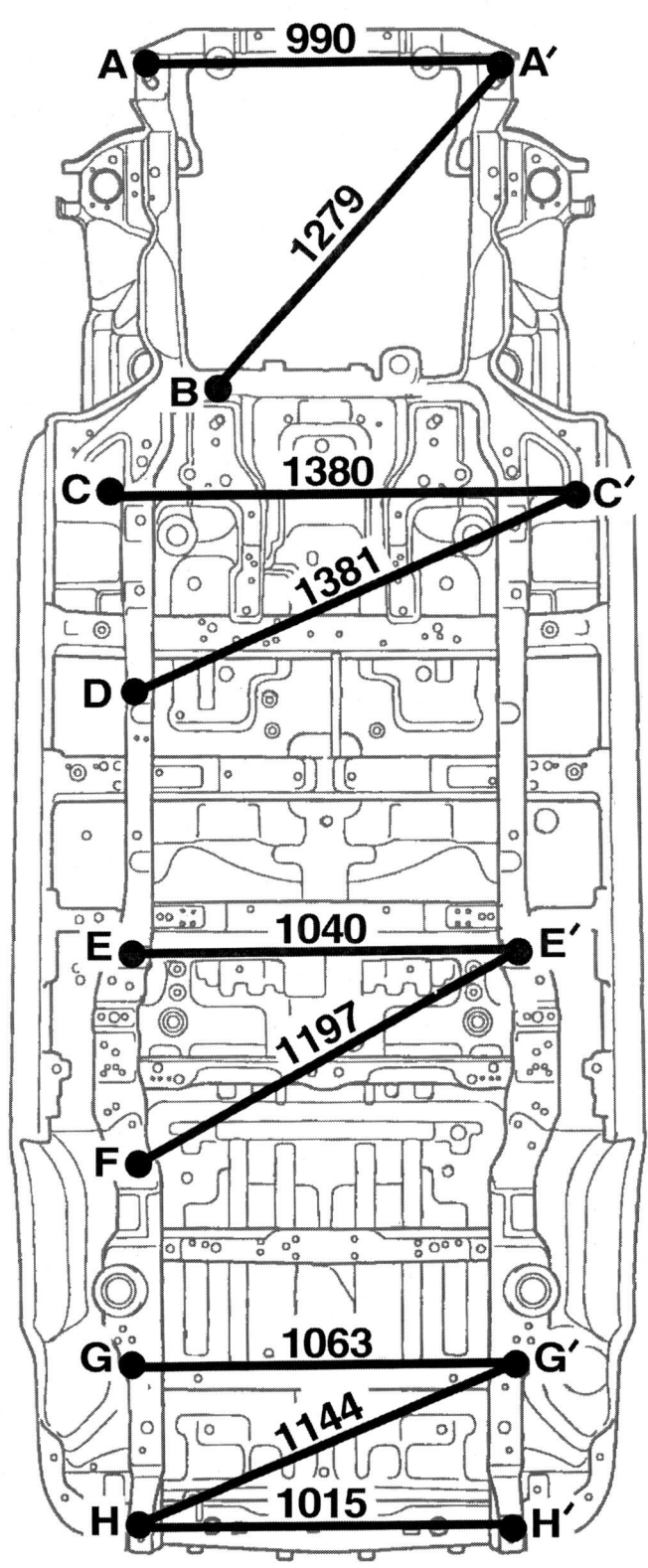

Trajet XG

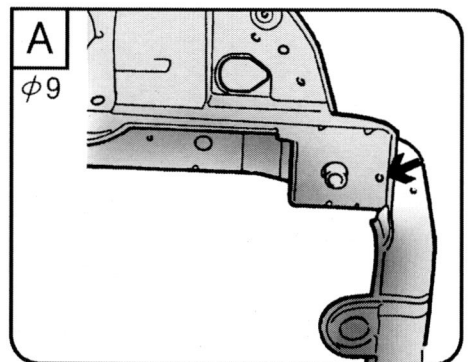
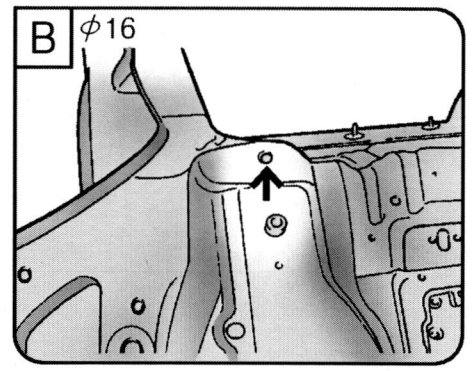
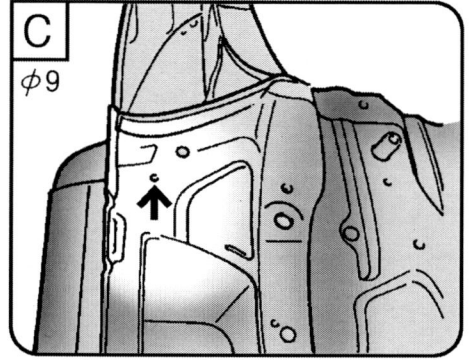
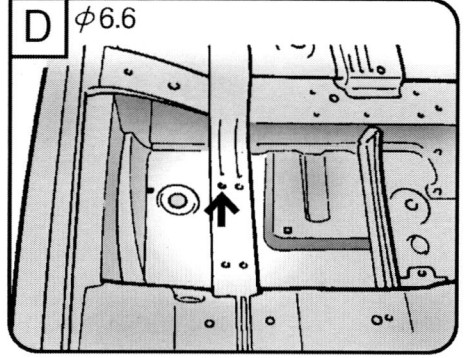

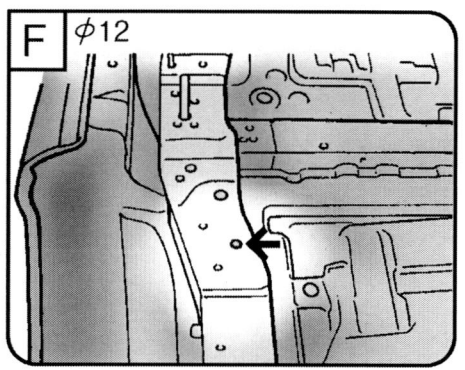

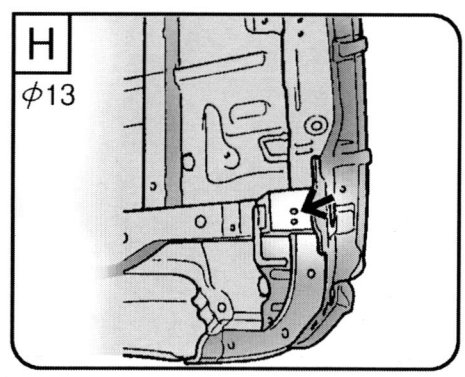

프런트보디(front body)

트라제 XG

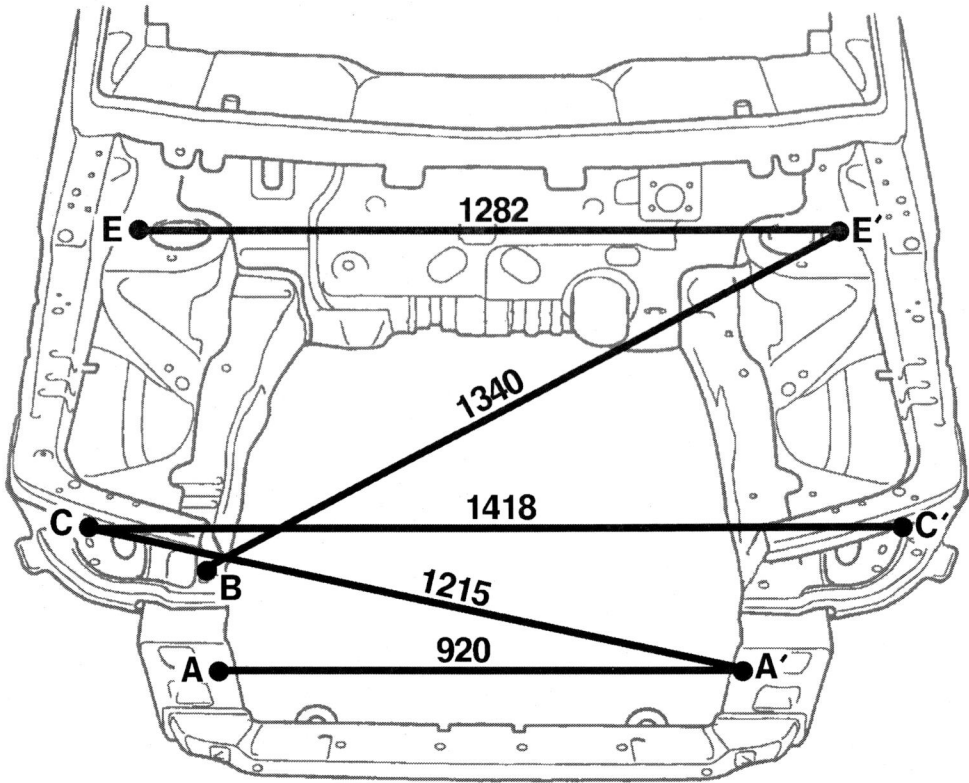

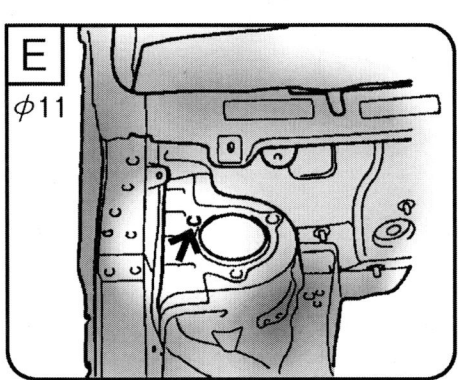

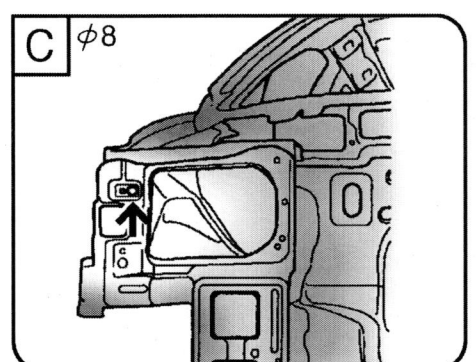

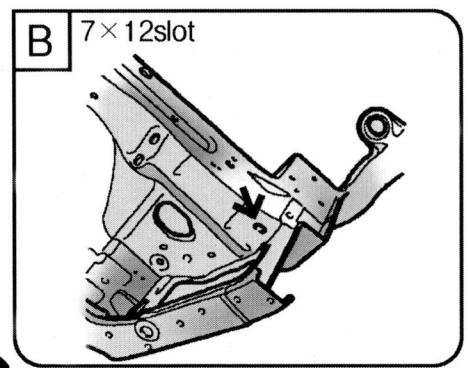

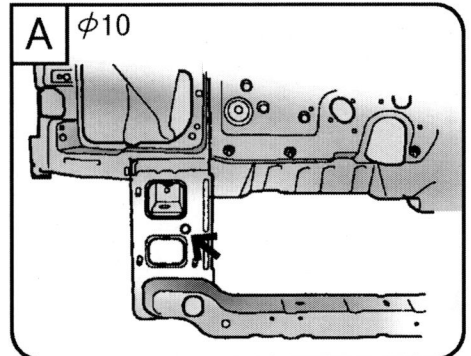

Trajet XG

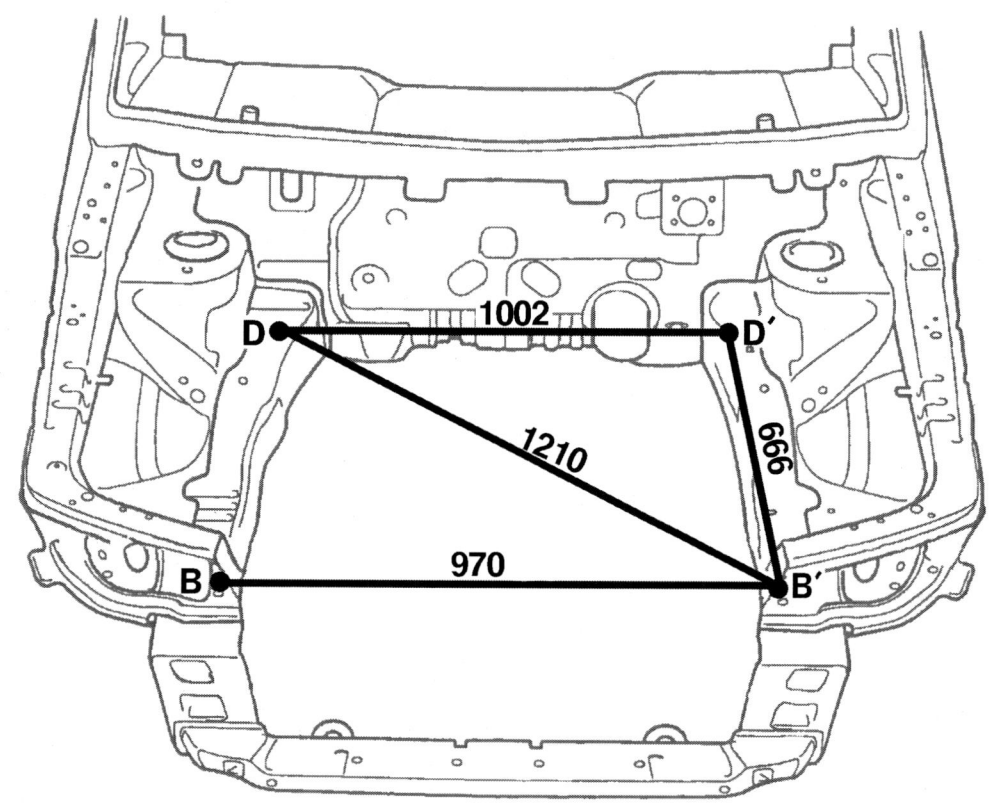

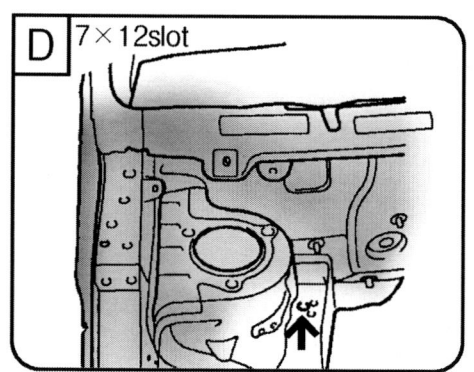

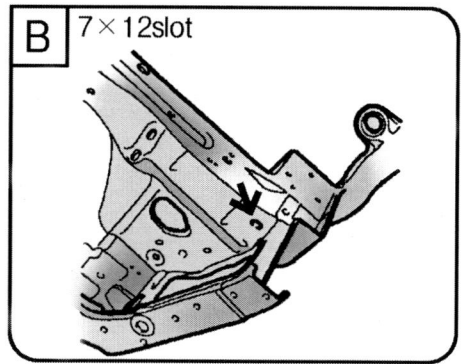

리어보디(rear body)

트라제 XG

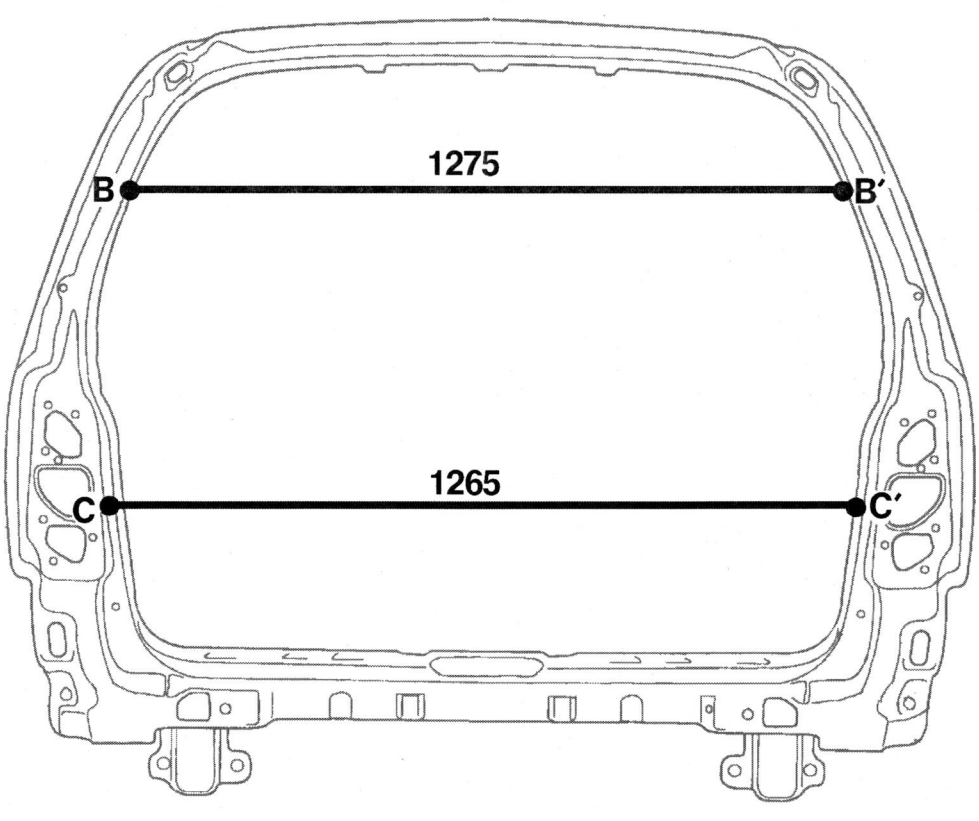
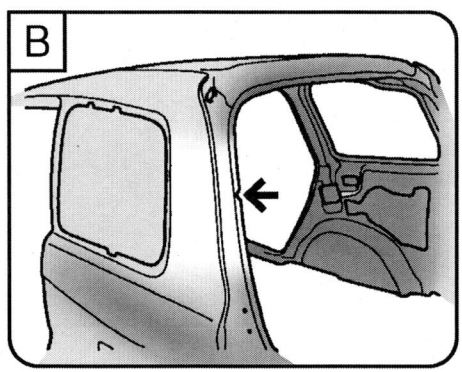
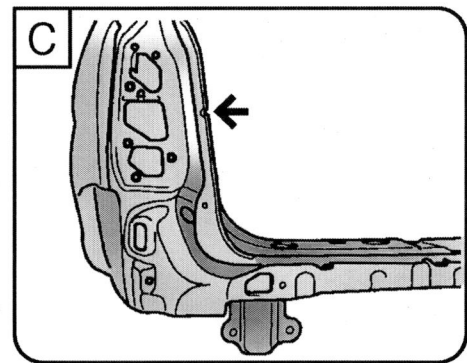

Trajet XG

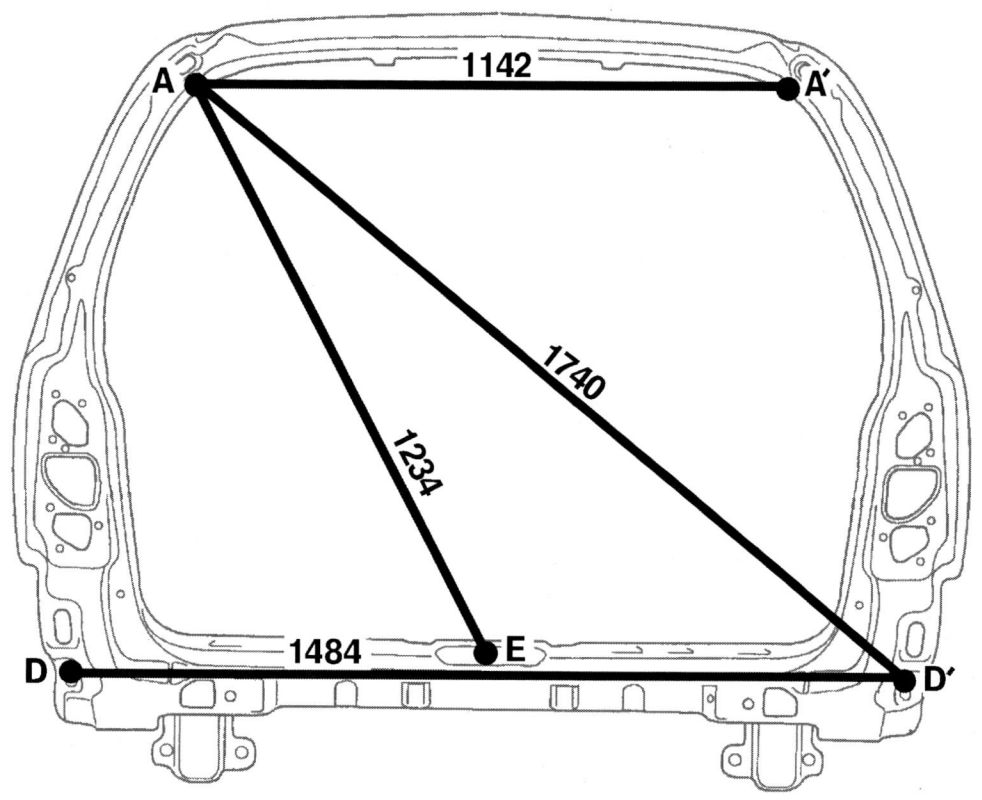

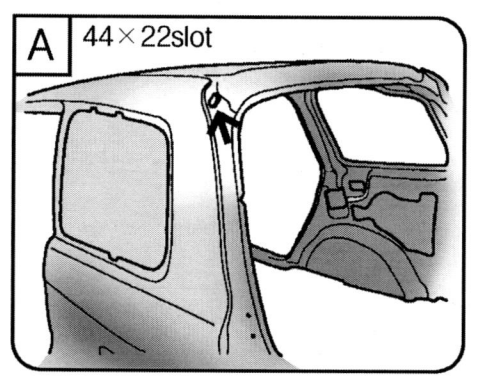

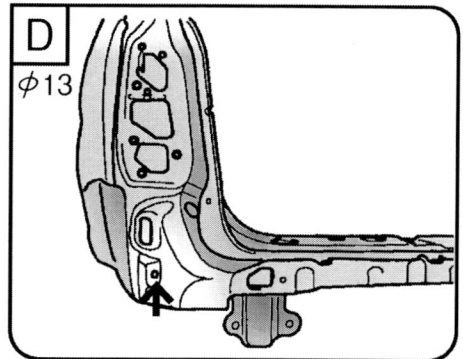

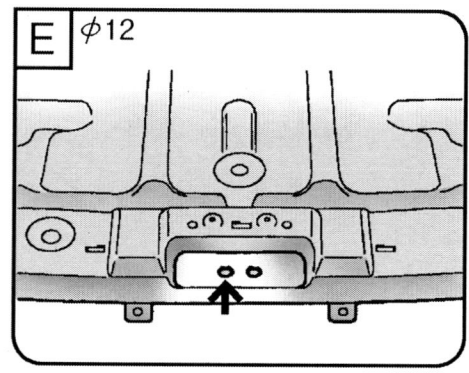

4. 매그너스

외관도

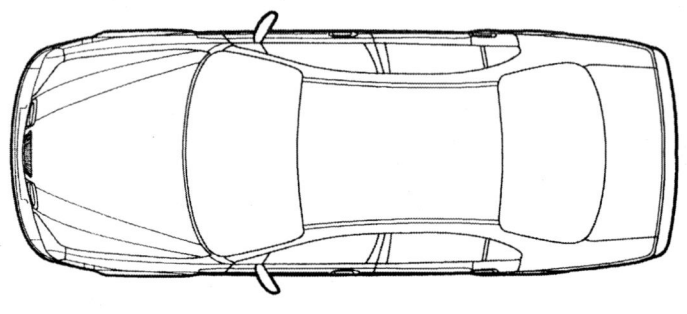
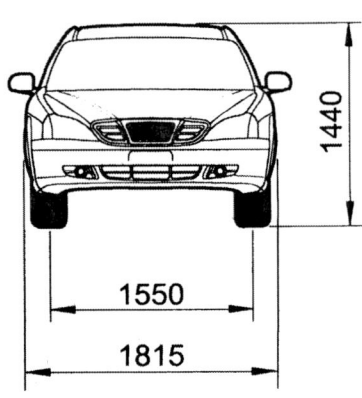
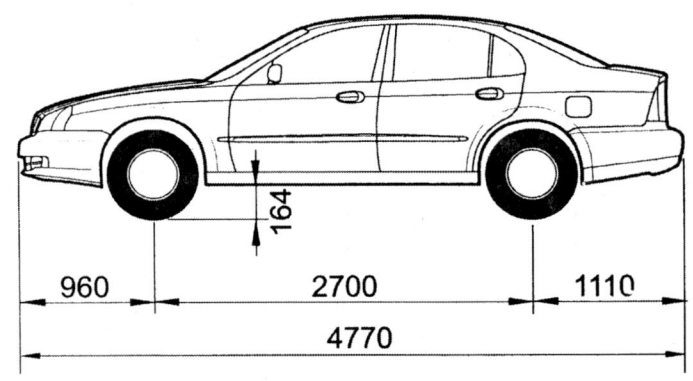
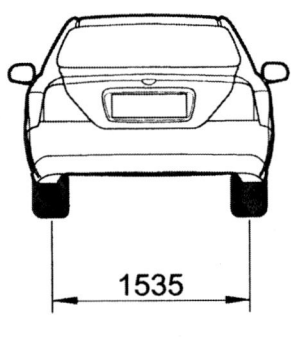

프런트 휠 얼라인먼트

캠 버	−0.5 ± 1°
캐스터	3.0 ± 1°
토우인	3.2 ± 0.5m

리어 휠 얼라인먼트

캠 버	−0.9 ± 0.5m
토우인	−0.8 ± 1°

언더보디(under body)

※ 지시된 치수는 양쪽 구멍의 중앙을 기준으로 한다.

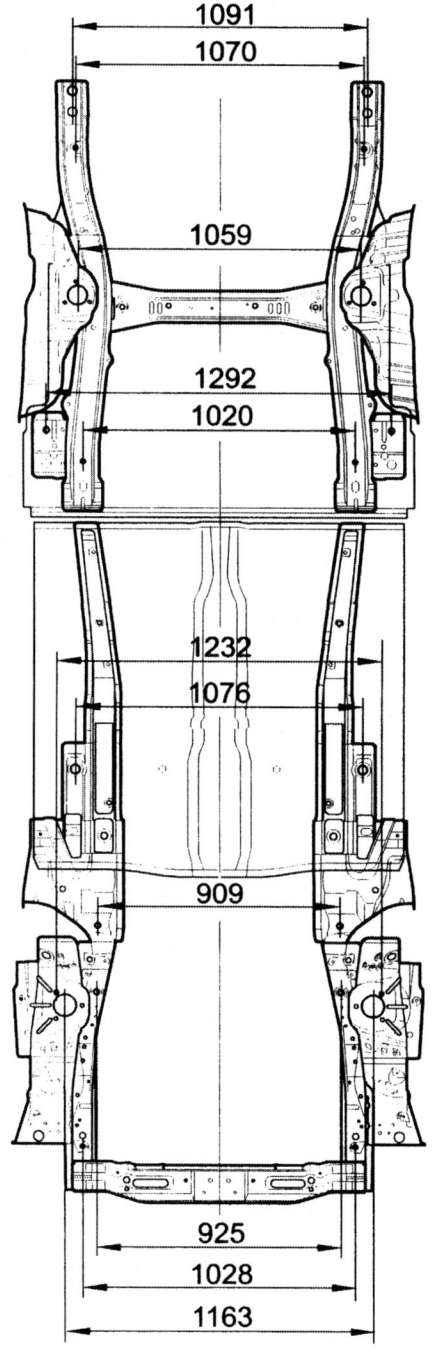
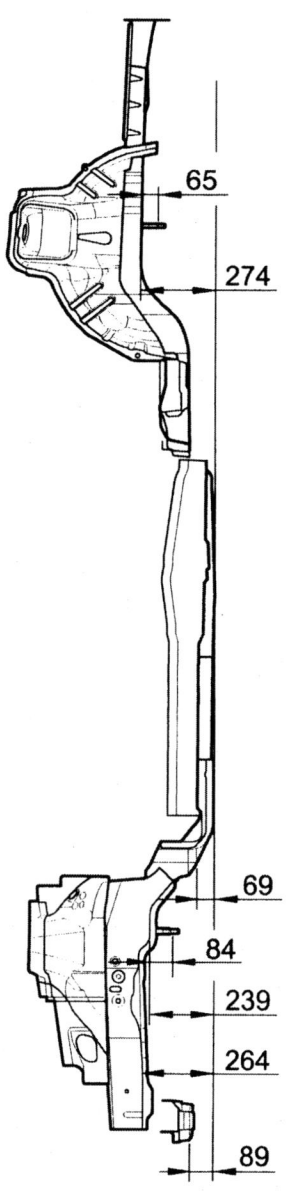

프런트 프레임 워크(front frame work)

※ 지시된 치수는 양쪽 구멍의 중앙을 기준으로 한다.

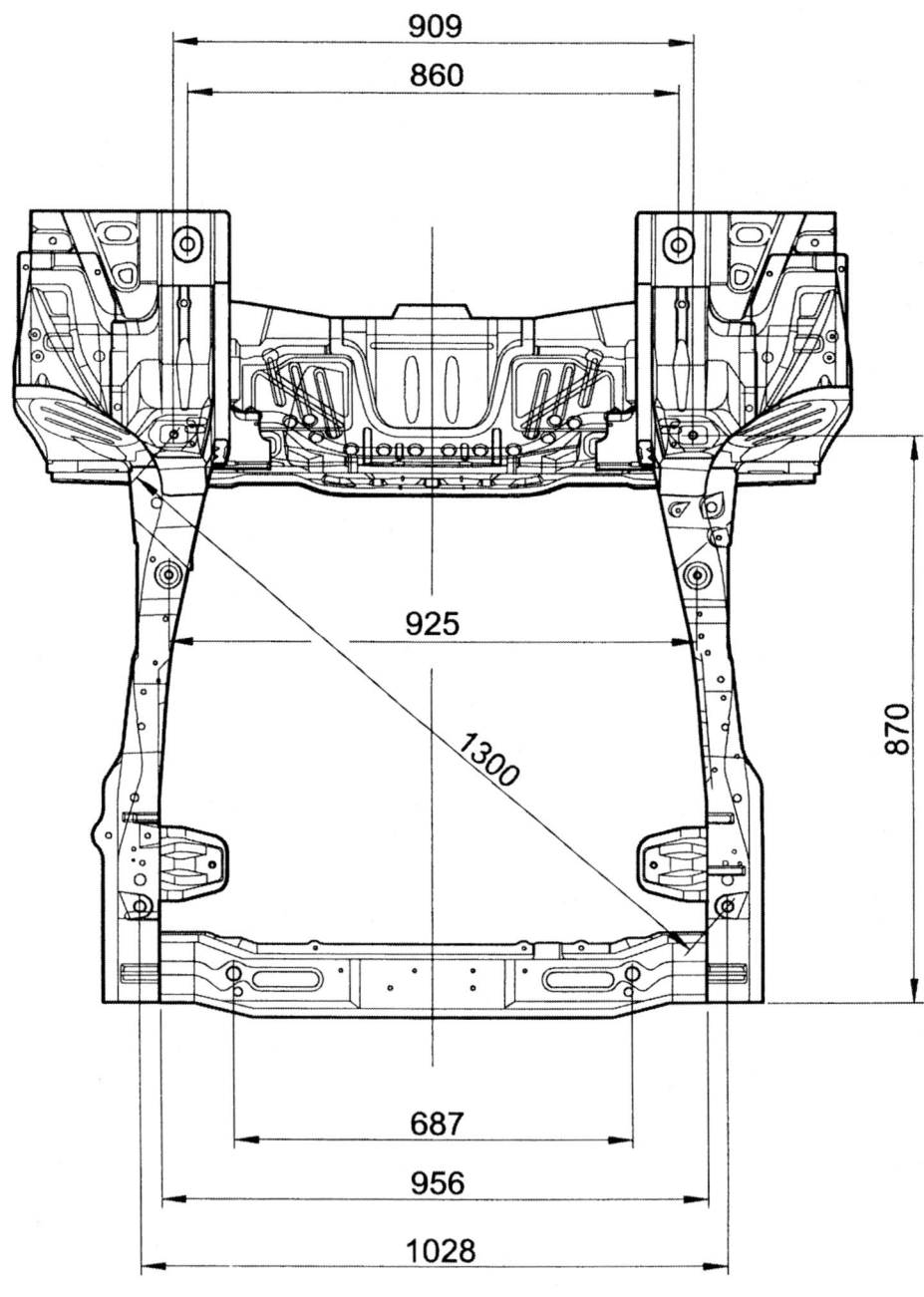

프런트 프레임 워크(rear frame work)

※ 지시된 치수는 양쪽 구멍의 중앙을 기준으로 한다.

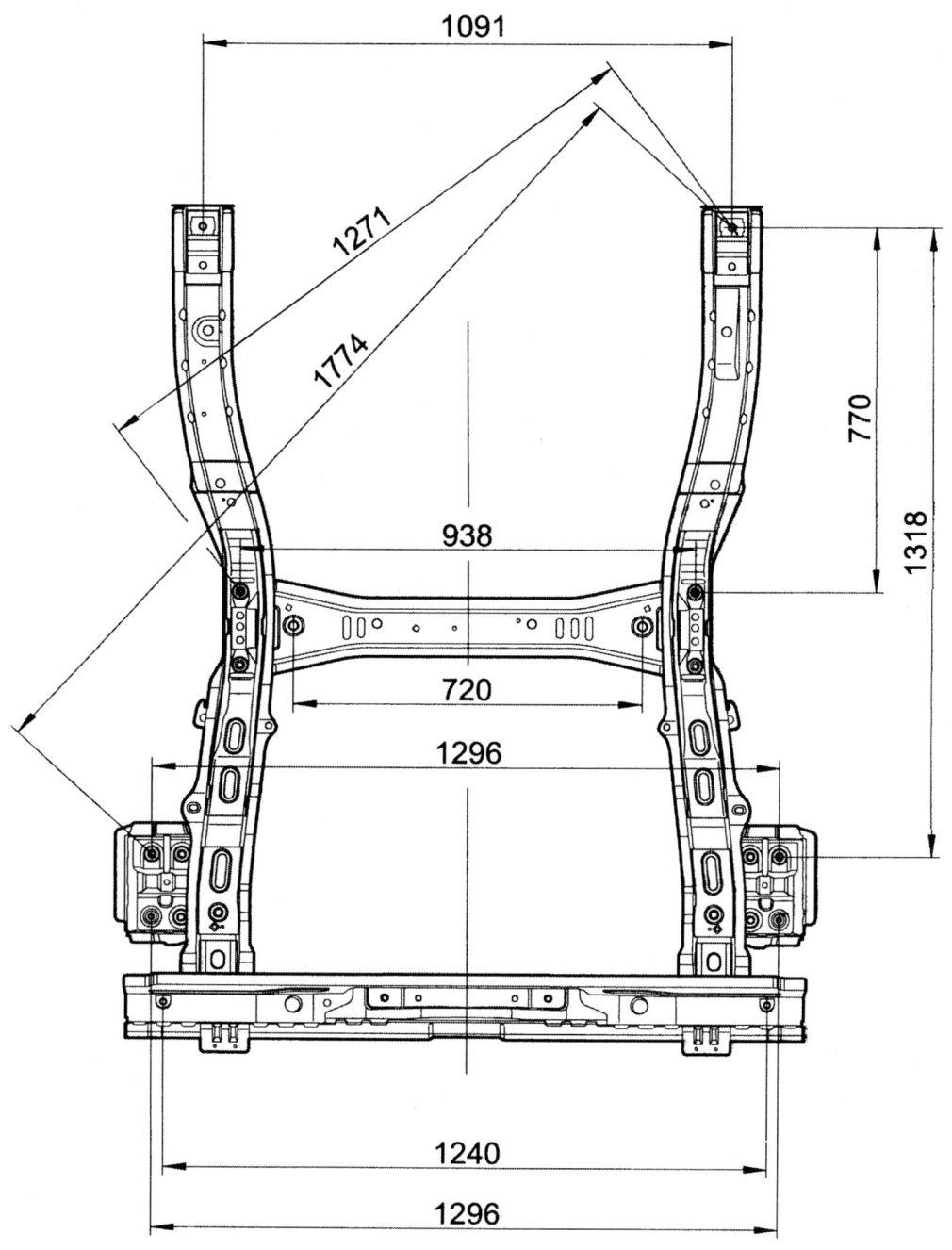

프런트 패널 엎어 (front panel upper)

※ 지시된 치수는 양쪽 구멍의 중앙을 기준으로 한다.

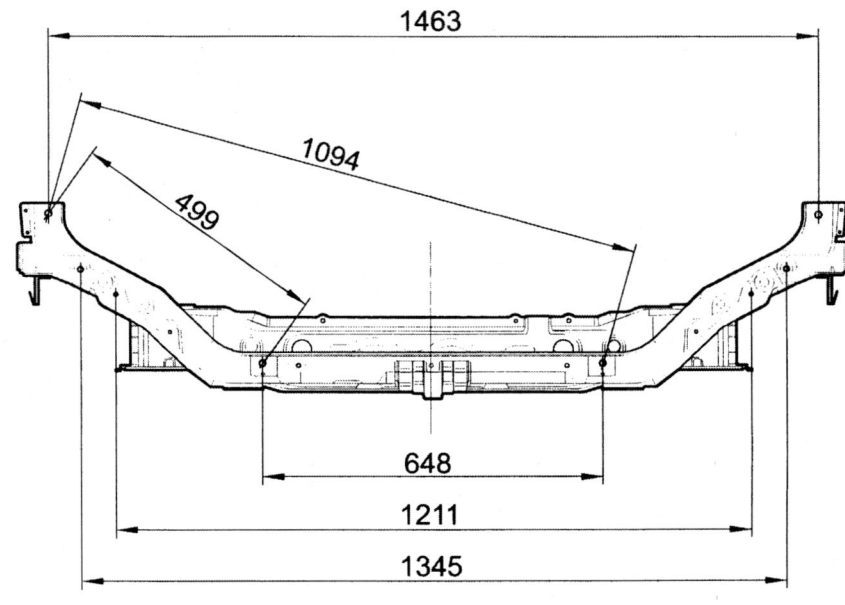

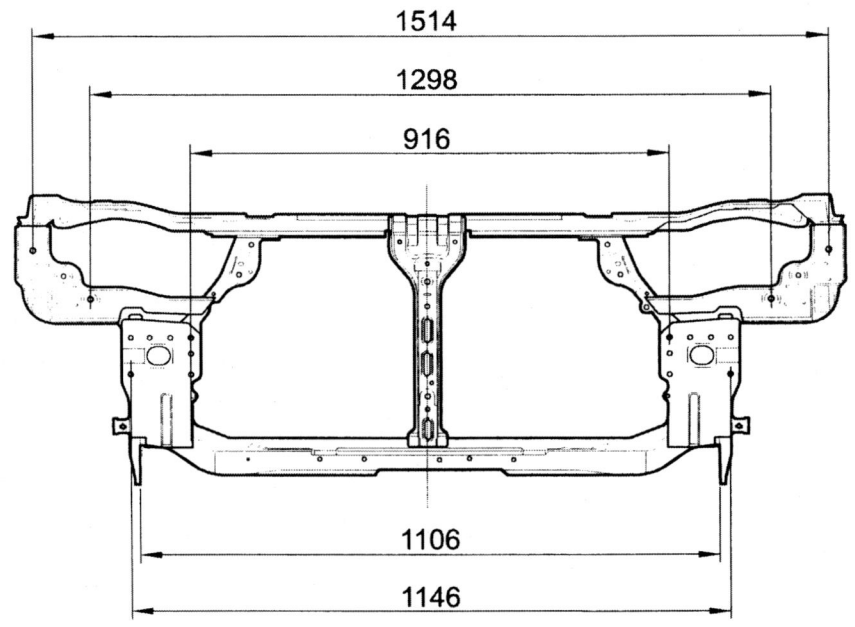

엔진 룸(engine room)-수평

※ 지시된 치수는 양쪽 구멍의 중앙을 기준으로 한다.

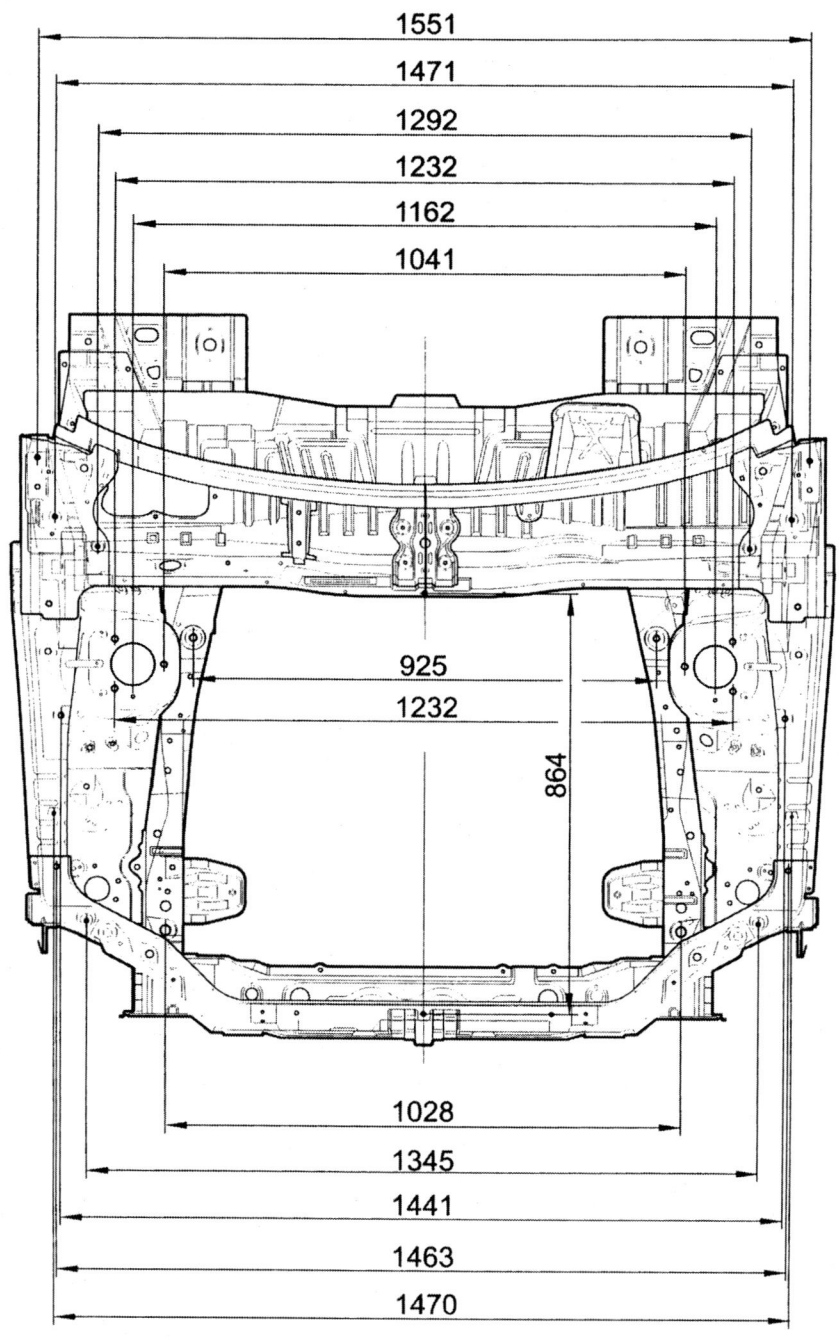

엔진룸(engine room)-대각선

※ 지시된 치수는 양쪽 구멍의 중앙을 기준으로 한다.

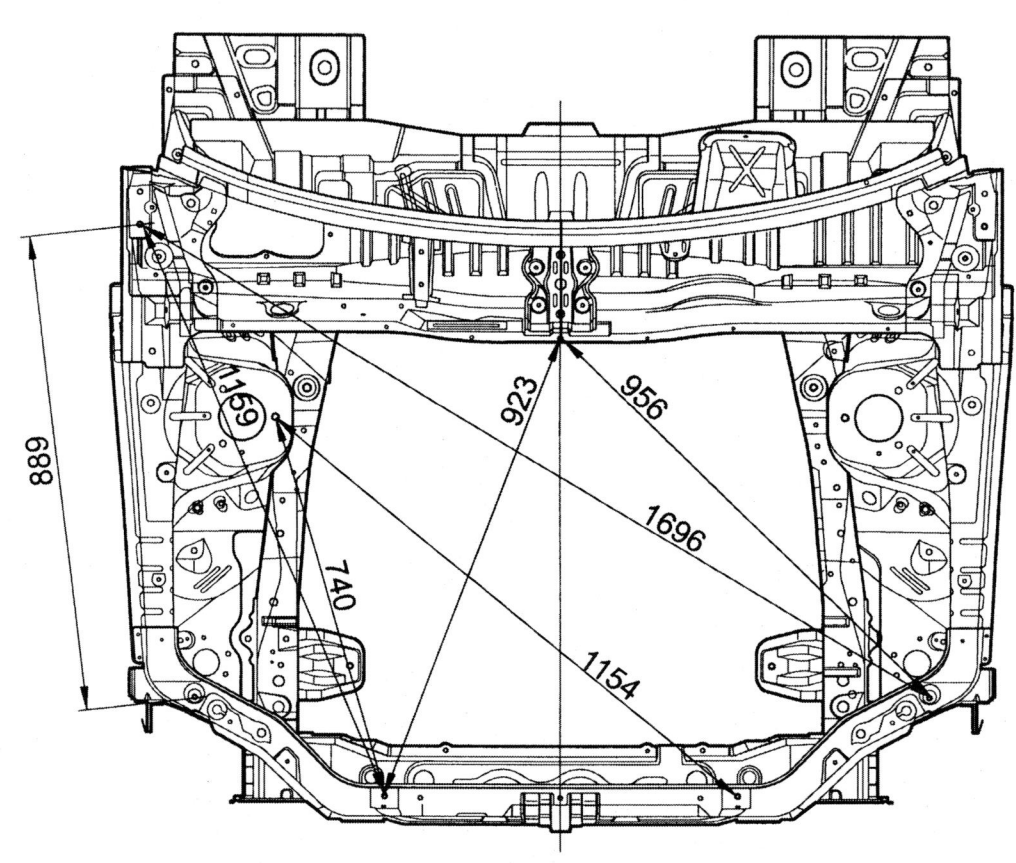

Magnus

엔진 룸(engine room)-대각선

※ 지시된 치수는 양쪽 구멍의 중앙을 기준으로 한다.

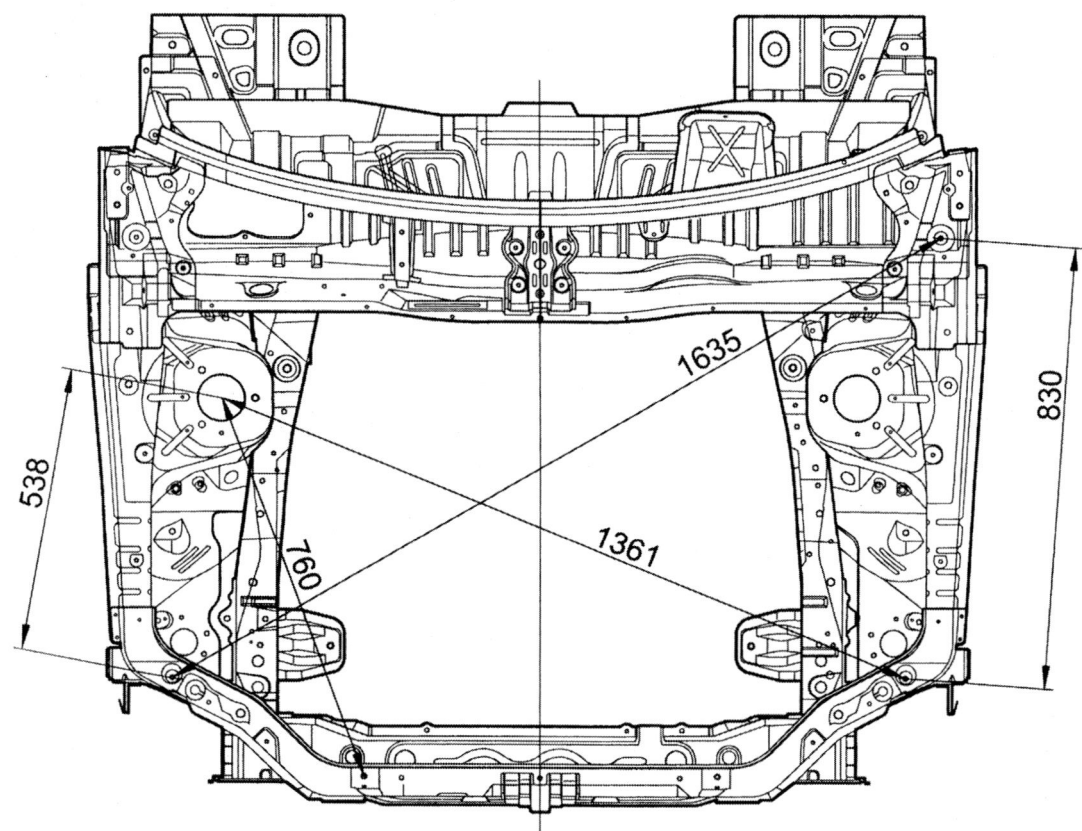

사이드 보디(side body)

※ 지시된 치수는 양쪽 구멍의 중앙을 기준으로 한다.
   리어쿼터 부위 치수는(1058) 아우터 패널의 상부 돌출 부위를 기준한다.

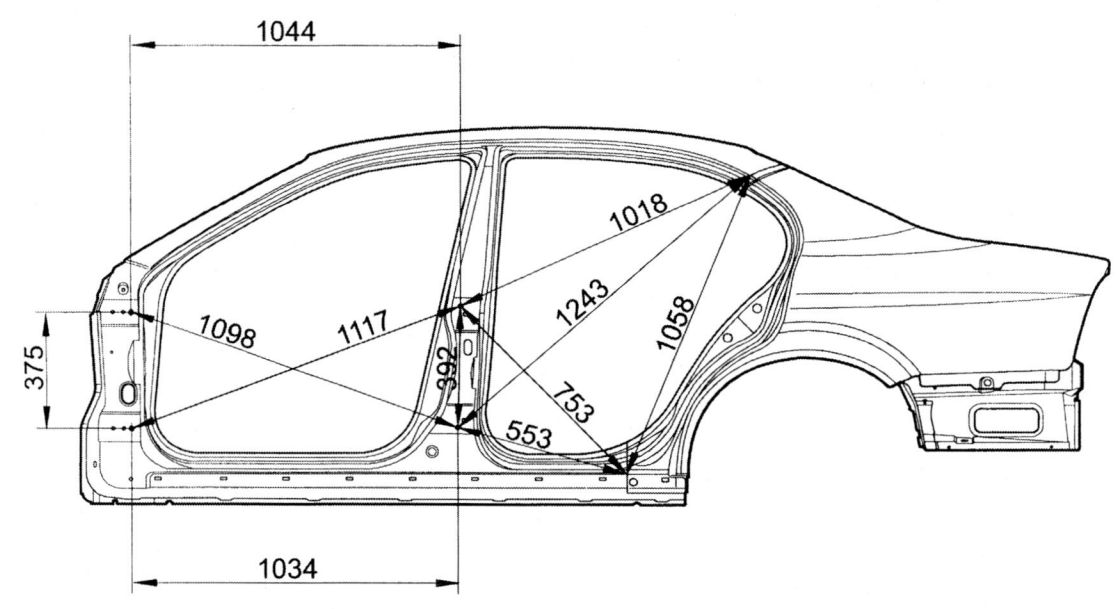

트렁크 룸(trunk room)

※ 지시된 치수는 양쪽 구멍의 중앙을 기준으로 한다.

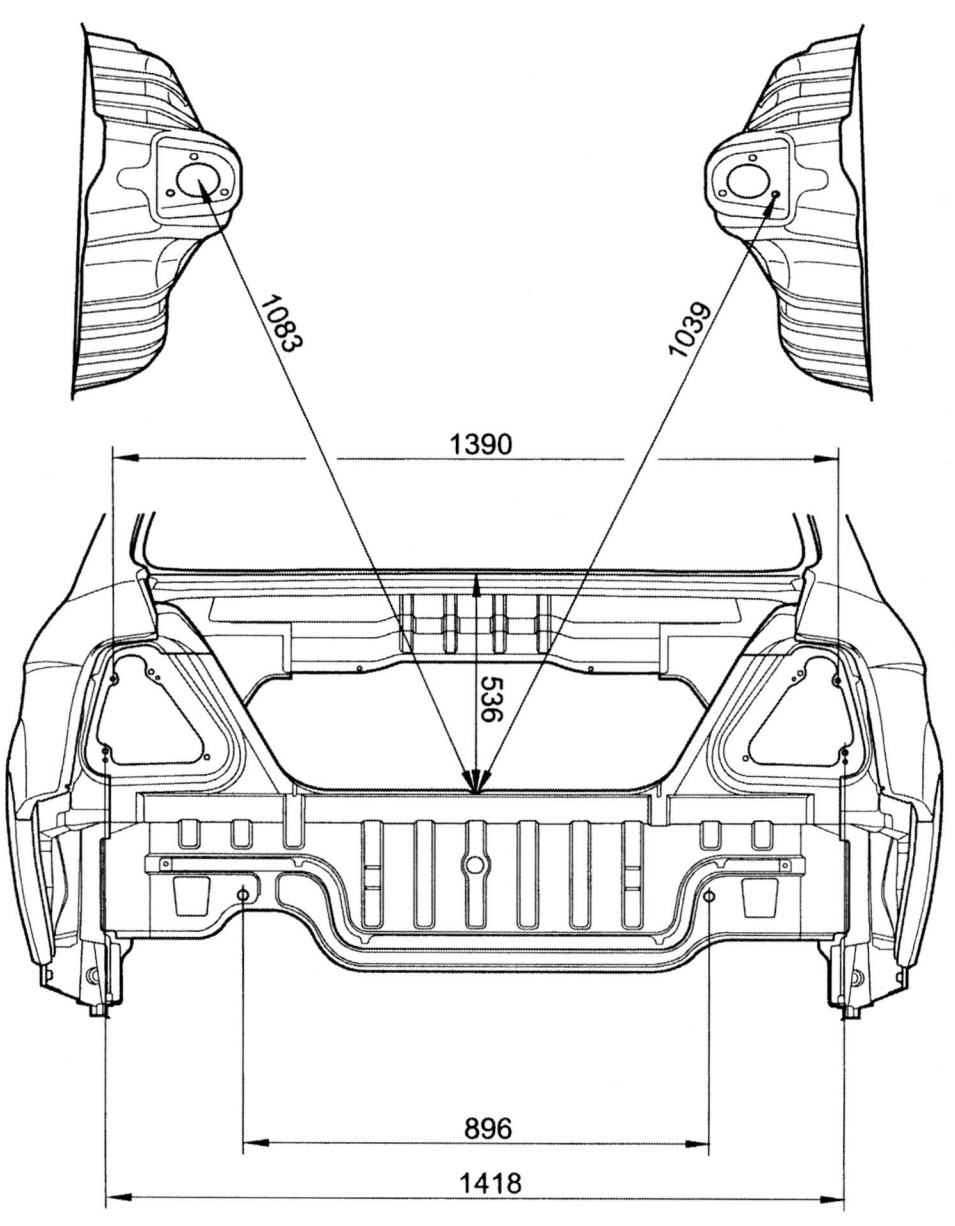

앞, 뒤 유리부(front, rear wind shield)

※ 지시된 치수는 양쪽 구멍의 중앙을 기준으로 한다.
  앞, 뒤 유리부는 양 끝 단부의 모서리 상부를 기준으로 한다.

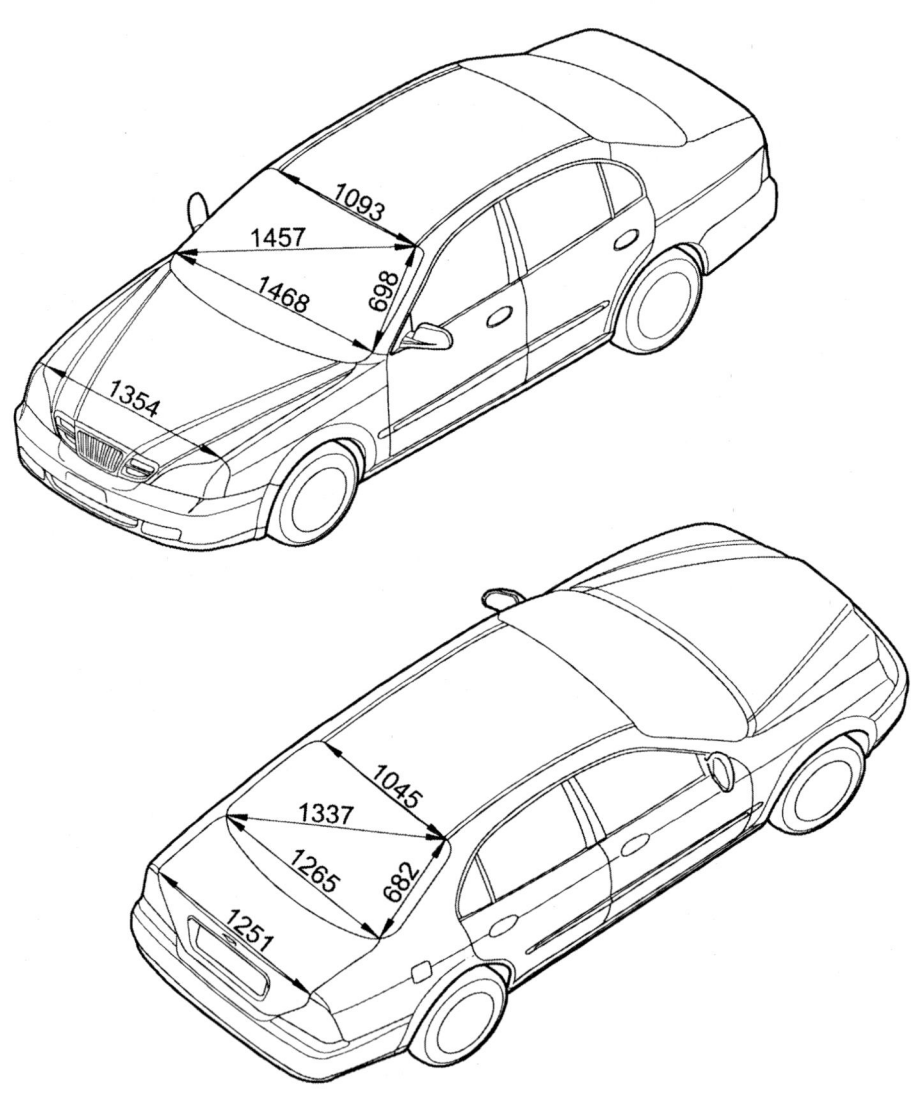

Magnus

틈새 치수도(앞, 뒤)

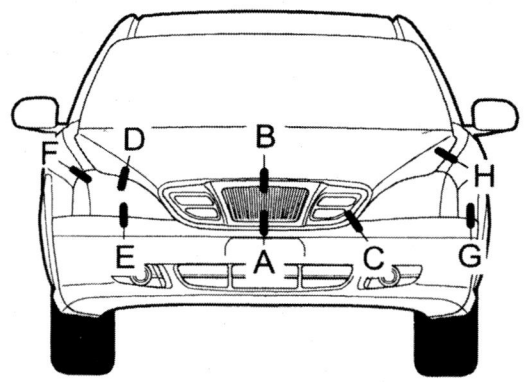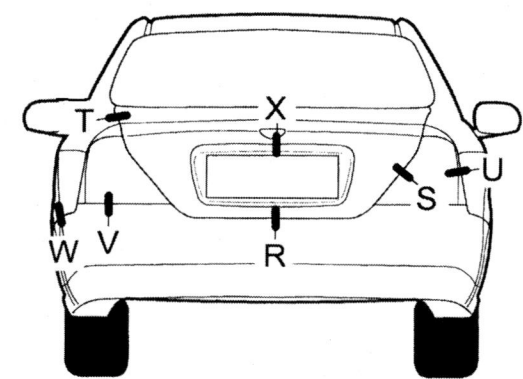

구분	라디에이터 그릴 × 범퍼	엔진후드 ×라디에이터 그릴	엔진후드×범퍼	엔진후드 ×헤드램프	헤드램프×범퍼
위치	A	B	C	D	E
간격	$50^{+2.0}_{0}$	–	$50^{+2.0}_{0}$	$4.5^{+1.0}_{-0.5}$	3.5 ± 1.0
단차	-0.5 ± 1.0	$1.2^{0}_{-0.5}$	-0.5 ± 1.0	$-1.5^{+1.0}_{0}$	$0.3^{+0.5}_{-1.0}$
구분	펜더×헤드램프	펜더×범퍼	펜더×엔진후드	트렁크리드 ×범퍼	크렁크리드 ×테일램프
위치	F	G	H	R	S
간격	3.0 ± 1.0	0	$3.0^{+1.0}_{-0.5}$	$50^{+2.0}_{0}$	$3.8^{+1.0}_{0}$
단차	$-1.5^{+1.0}_{0}$	$-1.2^{+0.5}_{0}$	$0^{0}_{-1.0}$	–	$0^{+1.0}_{0}$
구분	사이드아우터 ×트렁크리드	사이드아우터 ×테일램프	테일램프×범퍼	사이드아우터 ×범퍼	트렁크리드 ×리어가니쉬
위치	T	U	V	W	X
간격	$3.0^{+1.0}_{0}$	$2.5^{+1.0}_{0}$	2.0 ± 1.0	0	1.5 ± 0.5
단차	$0^{0}_{-1.0}$	$-1.5^{+1.0}_{0}$	0 ± 1.0	$-1.2^{+0.5}_{0}$	1.5 ± 0.5

틈새 치수도(측면)

매그너스

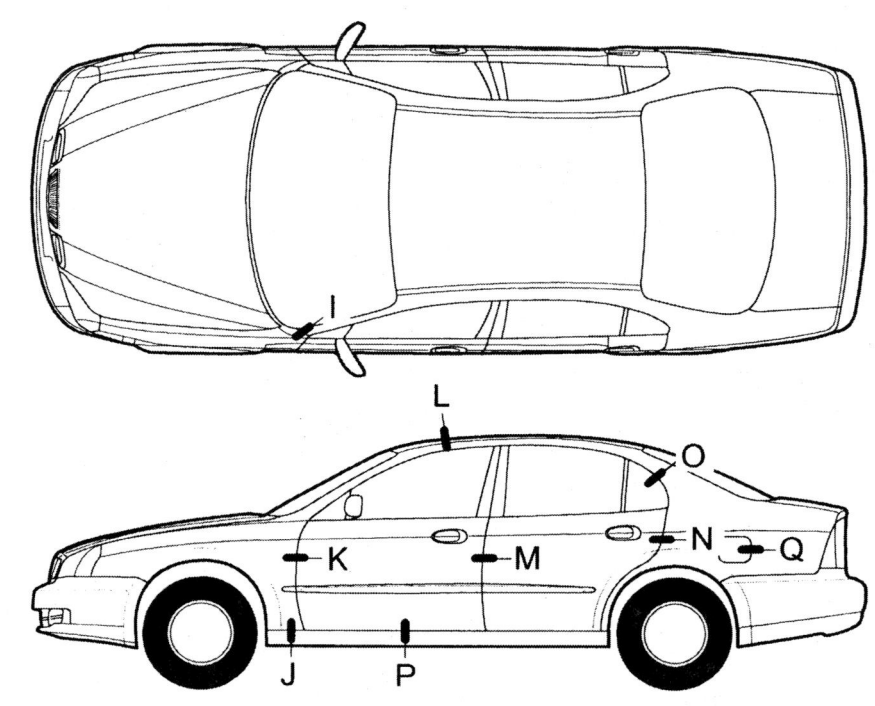

구분	프런트필러 × 펜더	펜더×로커 패널	프런트도어 ×펜더	사이드아우터 ×도어	프런트도어 ×리어도어
위치	I	J	K	L	M
간격	$3.0^{+1.0}_{-0.5}$	5.0 ± 1.0	$3.5^{+1.0}_{-0.5}$	4.6 ± 1.0	$4.0^{+1.0}_{0}$
단차	$0^{+1.0}_{-0.5}$	$2.0^{+1.0}_{-0.5}$	$0^{+1.0}_{0}$	-1.0 ± 1.0	$0^{0}_{-1.0}$
구분	사이드아우터 ×리어도어	사이드아우터 ×픽시드그라스	도어×로커패널	사이드아우터 ×퓨얼필러도어	
위치	N	O	P	Q	
간격	$3.5^{+1.0}_{0}$	4.6 ± 1.0	5.0 ± 1.0	4.0 ± 1.0	
단차	$0^{+1.0}_{0}$	—	2.0 ± 1.0	$0^{0}_{-0.5}$	

5. 누비라 II

외관도

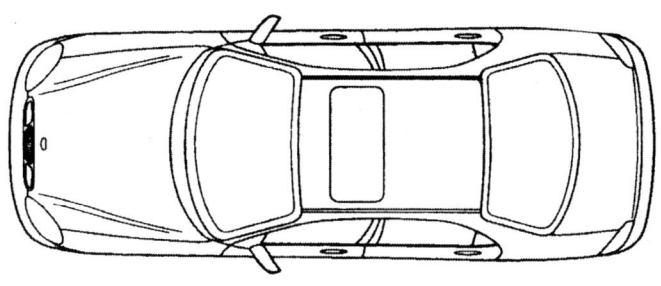
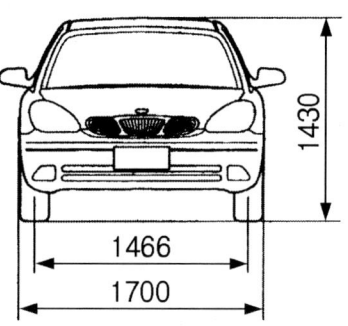
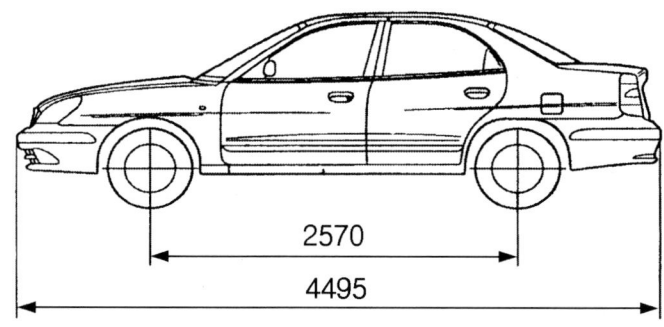
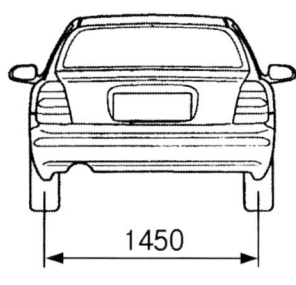

프런트 휠 얼라인먼트

캠 버	-2.4′ ± 45′
캐스터	3° 0′ ± 45′
토우인	0 ± 10′

리어 휠 얼라인먼트

캠 버	-50′ ± 45′
토우인	7′ ± 10′

언더보디 (under body)

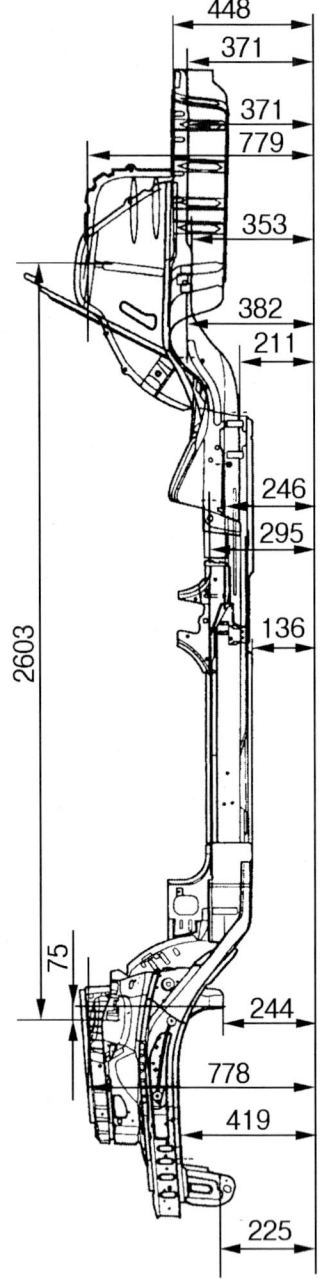
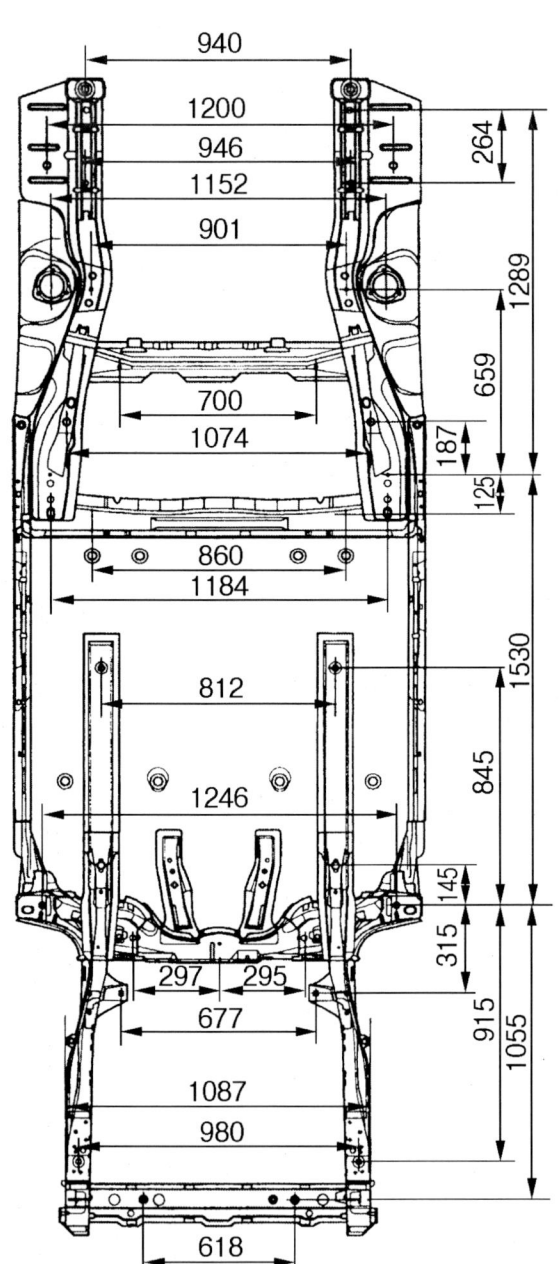

누비라

Nubira

언더보디(수리치수도)

※ 치수는 그림의 지시된 곳의 구멍 중앙과 중앙간 거리를 나타냄.

번호	참고치수(mm)
1	980
2	1,459
3	1,038
4	1,108
5	677
6	1,246

번호	참고치수(mm)
7	1,531
8	1,333
9	1,955
10	1,215
11	874
12	718

번호	참고치수(mm)
13	1,184
14	1,301
15	1,675
16	1,501
17	940
18	1,116

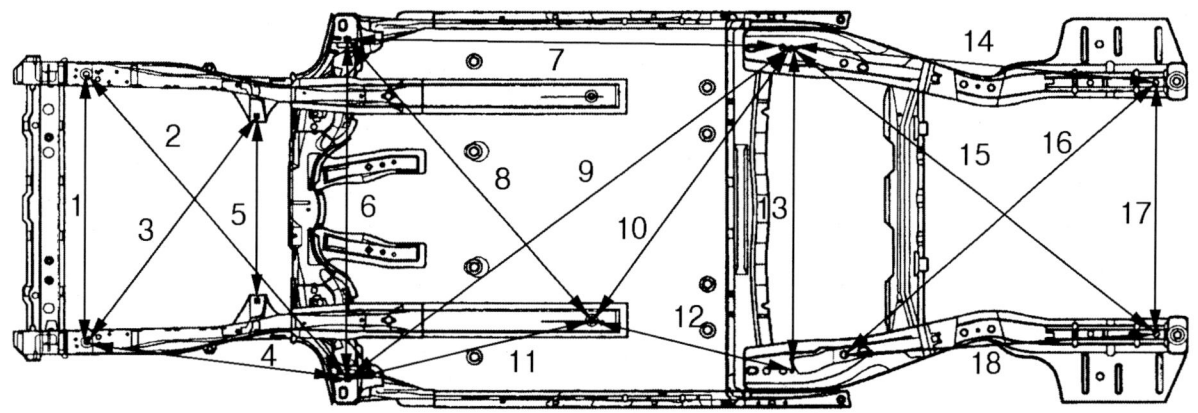

프런트 프레임 워크

누비라

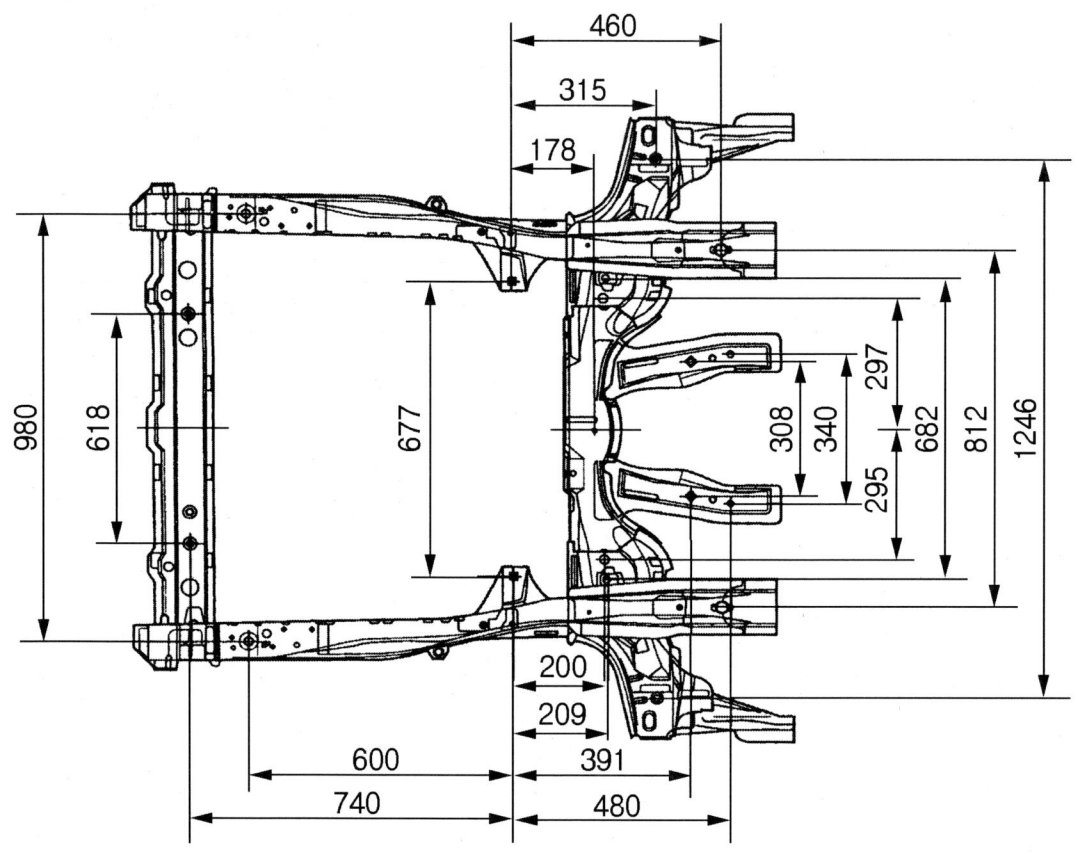

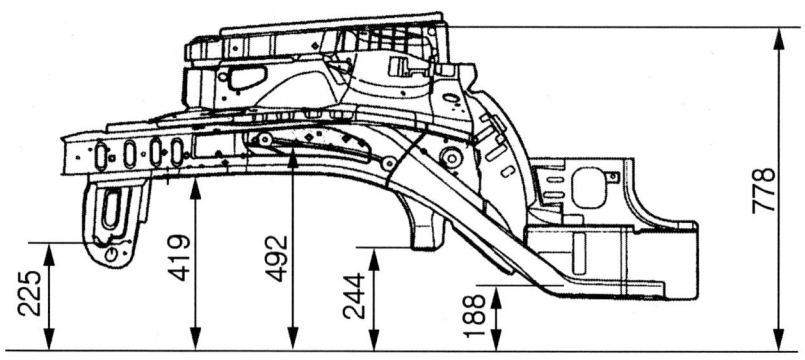

리어 프레임 워크

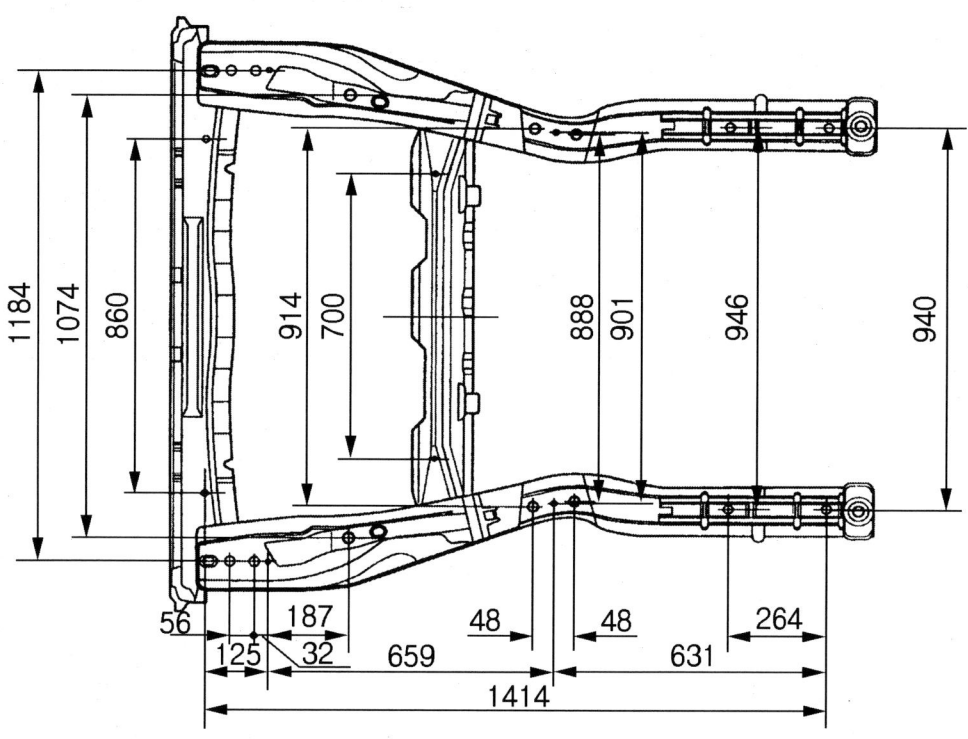

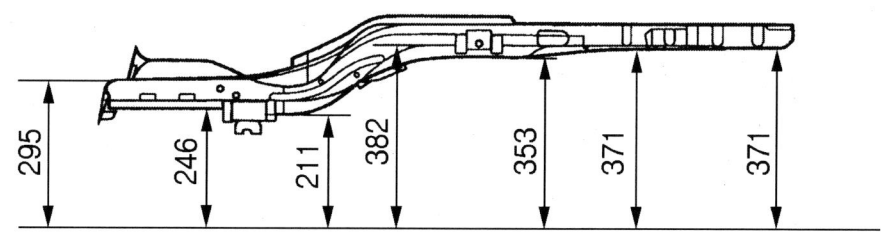

프런트 패널

누비라

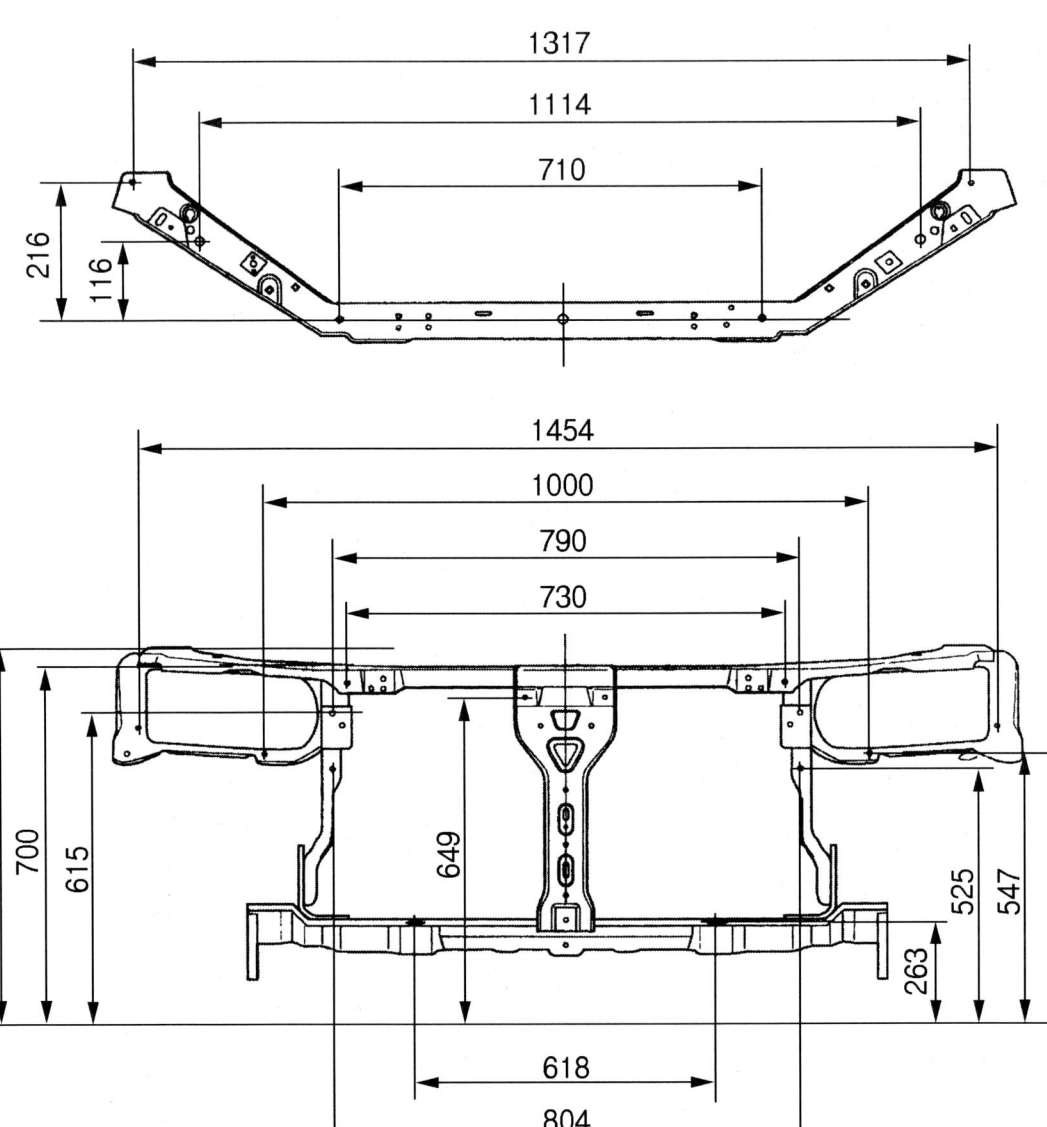

엔진 룸

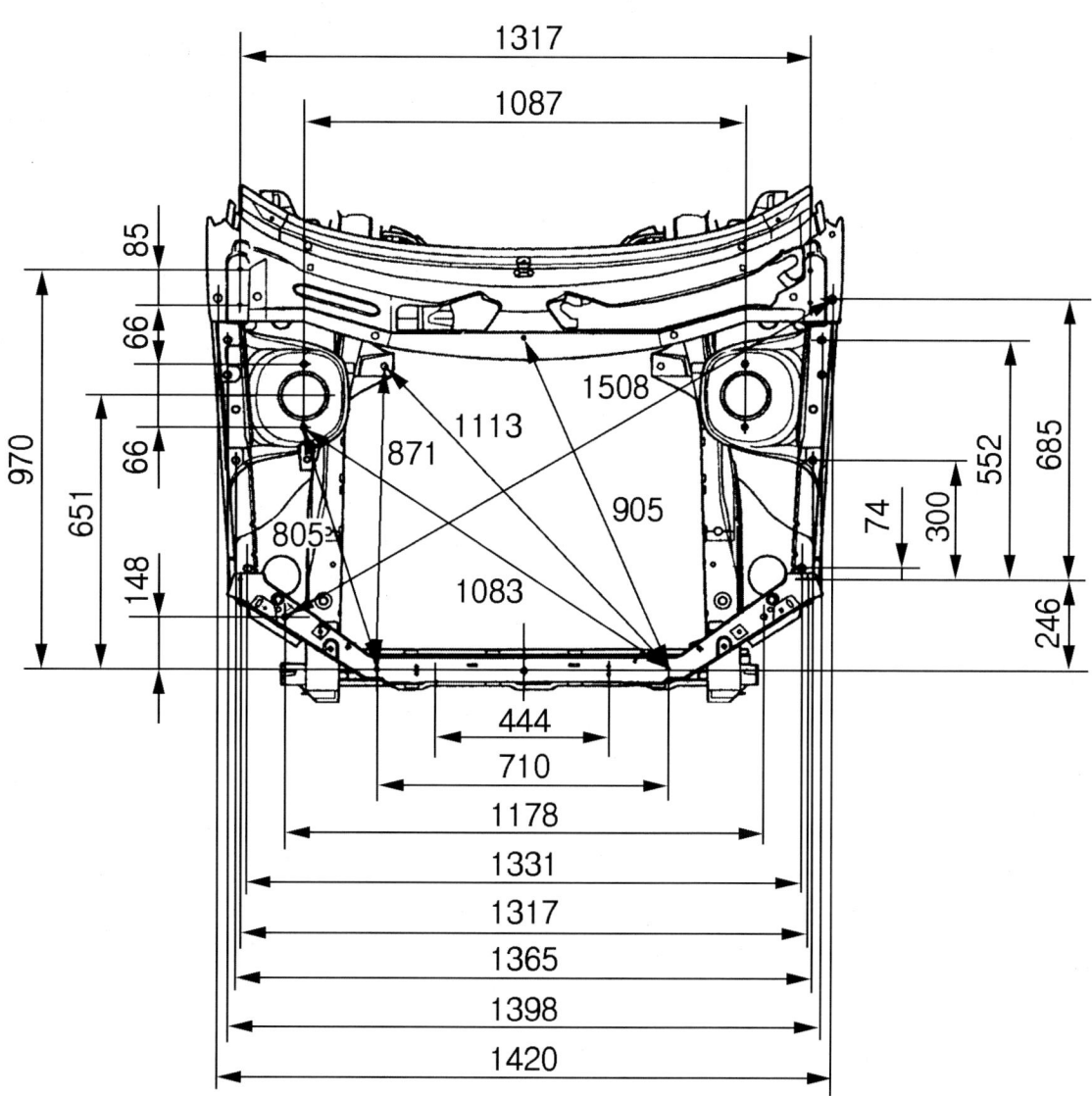

엔진룸

누비라

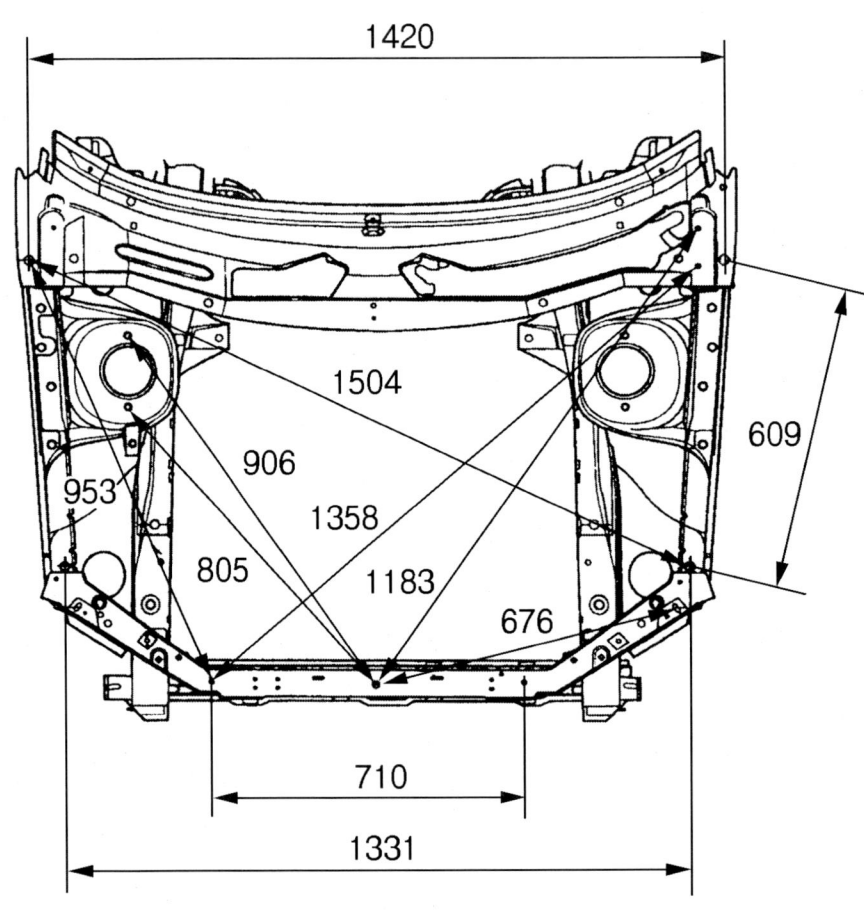

Nubira

사이드 아우터

※ 치수는 그림의 지시된 곳의 반대편까지 거리를 나타냄

번호	참고치수(mm)	번호	참고치수(mm)	번호	참고치수(mm)
1	1,439	11	1,255	21	1,348
2	1,439	12	1,393	22	1,149
3	1,439	13	1,411	23	1,076
4	1,436	14	1,414	24	1,063
5	1,427	15	1,437	25	1,082
6	1,417	16	1,439	26	1,391
7	1,390	17	1,436	27	1,417
8	1,143	18	1,431	28	1,427
9	1,064	19	1,424	29	1,318
10	1,082	20	1,403	30	1,318

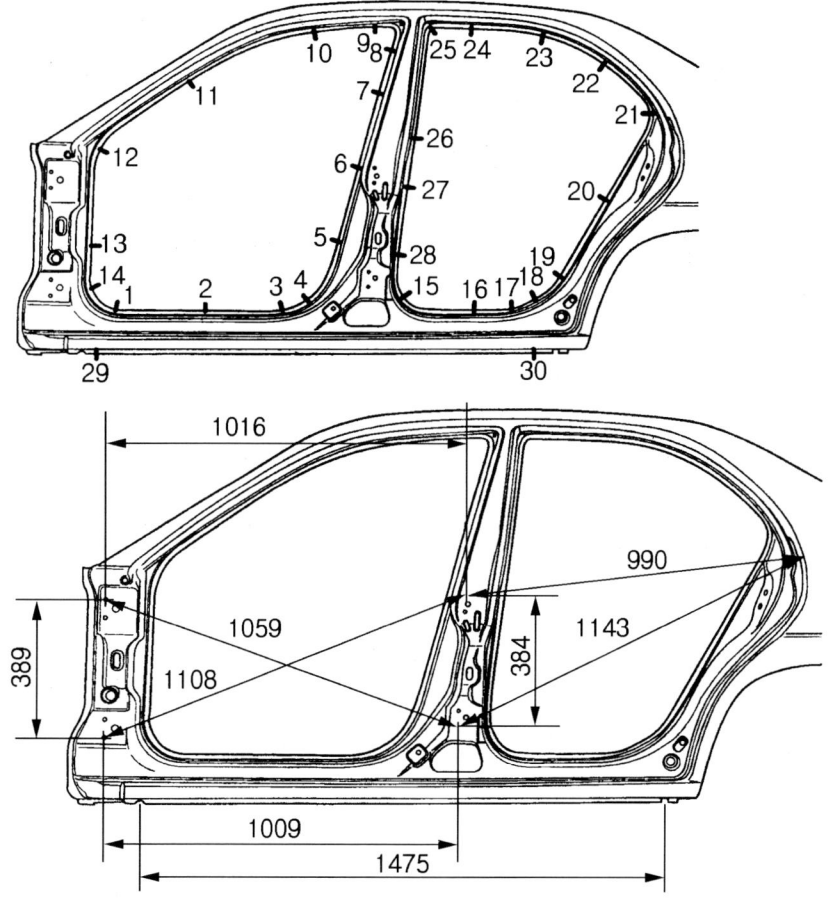

트렁크 룸

누비라

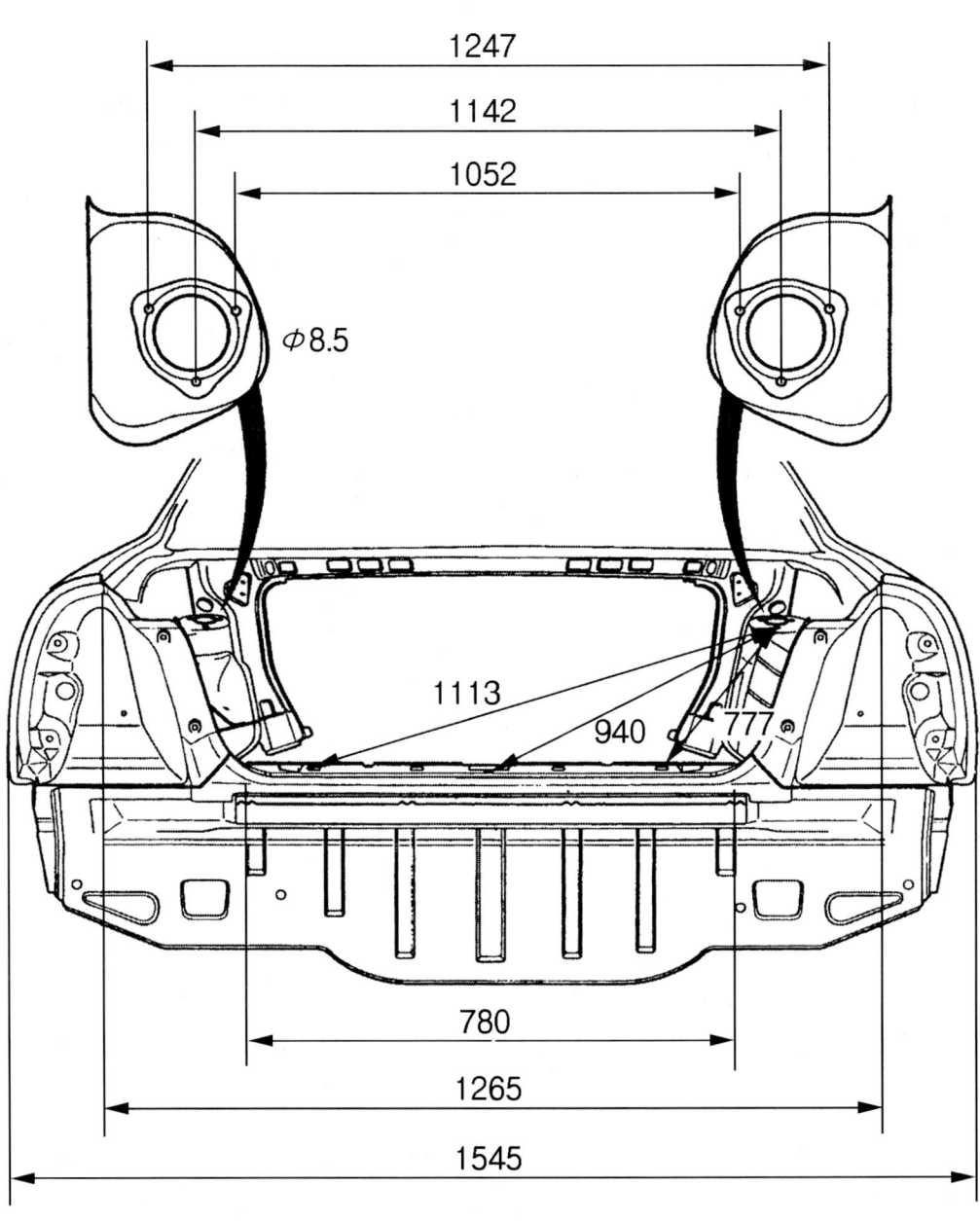

Nubira

앞, 뒤 유리부(노치백)

※ 치수는 그림의 지시된 곳 양쪽간 거리를 나타냄
  (앞 유리부는 A필러 상하 양 끝단부 모서리 상부,
  뒷유리부는 C필러 상하 양 끝단부 모서리 상부 기준임.)

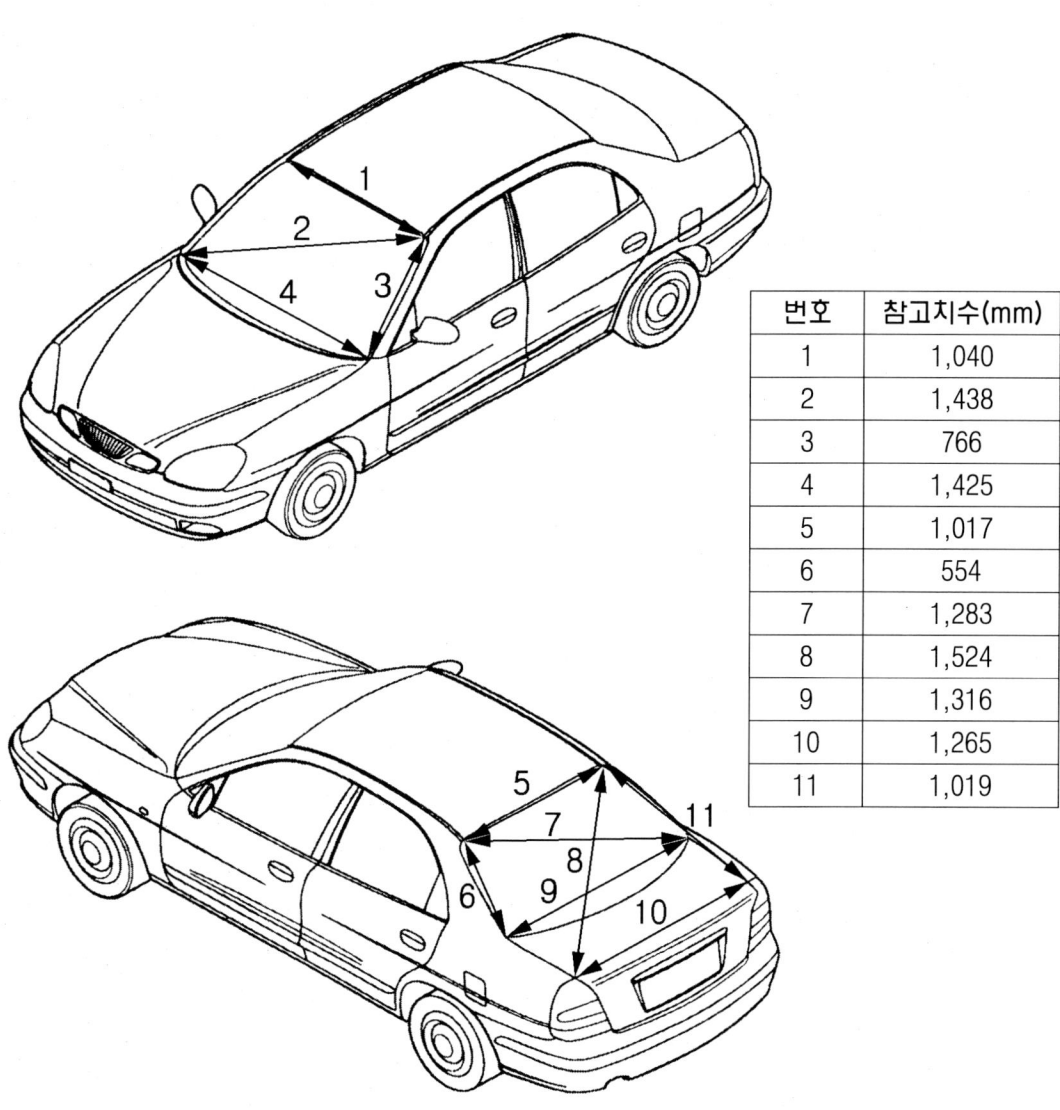

번호	참고치수(mm)
1	1,040
2	1,438
3	766
4	1,425
5	1,017
6	554
7	1,283
8	1,524
9	1,316
10	1,265
11	1,019

뒤 유리부 (해치백 웨건)

※ 치수는 그림의 지시된 곳 양쪽간 거리를 나타냄
  (뒤 유리부는 C필러 상하 양 끝단부 모서리 상부 기준임)

누비라

번호	참고치수(mm)
1	964
2	554
3	1,229
4	1,332
5	1,249
6	1,322
7	708
8	923
9	487
10	1,250
11	1,449
12	1,436
13	1,598
14	790

Nubira

틈새 치수도

※ 각 부품이 확실하게 조립되었는지 점검한다.
차체와 외부에 조립되는 패널, 램프류 및 범퍼간의 틈새 및 단차를 점검한다.
실내와 트렁크 내부에 누수되는 곳이 있는지 점검한다.

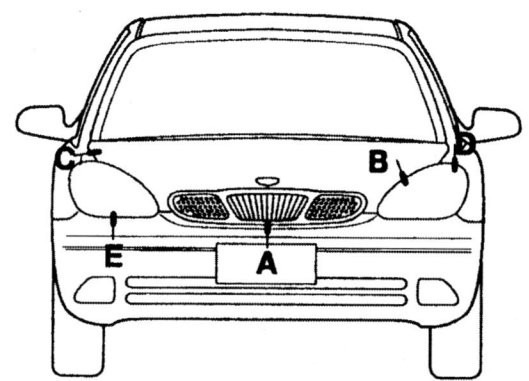
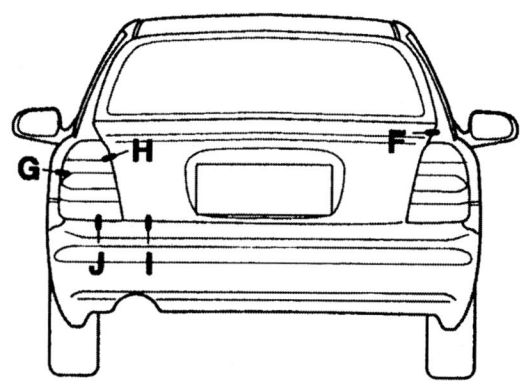

구분	후드 × 프런트 범퍼	후드×헤드램프	후드×펜더	펜더 ×헤드램프	헤드램프 ×프런트 범퍼
위치	A	B	C	D	E
틈새	5^{+2}	$3.0^{+1}_{-0.5}$	3.0 ± 0.5	$3.0^{+1}_{-0.5}$	3 ± 1
구분	사이드아우터 ×트렁크리드	사이드아우터 ×테일램프	트렁크리드 ×테일램프	트렁크리드 ×리어범퍼	테일램프 리어 ×범퍼
위치	F	G	H	I	J
틈새	3^{+1}	1.9	3.5 ± 1	5^{+2}	4 ± 1

틈새 치수도

누비라

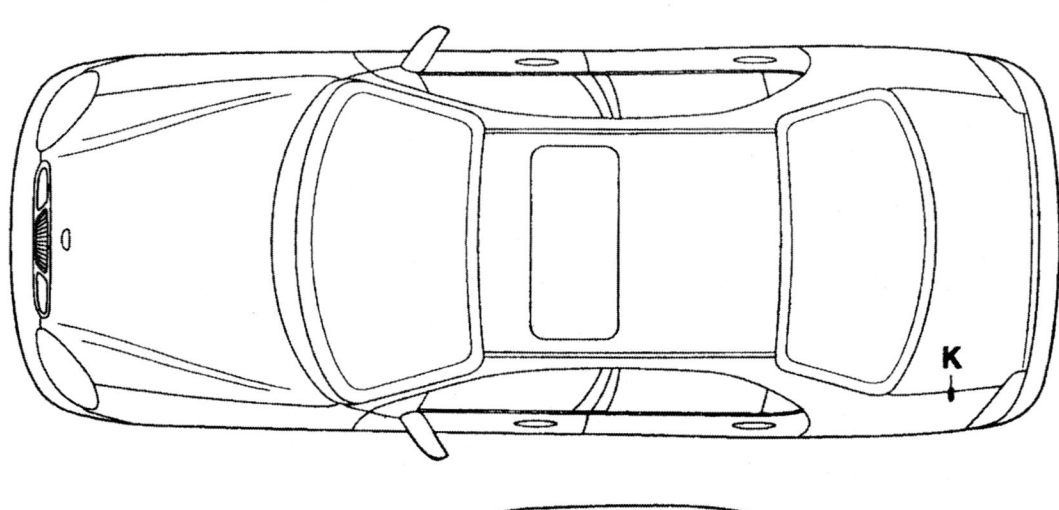

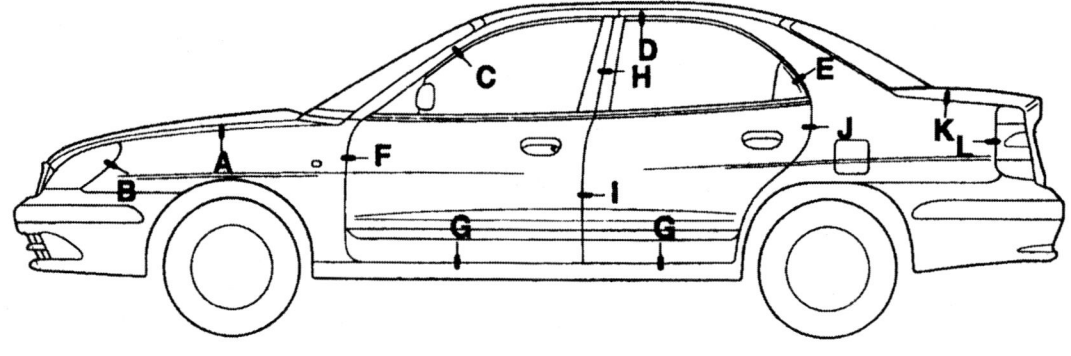

구분	후드 × 펜더	펜더 ×헤드램프	A필러 ×프런트 도어	리어도어 ×루프	리어도어 ×C필러	펜더 ×프런트 도어
위치	A	B	C	D	E	F
틈새	3 ± 1	$3.0^{+1}_{-0.5}$	5 ± 1	5 ± 1	4.0^{+1}	3.5 ± 0.5
구분	로커패널 ×도어	프런트 도어 ×리어 도어		리어도어 ×사이드아우터	트렁크리드 ×사이드아우터	사이드아우터 ×테일램프
위치	G	H	I	J	K	L
틈새	5 ± 1	4^{+1}	4^{+1}	3.5^{+1}	3^{+1}	1.9

6. 라노스

외부 치수도

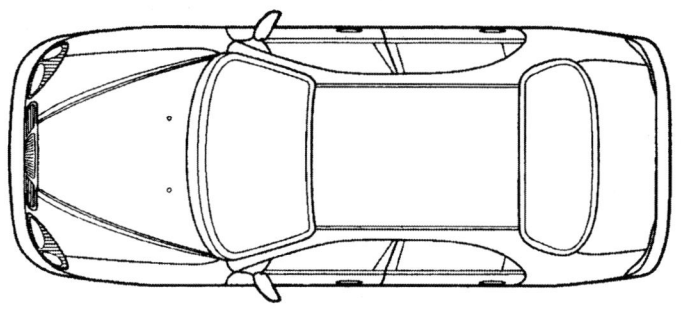
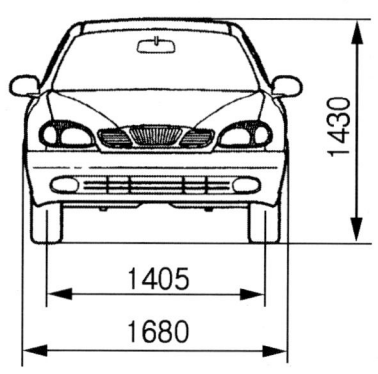
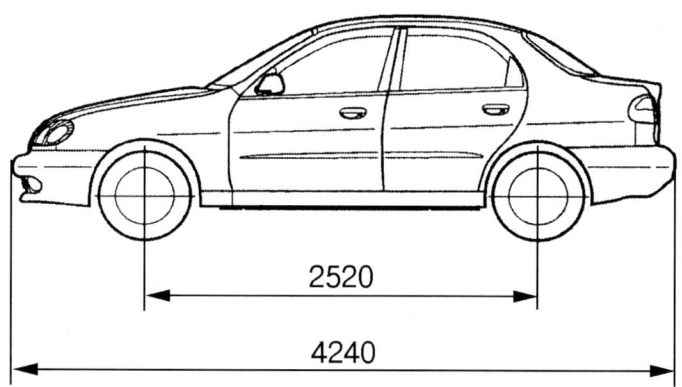
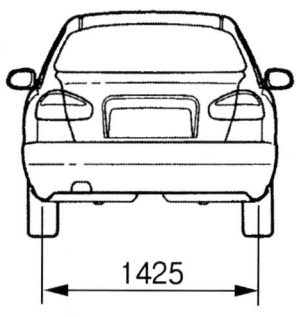

프런트 휠 얼라인먼트

캠 버		$-25' \pm 45'$
캐스터	수동 스티어링	$1° \ 30' \pm 1°$
	파워 스티어링	$2° \ 45' \pm 1°$
토우인		$2.5 \pm 1m$

리어 휠 얼라인먼트

캠 버	$-1° \ 40' \pm 30'$
토우인	$1^{+3}_{-2} mm$

좌표 치수도-언더 보디

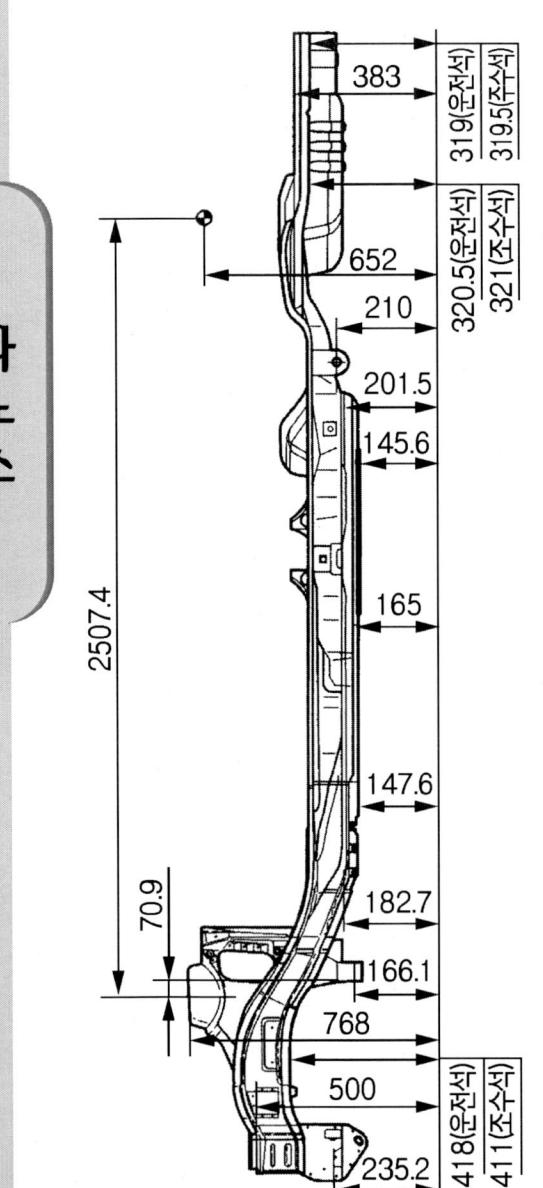
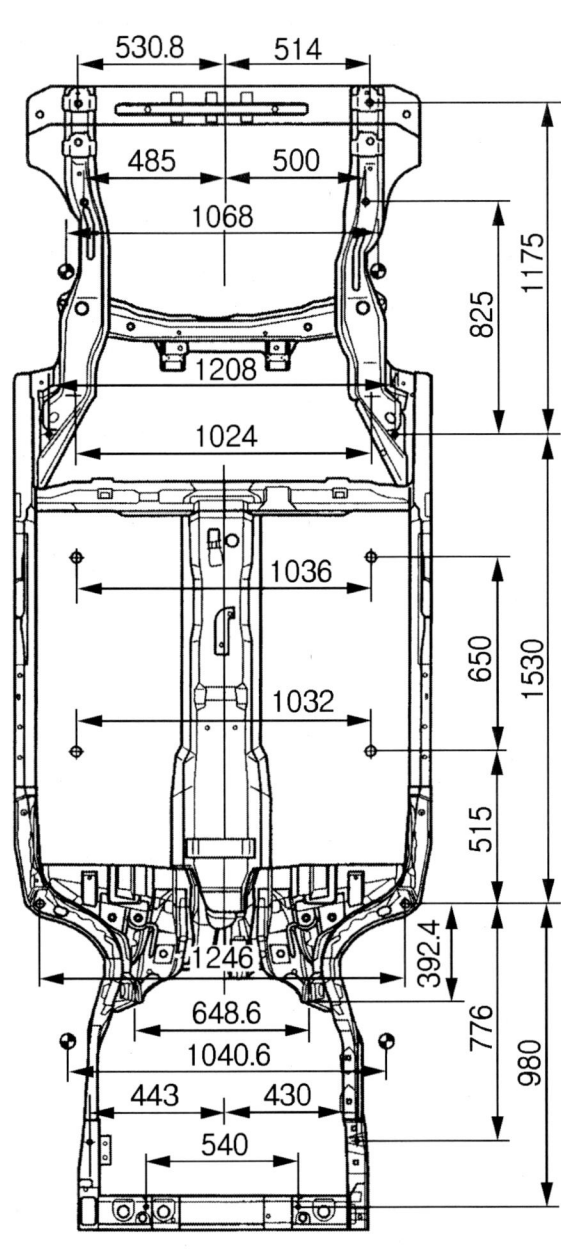

Lanos

좌표 치수도-프런트 프레임 워크

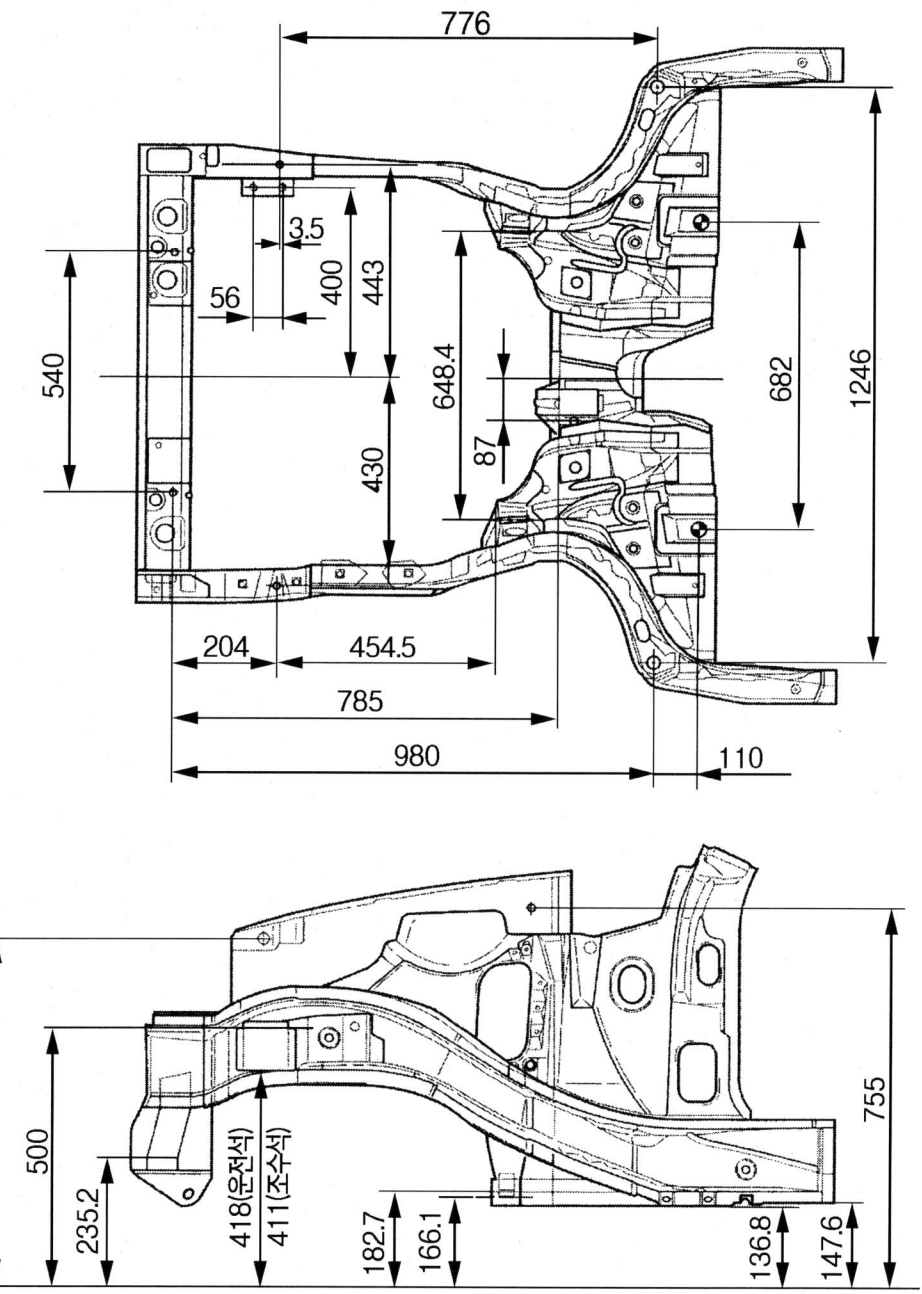

좌표 치수도-리어 프레임 워크

라노스

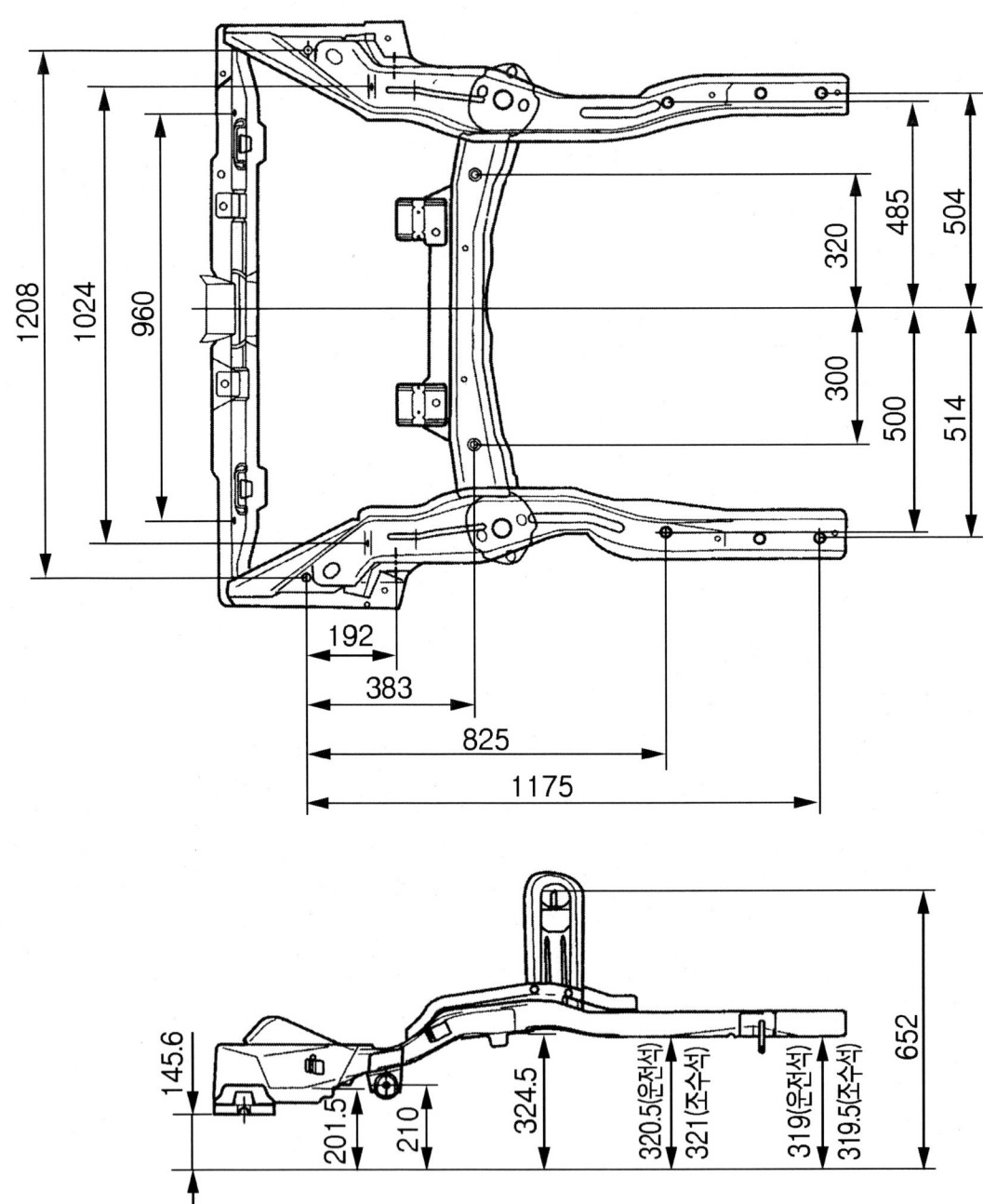

Lanos

좌표 치수도-프런트 패널

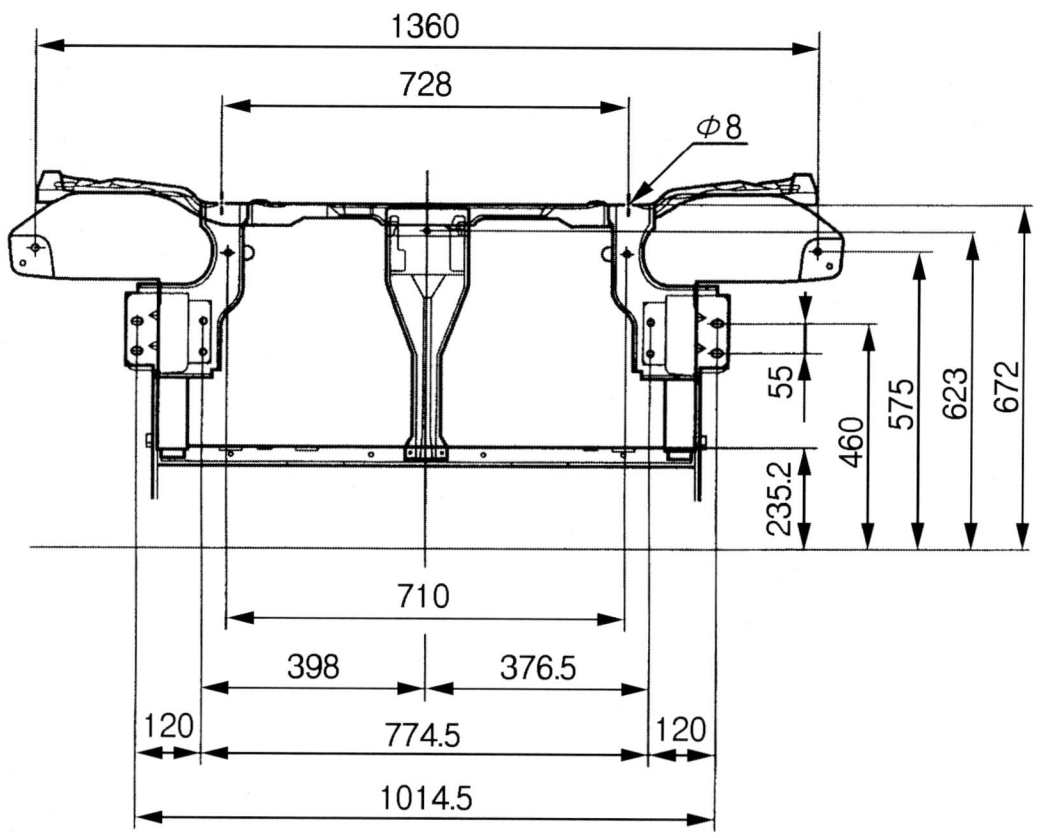

좌표 치수도-엔진 룸

라노스

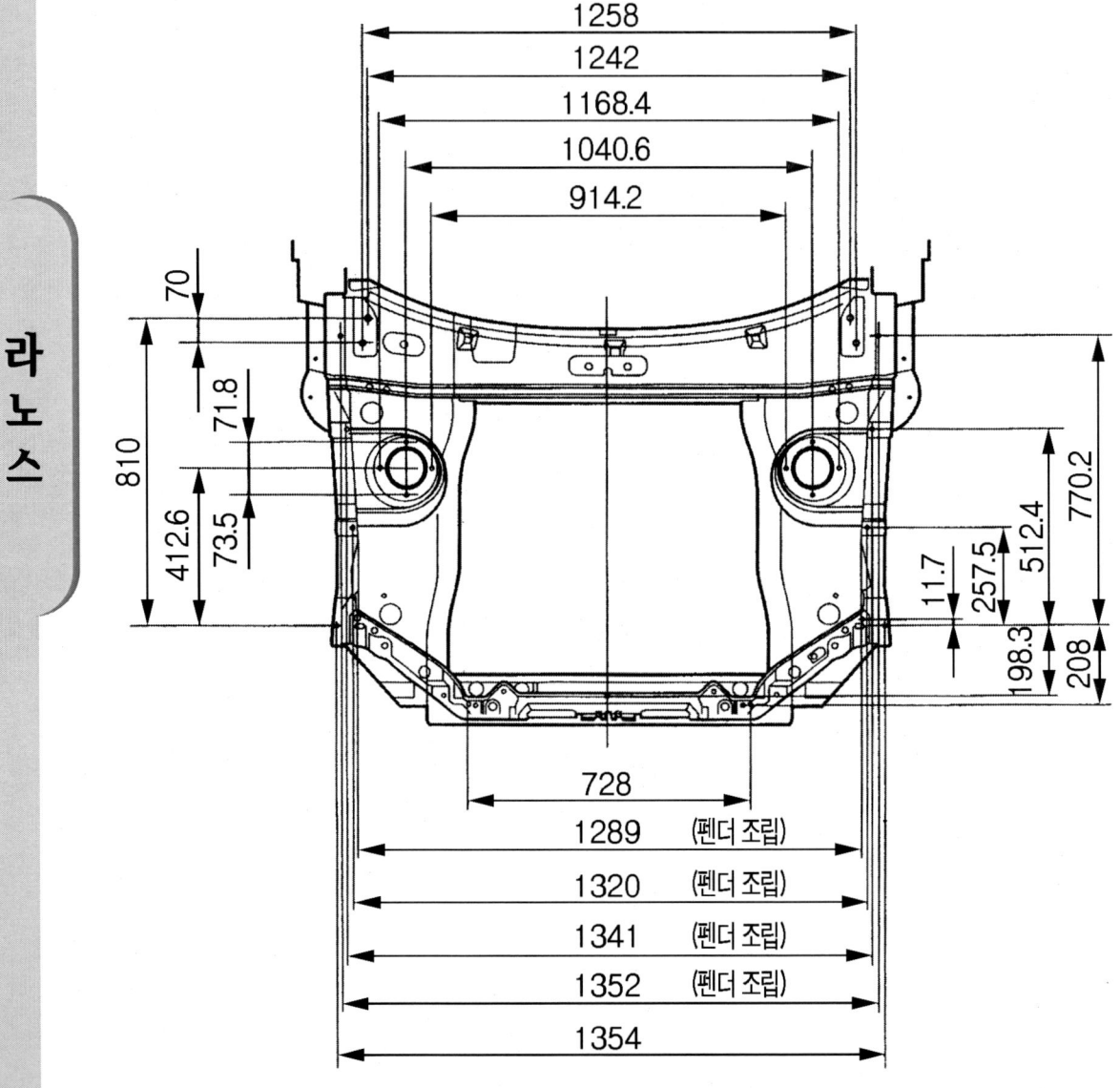

Lanos

좌표 치수도-사이드 아우터

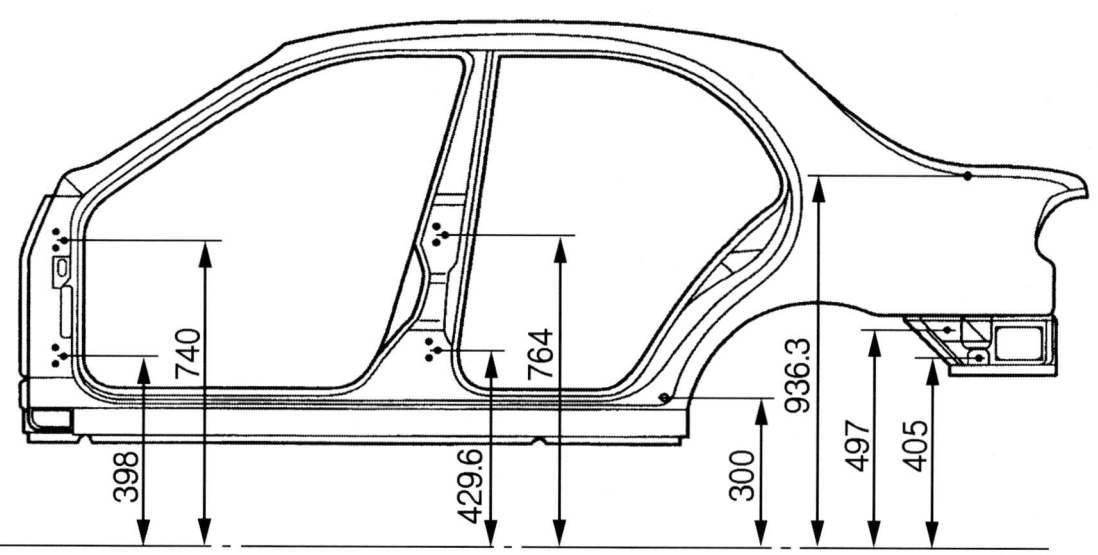

좌표 치수도-백 패널 로워

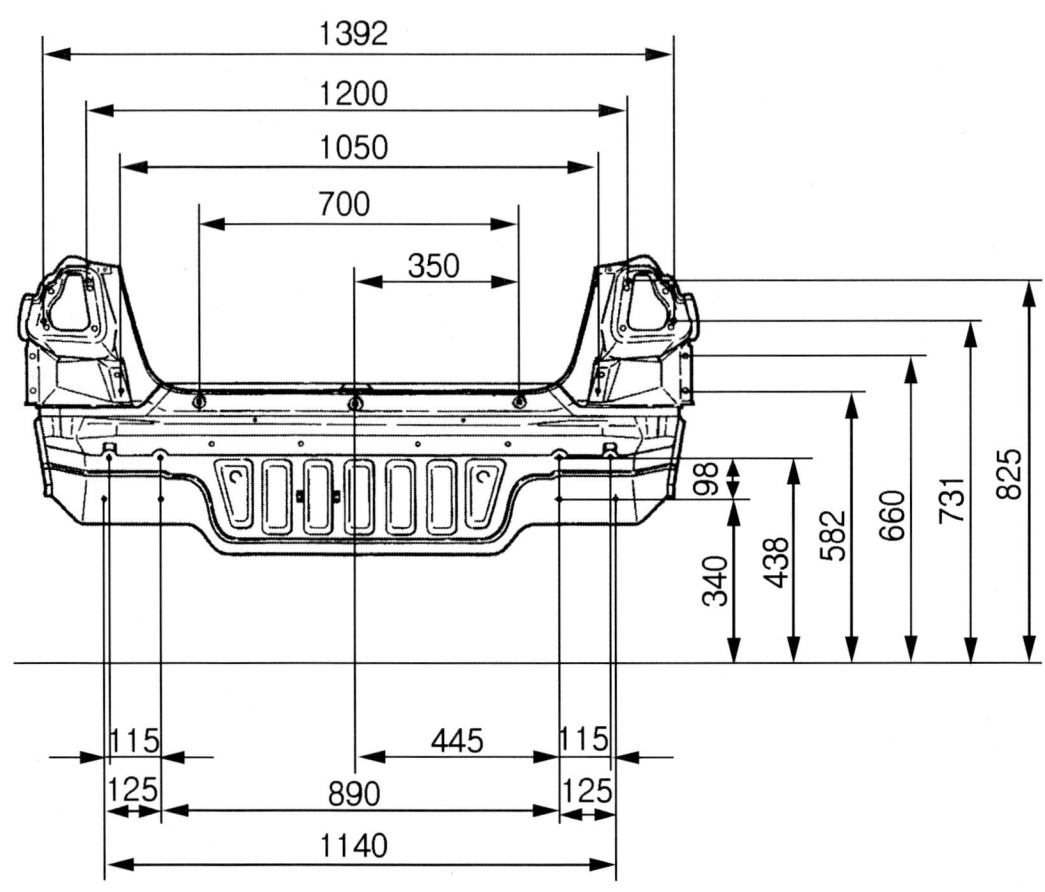

Lanos

주요 구멍 직경

※ 다음의 치수는 지시된 주요 구멍들의 직경을 표시함

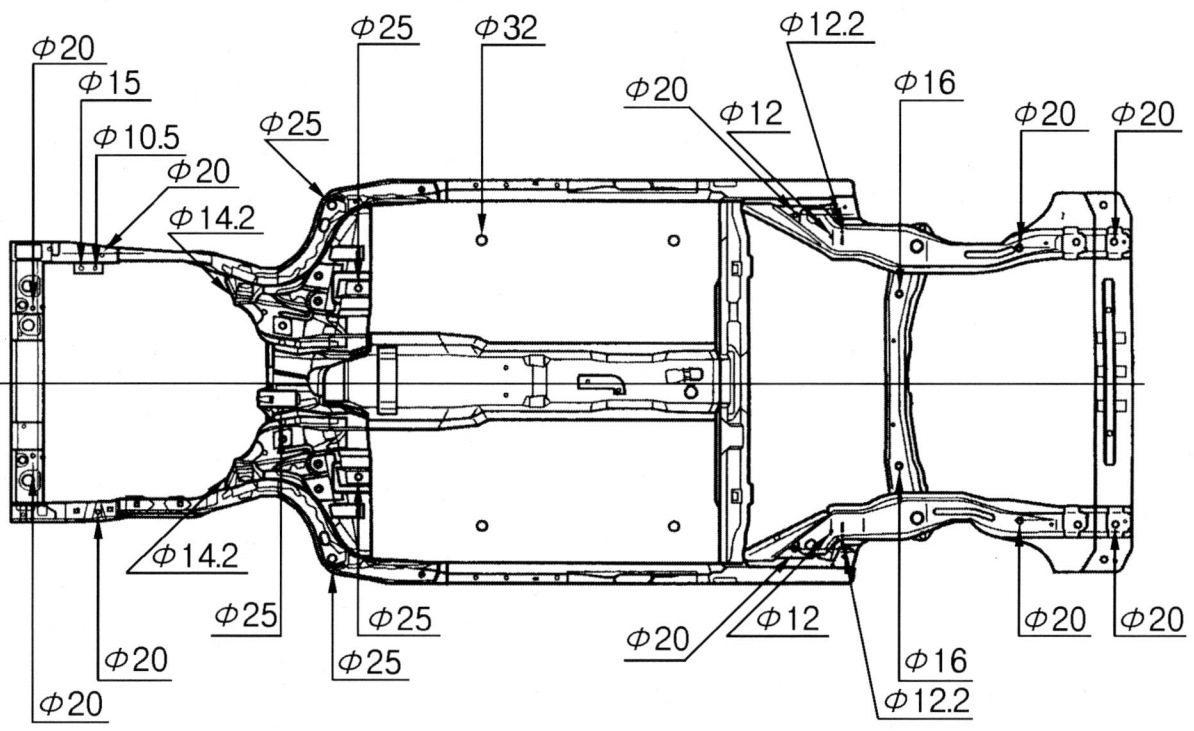

8. 차체수리전개도

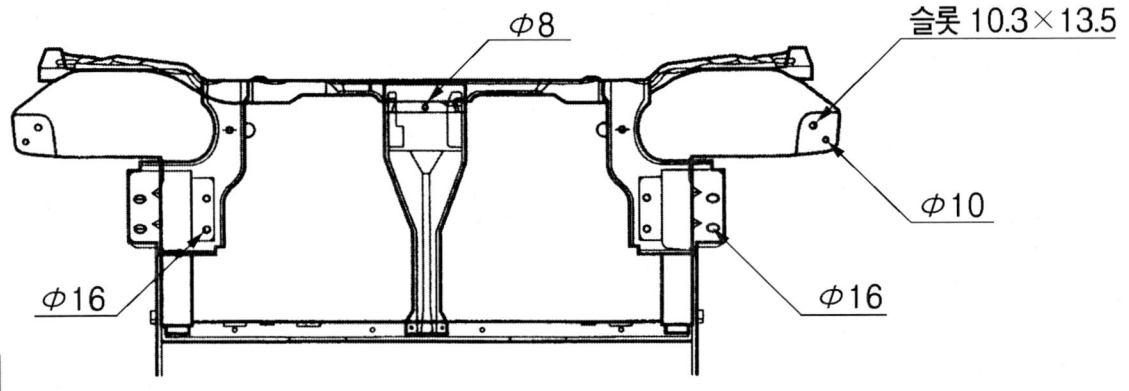
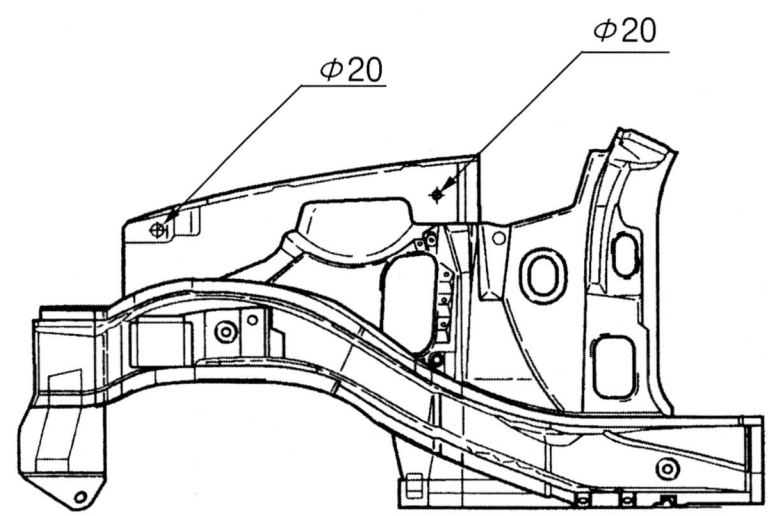

Lanos

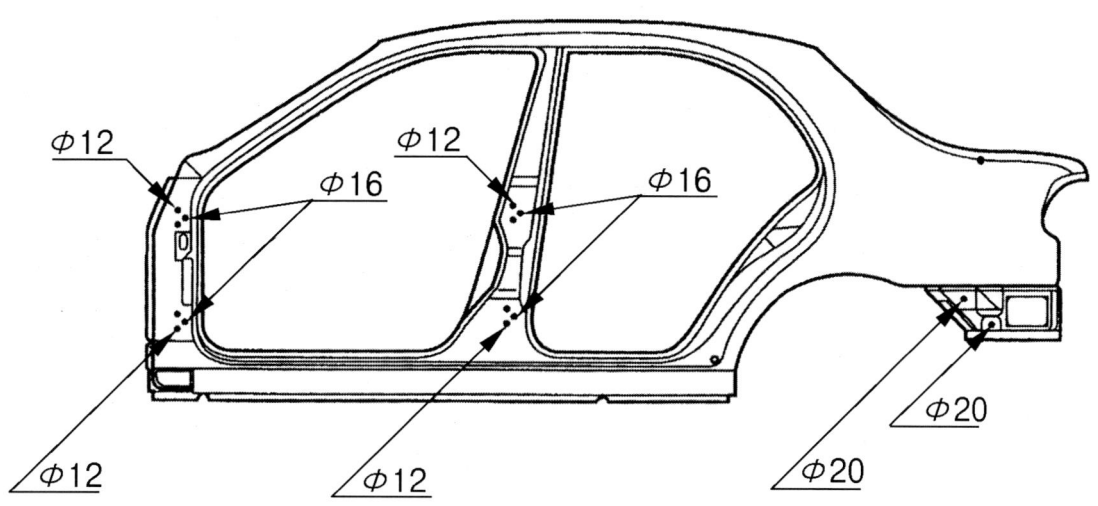

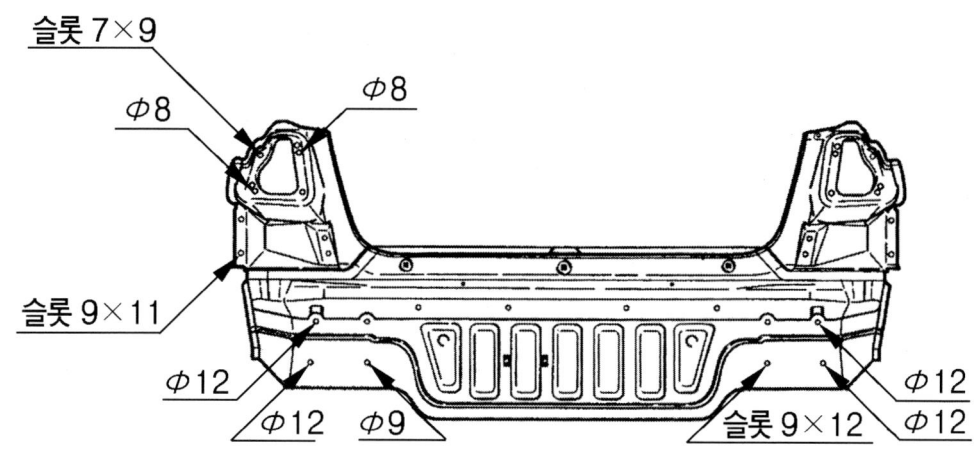

8. 차체수리전개도

수리치수도-언더 보디

※ 치수는 그림의 지시된 곳의 구멍 중앙과 중앙간 거리를 나타냄.

번호	참고치수(mm)	번호	참고치수(mm)	번호	참고치수(mm)
1	873	8	1,961	15	1,036
2	828.7	9	1,446	16	1,208
3	1,338	10	1,707	17	1,185
4	1,329	11	1,961	18	1,626
5	833.5	12	1,530	19	1,619
6	1,246	13	1,032	20	1,184
7	1,530	14	1,221	21	1,017.8

라노스

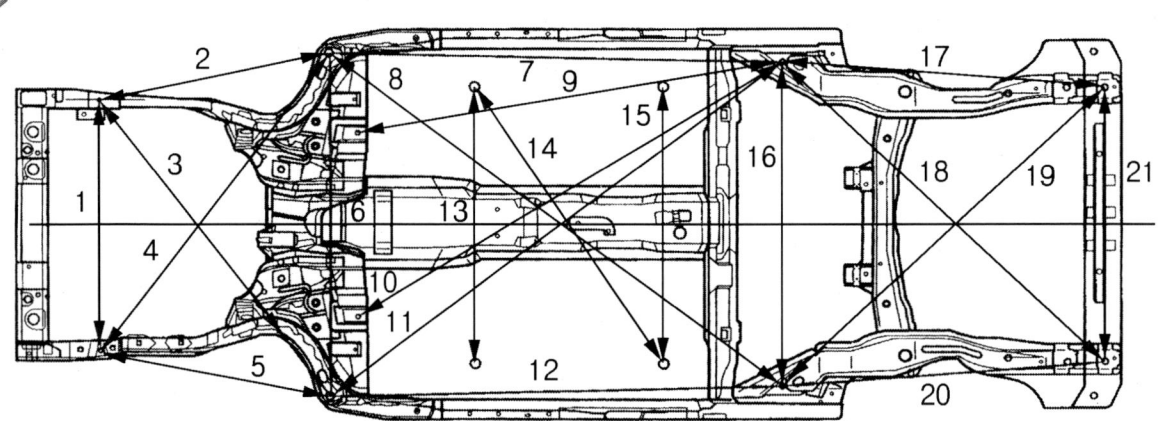

Lanos

수리치수도-프런트 프레임 워크

※ 치수는 그림의 지시된 곳의 구멍 중앙과 중앙간 거리를 나타냄.

번호	참고치수(mm)	번호	참고치수(mm)
1	828.7	7	648.4
2	873	8	1,338
3	540	9	1,329
4	664	10	682
5	890	11	1,246
6	834	12	833.5

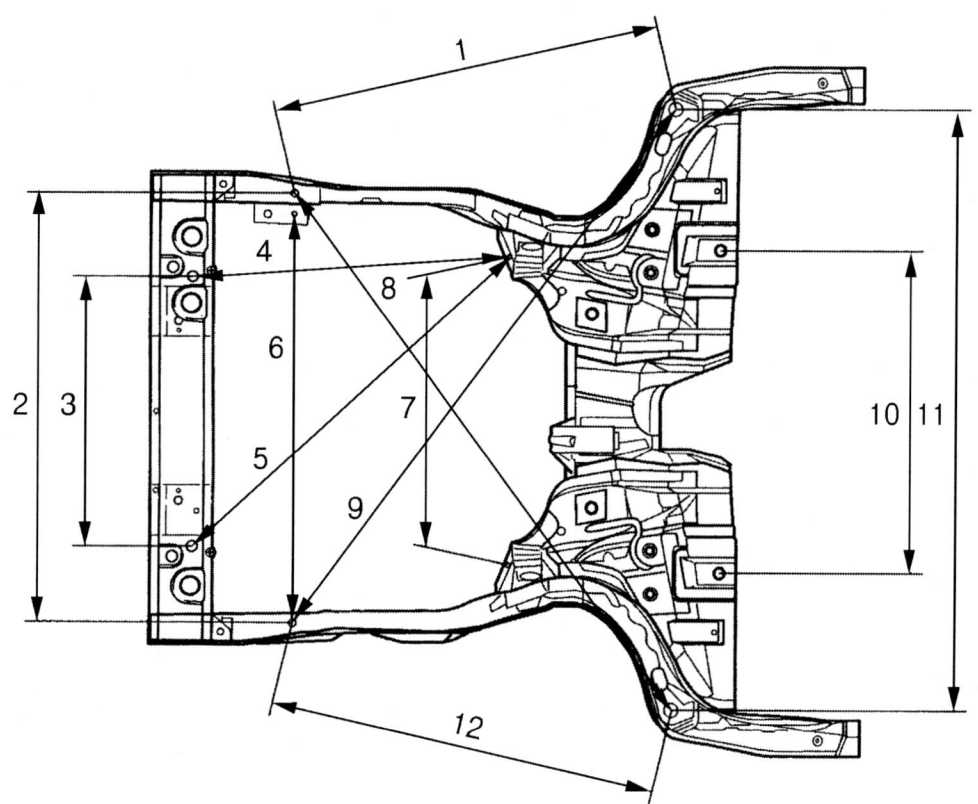

8. 차체수리전개도

수리치수도-리어 프레임 워크

※ 치수는 그림의 지시된 곳의 구멍 중앙과 중앙간 거리를 나타냄.

번호	참고치수(mm)	번호	참고치수(mm)	번호	참고치수(mm)
1	1,185	7	1,383	13	620
2	842	8	1,626	14	985
3	350.5	9	1,371	15	1,017.8
4	1,208	10	1,619	16	840
5	960	11	1,058.5	17	350.3
6	1,024	12	1,063	18	1,184

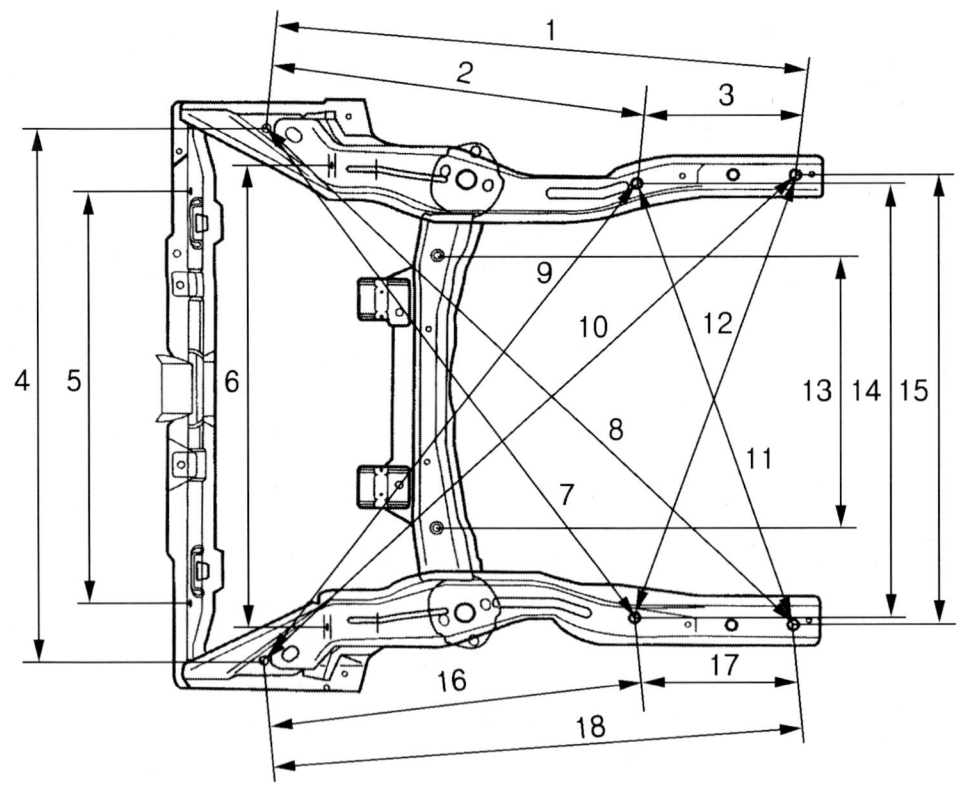

Lanos

수리치수도-프런트 패널

※ 치수는 그림의 지시된 곳, 지시된 곳의 보스 및 구멍 중앙과 중앙간 거리를 나타냄.

번호	참고치수(mm)	번호	참고치수(mm)
1	1,360	6	55
2	728	7	120
3	564	8	710
4	544	9	965
5	437	10	1014.5

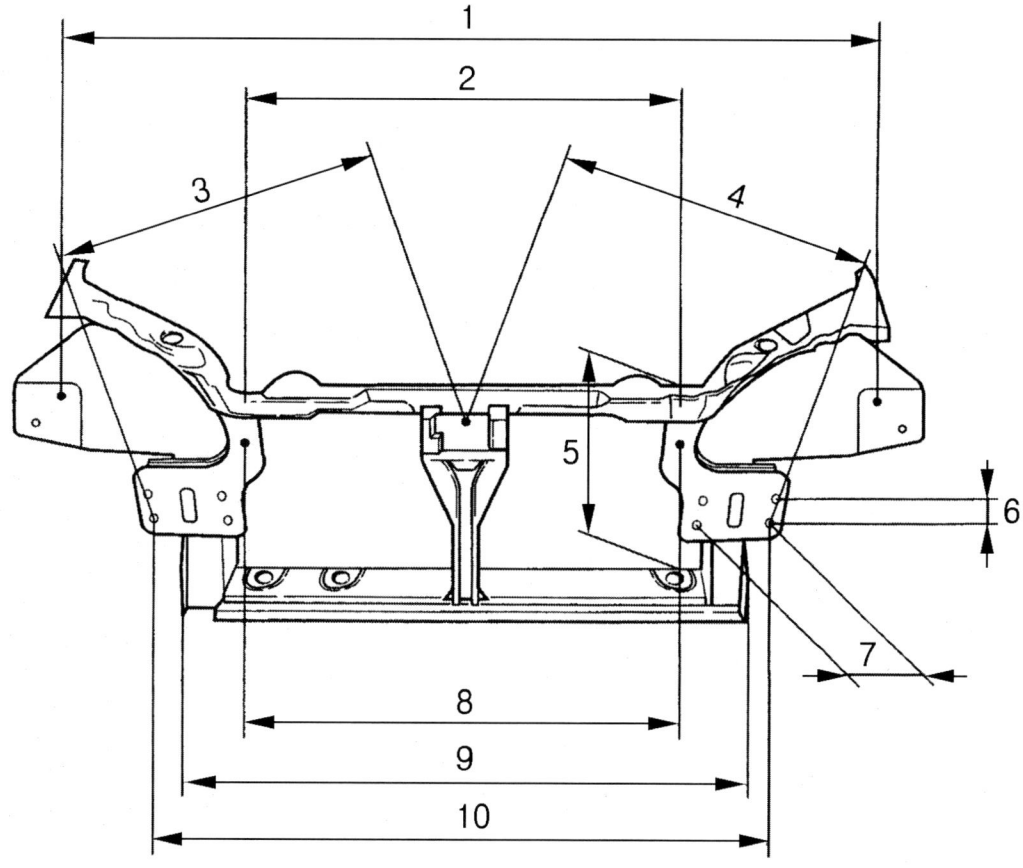

수리치수도-엔진 룸

※ 치수는 그림의 지시된 곳의 구멍 중앙과 중앙간 거리를 나타냄.

번호	참고치수(mm)	번호	참고치수(mm)
1	1,352	7	768
2	780	8	754
3	768	9	378
4	1,562	10	728
5	1,528	11	1,289
6	1,192	12	1,354

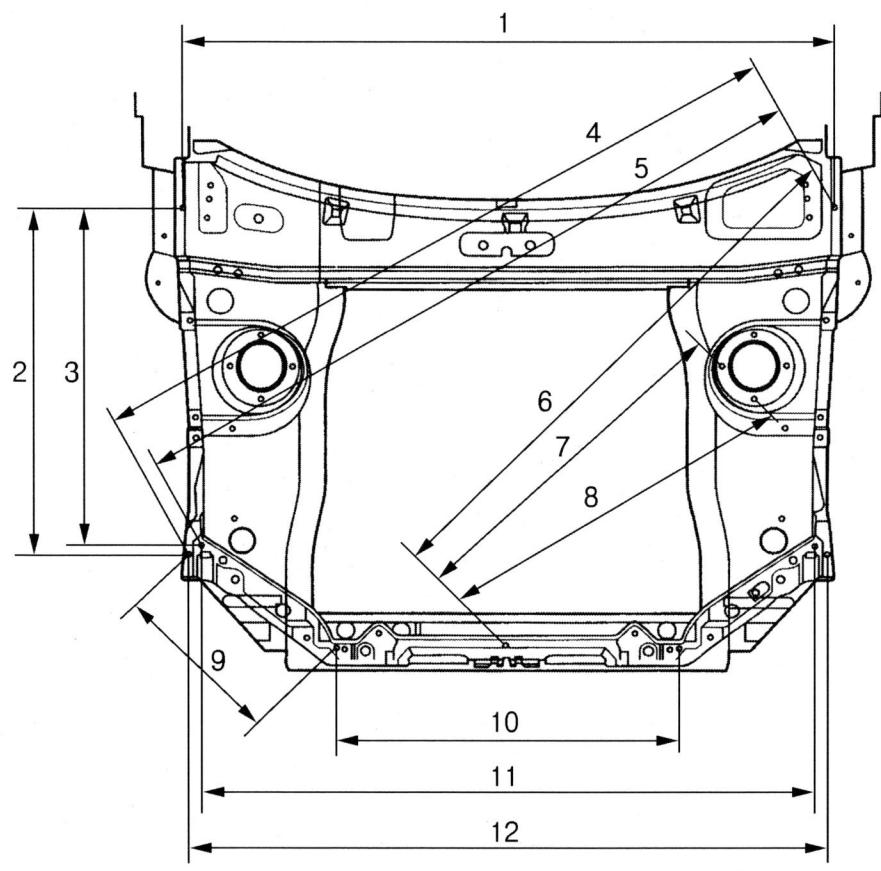

Lanos

수리치수도-엔진 룸

※ 치수는 그림의 지시된 곳의 구멍 중앙과 중앙간 거리를 나타냄.

번호	참고치수(mm)
1	1,168.4
2	1,130
3	1,040.6
4	950
5	914.2
6	1,437

번호	참고치수(mm)
7	1,039
8	1,033
9	1,044
10	577
11	633

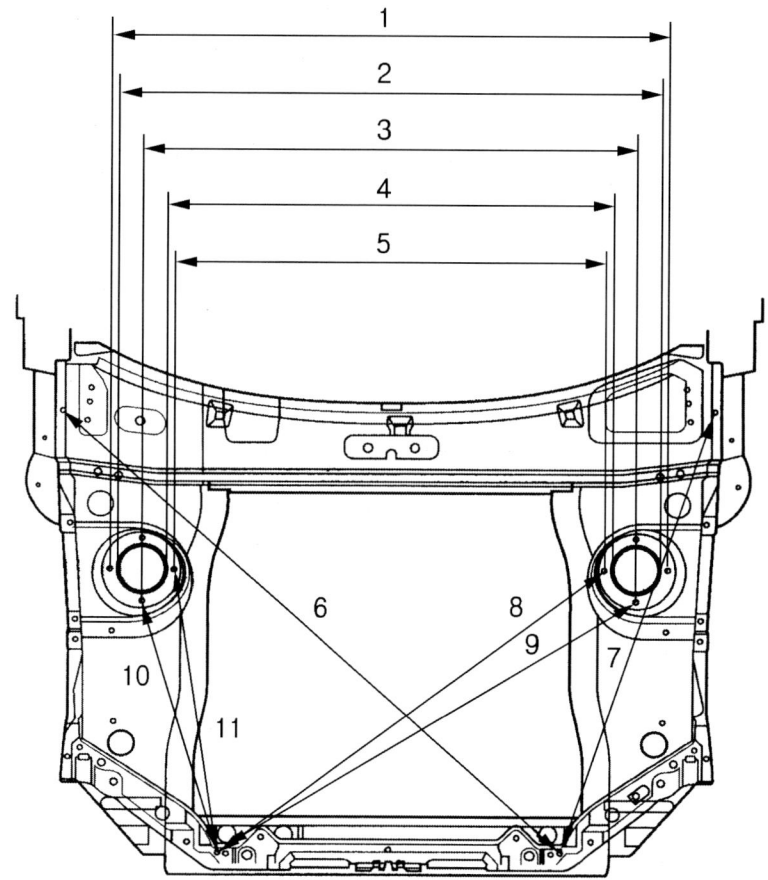

수리치수도-프레임 도어 오프닝

※ 치수는 그림의 지시된 곳, 지시된 곳의 보스 및 구멍 중앙과 중앙간 거리를 나타냄.

번호	참고치수(mm)
1	983
2	1,029
3	1,067
4	965

번호	참고치수(mm)
5	961
6	1,096
7	391
8	384

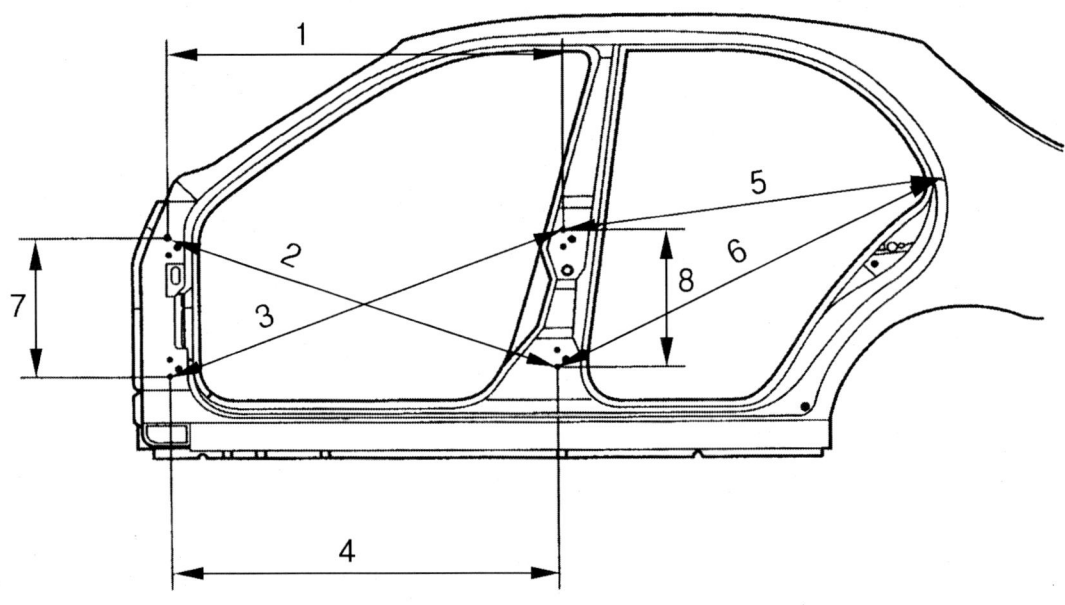

Lanos

수리치수도-프레임 도어 오프닝

※ 치수는 그림의 지시된 곳 반대편으로부터의 양쪽간 거리를 나타냄.

번호	참고치수(mm)	번호	참고치수(mm)	번호	참고치수(mm)
1	1,378	11	1,032	21	1,416
2	1,397	12	1,044	22	1,400
3	1,410	13	1,106	23	1,368
4	1,414	14	1,040	24	1,131
5	1,418	15	1,293	25	1,081
6	1,418	16	1,387	26	1,041
7	1,414	17	1,400	27	1,316
8	1,400	18	1,414	28	1,320
9	1,387	19	1,418	29	1,276
10	1,290	20	1,418	30	1,276

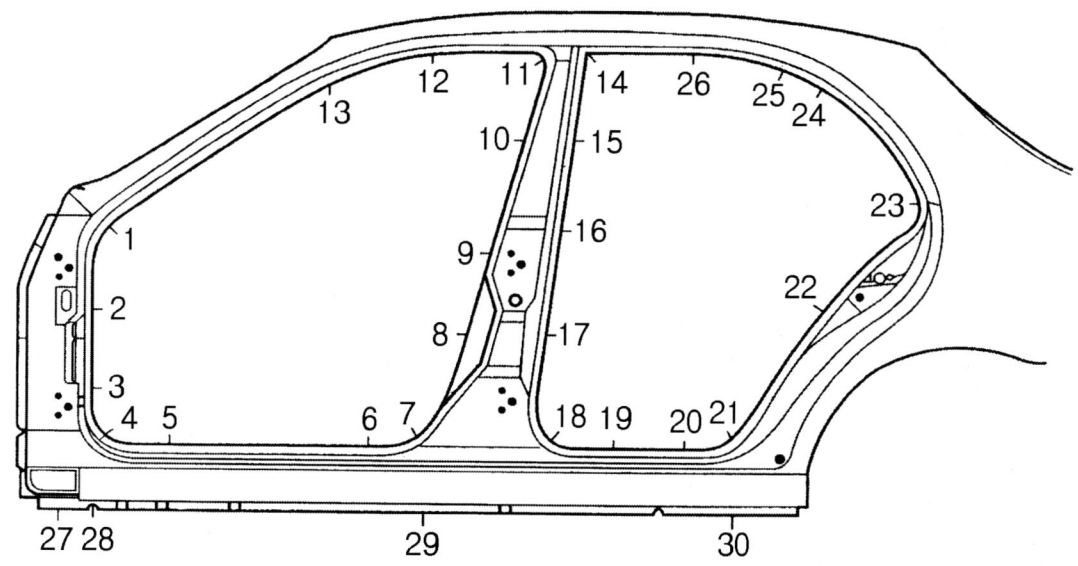

수리치수도-프레임 도어 오프닝

※ 치수는 그림의 지시된 곳 양쪽간 거리를 나타냄.

번호	참고치수(mm)	번호	참고치수(mm)
1	1,031	7	455
2	1,316	8	958
3	952	9	780
4	1,090	10	633
5	838	11	602
6	993	12	966

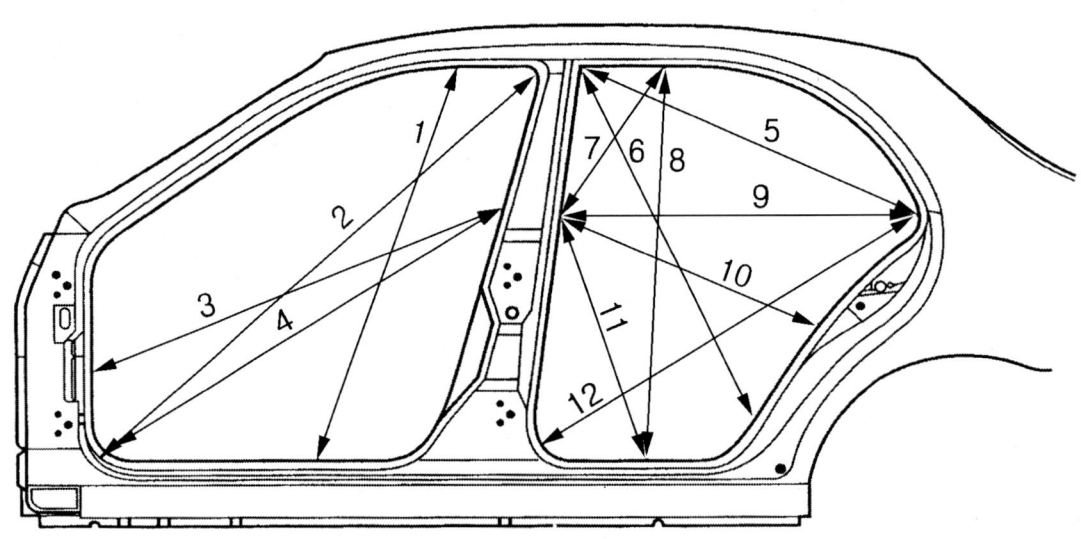

Lanos

앞, 뒤 유리부

※ 치수는 그림의 지시된 곳 양쪽간 거리를 나타냄.
 (앞 유리부는 A필러 상하 양 끝단부 모서리 상부,
 뒷 유리부는 C필러 상하 양 끝단부 모서리 상부 기준임)

번호	참고치수(mm)
1	935
2	1,331
3	693
4	1,352
5	940
6	1,173
7	481
8	1,218

백 패널 로워

※ 치수는 그림의 지시된 곳의 구멍 중앙과 중앙간 거리를 나타냄.

번호	참고치수(mm)	번호	참고치수(mm)
1	1,392	9	98
2	1,352	10	159
3	1,200	11	151
4	1,174	12	115
5	1,074	13	890
6	700	14	1,120
7	78	15	1,140
8	98.5	16	1,446

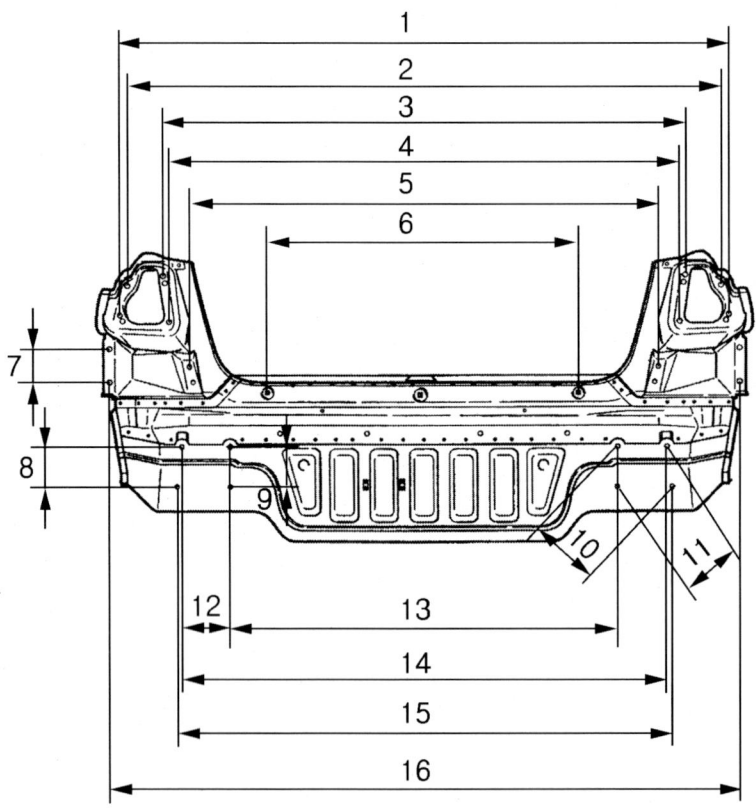

수리치수도-트렁크 룸

※ 치수는 그림의 지시된 곳의 구멍 중앙과 중앙간 거리를 나타냄.

번호	참고치수(mm)	번호	참고치수(mm)
1	1,423	6	772
2	1,384	7	1,068
3	1,378	8	680
4	1,406	9	788
5	240		

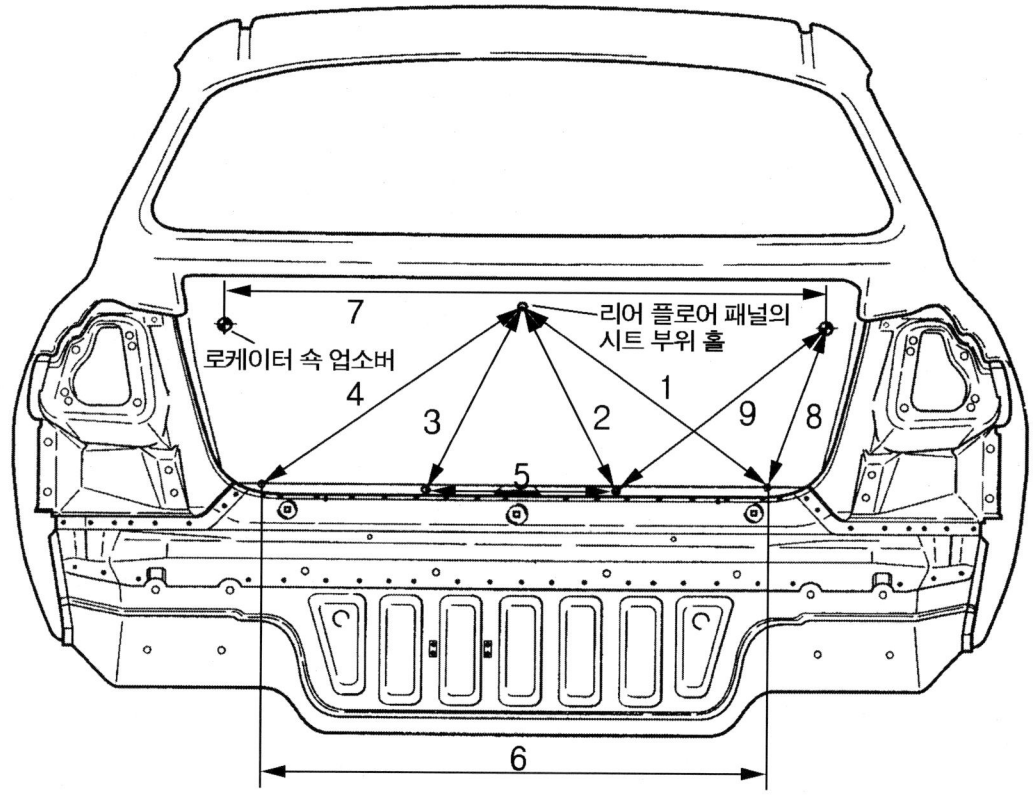

틈새 치수도

※ 각 부품이 확실하게 조립되었는지 점검한다.
  차체와 외부에 조립되는 패널, 램프류 및 범퍼간의 틈새 및 단차를 점검한다.
  실내와 트렁크 내부에 누수되는 곳이 있는지 점검한다.

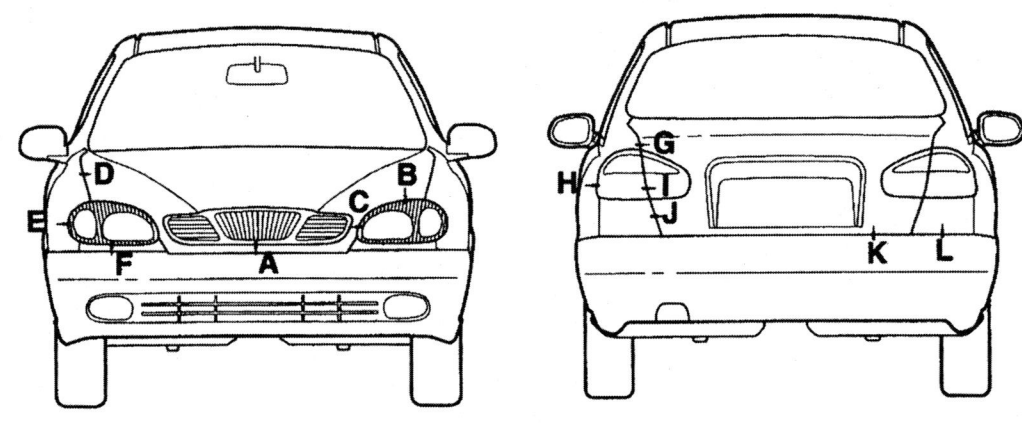

구분	후드 × 프런트 범퍼	후드×헤드램프	후드×펜더	펜더 ×헤드램프	스페이서 ×프런트 범퍼
위치	A	B	C	D	E	F
틈새(mm)	5^{+2}	5^{+2}	5 ± 1	$3^{+1}_{-0.5}$	$3^{+0.5}$	1.5 ± 0.5
구분	트렁크리드 ×사이드아우터	사이드아우터 ×테일램프	트렁크리드 ×테일램프	스페이서 ×트렁크리드	트렁크리드 ×리어범퍼	스페이서 ×리어범퍼
위치	G	H	I	J	K	L
틈새(mm)	3+1	2 ± 1	4.0^{+1}	3^{+1}	5^{+2}	1.5 ± 0.5

Lanos

틈새 치수도

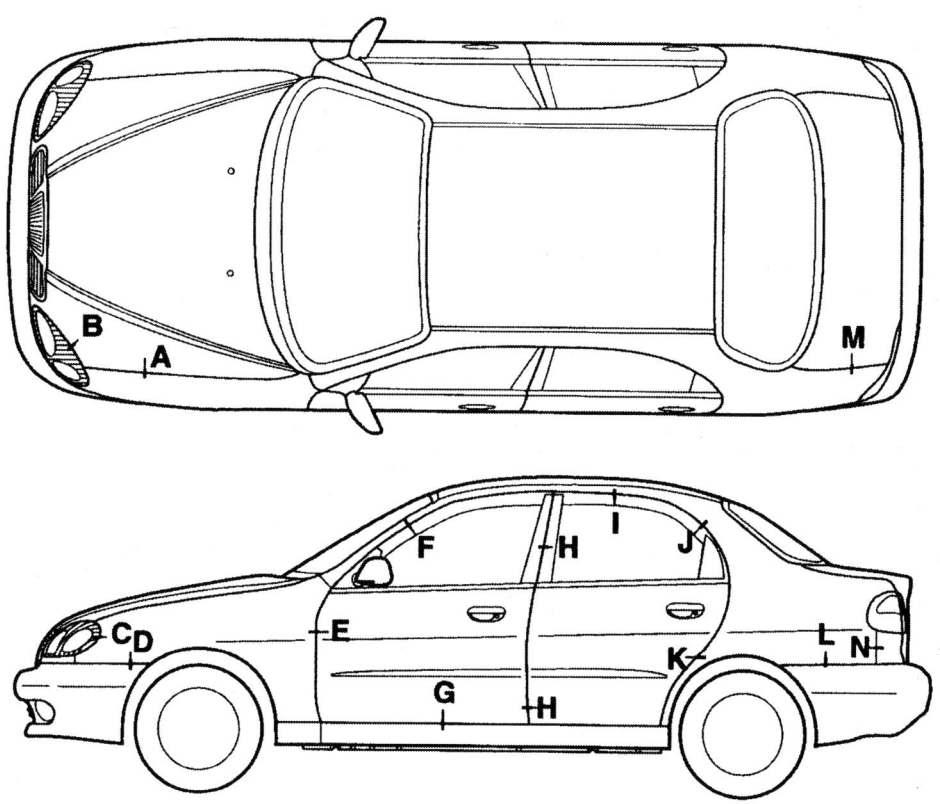

구분	후드 × 펜더	펜더 ×헤드램프	펜더 ×헤드램프	펜더 ×프런트범퍼	펜더 ×프런트도어	프런트 도어 ×A필러	도어 ×로커 패널
위치	A	B	C	D	E	F	G
틈새(mm)	$3^{+1}_{-0.5}$	5^{+2}	$3^{+0.5}$	1.5 ± 0.5	3.5 ± 1	5.0 ± 1	5.0 ± 1
구분	프런트도어 ×리어도어	도어 ×루프	리어도어 ×C필라	리어도어 ×사이드아우터	사이드아우터 ×리어범퍼	트렁크리드 ×사이드아우터	사이드아우터 ×스페이서
위치	H	I	J	K	L	M	N
틈새(mm)	4.0^{+1}	5 ± 1	5 ± 1	3.5^{+1}	1.5 ± 0.5	3.0^{+1}	2 ± 0.5

2009
실기시험문제

국가기술자격검정실기시험문제

자격종목	자동차 차체수리 기능사	작품명	자동차 차체수리 작업

비번호 :
시험시간 : 6시간(1과제 : 70분, 2과제 : 170분, 3과제 : 80분, 4과제 : 40분)

※ 요구사항 일부내용이 변경될 수 있음

가. 요구사항

1. 차체 정렬 작업
1) 선택된 장비에 차량을 장비에 세팅시키고 손상 분석을 위한 계측 장비를 설치하시오.
   ※ 차량정렬 치수도 및 차량정렬 도면(시험장에서 제공)
2) 차체 변형상태를 계측장비를 이용하여 측정하고 변형의 방향을 화살표(→, ←, ↑, ↓)로 기록표 【도면 1】의 손상분석 체크리스트 □에 표시하여 제출하시오. 단, 변형이 없는 경우에는 ○으로 표시한다.
3) 도면 1 손상분석 체크리스트의 체크 포인트는 계측 장비에 따라 측정 위치가 달라질 수는 있으나 체크 포인트 수는 같게 하여야 한다. 이때에는 측정 위치를 손상분석 체크리스트에 반드시 표시하여야 한다.
4) 견인 작업을 위한 장비를 설치하시오.

2. 패널 제작 및 교환 작업
1) 연강판으로 센터 필러의 내측 패널을 제작하고 【도면 2】와 같이 용접하시오.(시험위원에게 확인)
2) 제작된 패널은 【도면 3】과 같이 스포트 용접부 제거 및 절단작업 후 탈거하시오.(시험위원에게 확인)
3) 지급된 신품 패널을 절단하여 루트 간격을 맞춰 가용접하시오. 단, 가용접 간격은 20mm 이상으로 할 것.(시험위원에게 확인)
4) 플러그 용접 홀을 가공하시오.(시험위원에게 확인)
5) 조립된 패널을 【도면 3】과 같이 용접하시오.(시험위원에게 확인)
6) 용접 비드를 연삭하시오.(시험위원에게 확인)(시험위원에게 확인)
7) 퍼티를 도포하시오.

3. 탈·부착 작업
시험위원의 지시에 따라 주어진 자동차에서 (좌 또는 우측) 앞 도어를 탈거하고 조립하여 정상작동이 되도록 하시오.(시험위원에게 확인)
   ※ 탈·부착 작업은 완성 차량에서 실시하여야 하며, 모든 부품이 장착되어 있는 상태에서 진행
   ※ 선택된 부품을 탈·부착시 자동차 제작사 매뉴얼에 따라 진행하되, 단순 탈착이 아닌 전체를 분해하고 조정 작업을 하여야 함.

4. 용접 및 절단 작업
주어진 【도면 4, 5】에 따라 전기용접 및 가스 절단작업을 하시오.(시험위원에게 확인)

세부 공개 내용(공통)

자 격 종 목	자동차 차체수리 기능사	작 품 명	자동차 차체수리 작업

나. 요구사항

1. 손상 분석 및 견인 작업
1) 장비 세팅 및 체크리스트 작성 : 잘못 작성된 포인트 당 감점
2) 견인장비 세팅
   ※ 견인 방향의 위치가 차량의 손상되기 전 위치에서 손상진행 반대 방향으로 200mm 이내에 위치하지 않으면 감점
   ※ 견인 방향의 체인 위치가 차량의 손상되기 전 위치에서 손상진행 반대 방향으로 300mm 이내 위치하지 않으면 감점
   ※ 클램프, 안전 고리 등 체결시 체결방법이 올바르지 않으면 포인트 당 감점

2. 연속 MIG / MAG 용접
1) 연속 MIG / MAG 용접 : 높이 2.5mm를 초과하는 각 용접길이 10mm 당 감점
2) 연속 MIG / MAG 용접 백 비드 : 백 비드가 나오지 않은 각 용접길이 10mm 당 감점
3) 용접을 한 부위가 정확하게 정렬되지 않은 각 용접길이 10mm 당 감점
4) 연속 MIG / MAG 용접은 길이가 20mm 이상이 되어야 하며, 용접 길이가 20mm 미만시 10mm 당 감점
5) 용접 결함(기포, 언더컷, 산화, 오버랩 등) 발생시 각 포인트 당 감점

3. 스폿(SPOT) 용접
1) 스폿 용접을 규정의 개수보다 많거나 적거나 또는 부정확한 위치일 경우 1포인트 당 감점
2) 스폿 용접이 산화나 홀이 생겼을 경우 각 포인트 당 감점
3) 스폿 용접 강도 : 임의로 테스트하여 잘못된 용접 부위 당 감점

4. 플러그 용접(MIG / MAG Plug Welding)
1) 플러그 용접 홀은 4~6mm로 가공하지 않은 포인트 당 감점
2) 플러그 용접 횟수 또는 부정확한 1포인트 당 감점
3) 높이 2mm, 홀 크기의 150%를 초과하는 각 플러그 용접 각 포인트 당 감점
4) 완전하게 용접되지 않은 각 플러그 용접 1포인트 당 감점
5) 용접 결함(기포, 언더컷, 산화 등) 발생시 각 플러그 각 포인트 당 감점

5. 용접 연삭
1) 연속용접 연삭시 과다연삭 내지 충분히 연삭되지 않은 용접면 깊이 10mm 당 감점
2) 미그 플러그 연삭시 과다 연삭 내지 충분히 연삭되지 않은 용접 포인트 당 감점
3) 백 비드를 연삭하지 않은 포인트 당 감점

6. 패널 탈거
1) 드릴링으로 생긴 드릴자국 각 1홀 당 감점
2) 교환하지 않는 패널에 찢어진 포인트 당 감점
3) 패널 절단시 내부(인너) 패널에 손상이 있을 시 5mm 당 감점
4) 미 연삭은 포인트 당 감점, 과다 연삭은 5mm 당 감점
5) 다듬질이 안 된 부위 길이 50mm 당 감점

7. 패널 틈새
   루트 간격 : 1mm 이하를 초과하는 틈새 길이 10mm 당 감점

8. 평활도(Templates)
   허용 오차 1mm, 각 측정 포인트 당 1mm 초과시 감점

9. 퍼티 도포
   1) 용접선을 중심으로 50mm를 벗어나면 20mm 당 감점
   2) 퍼티 도포량이 적정하지 않은 길이 20mm 당 감점

10. 탈·부착
   제작사 매뉴얼의 스팩(+ or - 허용오차)내에 있으면 만점, 벗어나면 0점

11. 용접 및 절단 작업
   1) 용접을 한 부위가 정확하게 정렬되지 않은 각 용접길이 10mm 당 감점
   2) 용접 결함(기포, 언더컷, 산화, 오버랩 등) 발생시 각 포인트 당 감점
   3) 절단선이 일정하지 않으면 절단길이 50mm 당 감점
   4) 절단 모서리가 예각일 경우 1곳 당 감점

12. 안전보호구 미착용시
   보안경, 용접장갑, 귀마개, 마스크, 용접 앞치마 등 안전 보호구 미착용 등 안전에 위반되는 행위 발견시 감점

다. 수검자 유의사항

1. 시험위원의 지시에 따라 실기작업에 임하며, 각 과정별 작업은 안전사항을 준수하여 작업한다.
2. 검정장비, 측정기기 및 시험기기의 취급은 조심스럽게 취급하여 안전사고 및 각종 기재 손상이 발생하지 않도록 주의하여야 한다.
3. 다음 각 항에 해당하는 경우에는 해당 항목을 0점 처리한다.
   1) 각 과제별로 제한된 시험시간을 초과하여 작업할 경우
   2) 작업별 중간 채점을 받지 않은 경우
   3) 기능 미숙으로 안전사고, 기재 손상 등이 우려되는 경우
   4) 장비 사용이 극히 미숙한 경우[장비 사용미숙]
4. 다음 각 항에 해당하는 경우는 부정행위 또는 미완성에 해당되므로 실격 처리한다.
   1) 수검자간 시험내용과 관련 대화를 하거나, 기록사항 등을 보여주는 경우
   2) 휴대폰 또는 기타 통신기기를 휴대하여 사용하는 경우
   3) 수험 전 과정(차체 정렬 작업, 패널 제작 및 교환 작업, 탈·부착 작업, 용접 및 절단 작업 과정)을 응시하지 않은 경우
   4) 패널 제작 및 교환 작업에서 제한된 시간 내에 작품을 제출하지 못한 경우
   5) 패널 제작 및 교환 작업이 오작인 경우
      ※ 치수 ± 10mm 초과한 경우
      ※ 패널제작 및 교환 작업을 완성하지 못한 경우
      ※ 도면과 상이하며, 시험문제에서 요구하는 내용과 틀린 경우
   6) 차체 정렬 작업, 패널 제작 및 교환 작업, 탈·부착 작업, 용접 및 절단 작업 중 어느 한 과정 전체가 0점일 때
   7) 작업이 극히 미숙하여 안전사고 및 기자재 손상이 발생된 경우
   8) 기타 시험과 관련된 부정행위를 하는 경우

자동차 차체수리기능사 5

공개 도면

| 자격종목 | 자동차 차체수리 기능사 | 작품명 | 자동차 차체수리 작업 |

도면 1. 손상 분석과 체크리스트

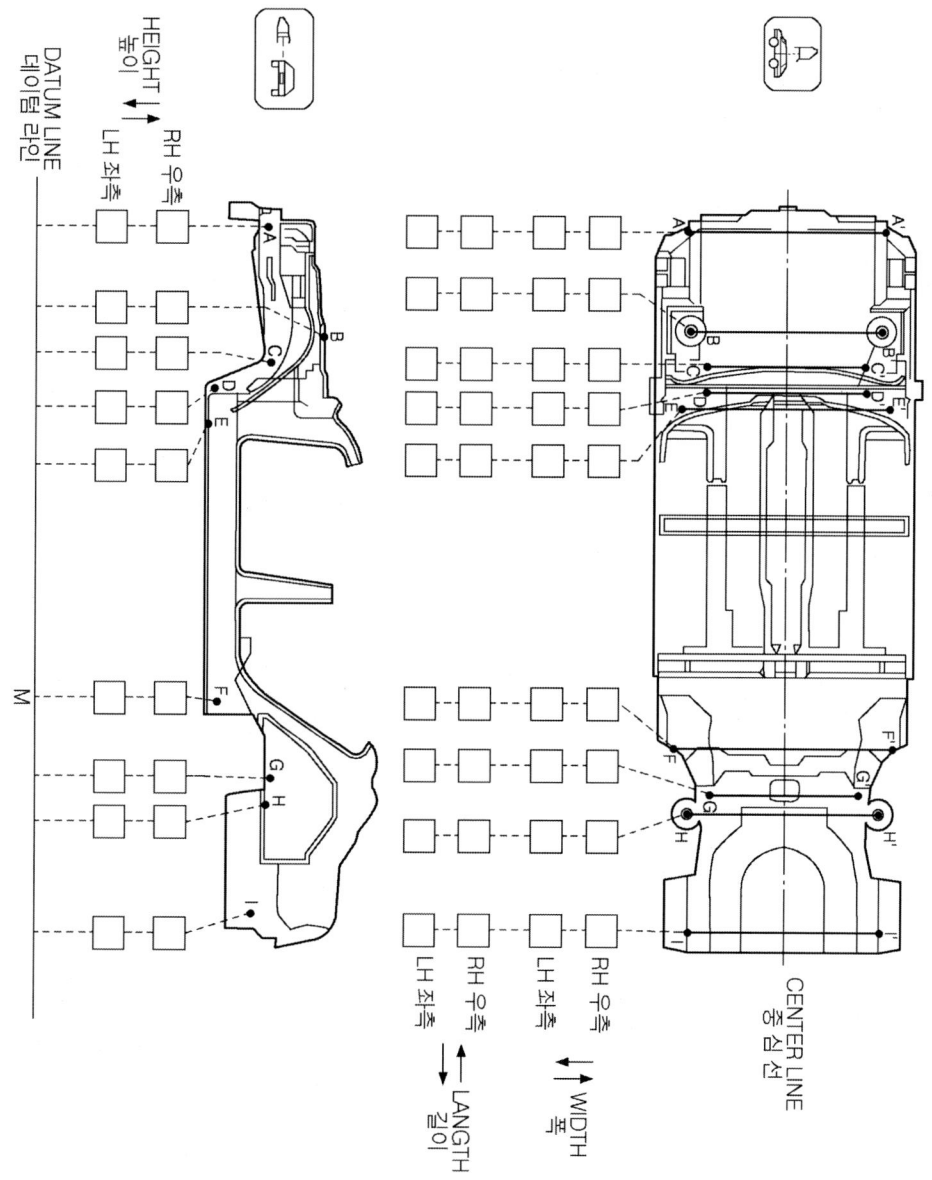

도면 2. 센터 필러

(센터 필러 내측 패널 용접 개소)

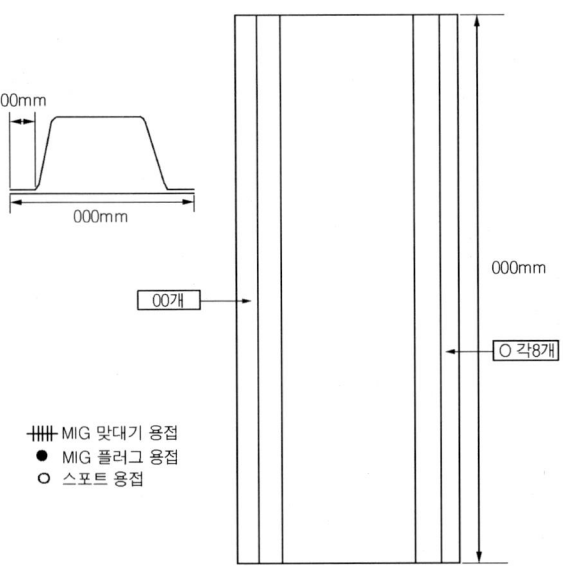

도면 3. 센터 필러

(절단위치, 신품 패널 용접형태)

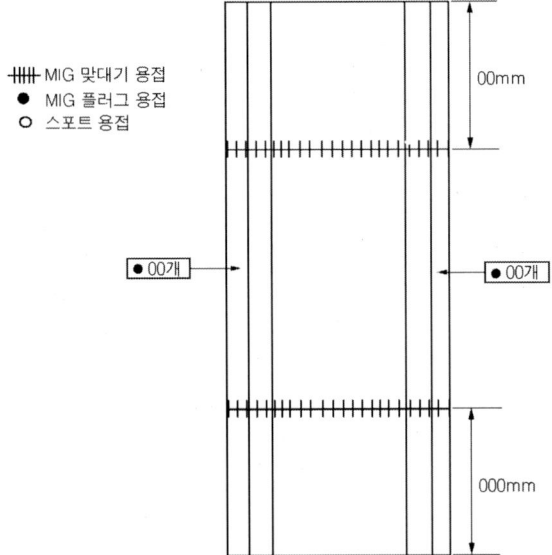

도면 4. 패널 용접

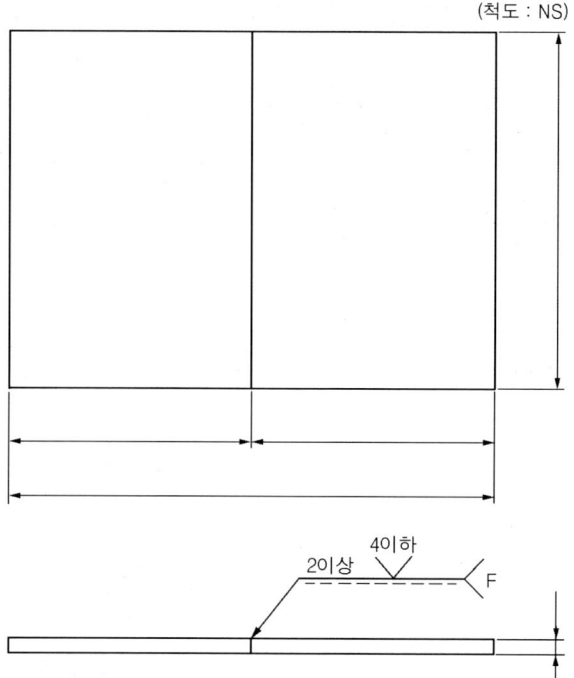

도면 5. 패널 절단

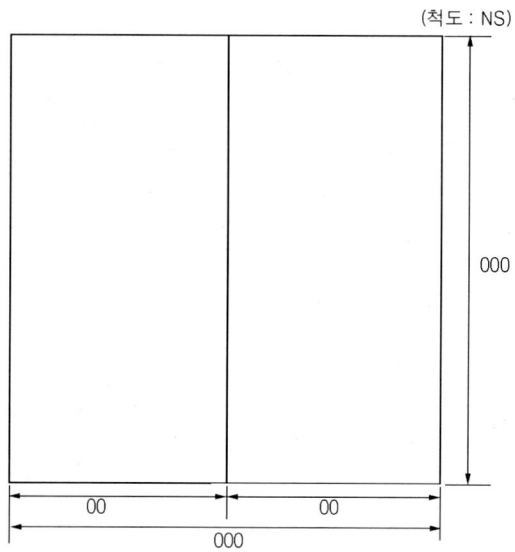

국가기술자격검정실기시험문제

자격종목	자동차 차체수리 기능사	작품명	자동차 차체수리 작업

비번호 :
시험시간 : 6시간(1과제 : 70분, 2과제 : 170분, 3과제 : 80분, 4과제 : 40분)

※ 요구사항 일부내용이 변경될 수 있음

가. 요구사항

1. 차체 정렬 작업
1) 선택된 장비에 차량을 장비에 세팅시키고 손상 분석을 위한 계측 장비를 설치하시오.
    ※ 차량정렬 치수도 및 차량정렬 도면(시험장에서 제공)
2) 차체 변형상태를 계측장비를 이용하여 측정하고 변형의 방향을 화살표(→, ←, ↑, ↓)로 기록표 【도면 1】의 손상분석 체크리스트 □에 표시하여 제출하시오. 단, 변형이 없는 경우에는 ○으로 표시한다.
3) 도면 1 손상분석 체크리스트의 체크 포인트는 계측 장비에 따라 측정 위치가 달라질 수는 있으나 체크 포인트 수는 같게 하여야 한다. 이때에는 측정 위치를 손상분석 체크리스트에 반드시 표시하여야 한다.
4) 견인 작업을 위한 장비를 설치하시오.

2. 패널 제작 및 교환 작업
1) 연강판으로 센터 필러의 내측 패널을 제작하고 【도면 2】와 같이 용접하시오.(시험위원에게 확인)
2) 제작된 패널은 【도면 3】과 같이 스포트 용접부 제거 및 절단작업 후 탈거하시오.(시험위원에게 확인)
3) 지급된 신품 패널을 절단하여 루트 간격을 맞춰 가용접하시오. 단, 가용접 간격은 20mm 이상으로 할 것.(시험위원에게 확인)
4) 플러그 용접 홀을 가공하시오.(시험위원에게 확인)
5) 조립된 패널을 【도면 3】과 같이 용접하시오.(시험위원에게 확인)
6) 용접 비드를 연삭하시오.(시험위원에게 확인)
7) 퍼티를 도포하시오.(시험위원에게 확인)

3. 탈·부착 작업
시험위원의 지시에 따라 주어진 자동차에서 (좌 또는 우측) 뒷 도어를 탈거하고 조립하여 정상작동이 되도록 하시오.(시험위원에게 확인)
    ※ 탈·부착 작업은 완성 차량에서 실시하여야 하며, 모든 부품이 장착되어 있는 상태에서 진행
    ※ 선택된 부품을 탈·부착시 자동차 제작사 매뉴얼에 따라 진행하되, 단순 탈착이 아닌 전체를 분해하고 조정 작업을 하여야 함.

4. 용접 및 절단 작업
주어진 【도면 4, 5】에 따라 전기용접 및 가스 절단작업을 하시오.(시험위원에게 확인)

국가기술자격검정실기시험문제

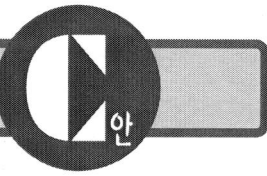

| 자격종목 | 자동차 차체수리 기능사 | 작품명 | 자동차 차체수리 작업 |

비번호 :
시험시간 : 6시간(1과제 : 70분, 2과제 : 170분, 3과제 : 80분, 4과제 : 40분)

※ 요구사항 일부내용이 변경될 수 있음

가. 요구사항

1. 차체 정렬 작업
1) 선택된 장비에 차량을 장비에 세팅시키고 손상 분석을 위한 계측 장비를 설치하시오.
   ※ 차량정렬 치수도 및 차량정렬 도면(시험장에서 제공)
2) 차체 변형상태를 계측장비를 이용하여 측정하고 변형의 방향을 화살표(→, ←, ↑, ↓)로 기록표 【도면 1】의 손상분석 체크리스트 □에 표시하여 제출하시오. 단, 변형이 없는 경우에는 ○으로 표시한다.
3) 도면 1 손상분석 체크리스트의 체크 포인트는 계측 장비에 따라 측정 위치가 달라질 수는 있으나 체크 포인트 수는 같게 하여야 한다. 이때에는 측정 위치를 손상분석 체크리스트에 반드시 표시하여야 한다.
4) 견인 작업을 위한 장비를 설치하시오.

2. 패널 제작 및 교환 작업
1) 연강판으로 사이드 실의 내측 패널을 제작하고 【도면 2】와 같이 용접하시오.(시험위원에게 확인)
2) 제작된 패널은 【도면 3】과 같이 스포트 용접부 제거 및 절단작업 후 탈거하시오.(시험위원에게 확인)
3) 지급된 신품 패널을 절단하여 루트 간격을 맞춰 가용접하시오. 단, 가용접 간격은 20mm 이상으로 할 것.(시험위원에게 확인)
4) 플러그 용접 홀을 가공하시오.(시험위원에게 확인)
5) 조립된 패널을 【도면 3】과 같이 용접하시오.(시험위원에게 확인)
6) 용접 비드를 연삭하시오.(시험위원에게 확인)
7) 퍼티를 도포하시오.(시험위원에게 확인)

3. 탈·부착 작업
시험위원의 지시에 따라 주어진 자동차에서 트렁크 또는 테일 게이트를 탈거하고 조립하여 정상작동이 되도록 하시오.(시험위원에게 확인)
   ※ 탈·부착 작업은 완성 차량에서 실시하여야 하며, 모든 부품이 장착되어 있는 상태에서 진행
   ※ 선택된 부품을 탈·부착시 자동차 제작사 매뉴얼에 따라 진행하되, 단순 탈착이 아닌 전체를 분해하고 조정 작업을 하여야 함.

4. 용접 및 절단 작업
주어진 【도면 4, 5】에 따라 전기용접 및 가스 절단작업을 하시오.(시험위원에게 확인)

국가기술자격검정실기시험문제

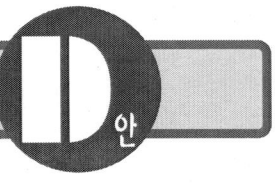

자 격 종 목	자동차 차체수리 기능사	작 품 명	자동차 차체수리 작업

비번호 :

시험시간 : 6시간(1과제 : 70분, 2과제 : 170분, 3과제 : 80분, 4과제 : 40분)

※ 요구사항 일부내용이 변경될 수 있음

가. 요구사항

1. 차체 정렬 작업
1) 선택된 장비에 차량을 장비에 세팅시키고 손상 분석을 위한 계측 장비를 설치하시오.
   ※ 차량정렬 치수도 및 차량정렬 도면(시험장에서 제공)
2) 차체 변형상태를 계측장비를 이용하여 측정하고 변형의 방향을 화살표(→, ←, ↑, ↓)로 기록표 【도면 1】의 손상분석 체크리스트 □에 표시하여 제출하시오. 단, 변형이 없는 경우에는 ○으로 표시한다.
3) 도면 1 손상분석 체크리스트의 체크 포인트는 계측 장비에 따라 측정 위치가 달라질 수는 있으나 체크 포인트 수는 같게 하여야 한다. 이때에는 측정 위치를 손상분석 체크리스트에 반드시 표시하여야 한다.
4) 견인 작업을 위한 장비를 설치하시오.

2. 패널 제작 및 교환 작업
1) 연강판으로 사이드 실의 내측 패널을 제작하고 【도면 2】와 같이 용접하시오.(시험위원에게 확인)
2) 제작된 패널은 【도면 3】과 같이 스폿 용접부 제거 및 절단작업 후 탈거하시오.(시험위원에게 확인)
3) 지급된 신품 패널을 절단하여 루트 간격을 맞춰 가용접하시오. 단, 가용접 간격은 20mm 이상으로 할 것.(시험위원에게 확인)
4) 플러그 용접 홀을 가공하시오.(시험위원에게 확인)
5) 조립된 패널을 【도면 3】과 같이 용접하시오.(시험위원에게 확인)
6) 용접 비드를 연삭하시오.(시험위원에게 확인)
7) 퍼티를 도포하시오.(시험위원에게 확인)

3. 탈·부착 작업
시험위원의 지시에 따라 주어진 자동차에서 (좌 또는 우측) 앞 펜더를 탈거하고 조립하여 정상작동이 되도록 하시오.(시험위원에게 확인)
   ※ 탈·부착 작업은 완성 차량에서 실시하여야 하며, 모든 부품이 장착되어 있는 상태에서 진행
   ※ 선택된 부품을 탈·부착시 자동차 제작사 매뉴얼에 따라 진행하되, 단순 탈착이 아닌 전체를 분해하고 조정 작업을 하여야 함.

4. 용접 및 절단 작업
주어진 【도면 4, 5】에 따라 전기용접 및 가스 절단작업을 하시오.(시험위원에게 확인)

국가기술자격검정실기시험문제

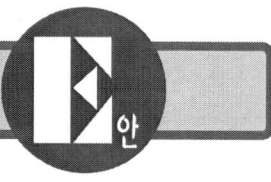

자격종목	자동차 차체수리 기능사	작품명	자동차 차체수리 작업

비번호 :
시험시간 : 6시간(1과제 : 70분, 2과제 : 170분, 3과제 : 80분, 4과제 : 40분)

※ 요구사항 일부내용이 변경될 수 있음

가. 요구사항

1. 차체 정렬 작업
1) 선택된 장비에 차량을 장비에 세팅시키고 손상 분석을 위한 계측 장비를 설치하시오.
   ※ 차량정렬 치수도 및 차량정렬 도면(시험장에서 제공)
2) 차체 변형상태를 계측장비를 이용하여 측정하고 변형의 방향을 화살표(→, ←, ↑, ↓)로 기록표 【도면 1】의 손상분석 체크리스트 □에 표시하여 제출하시오. 단, 변형이 없는 경우에는 ○으로 표시한다.
3) 도면 1 손상분석 체크리스트의 체크 포인트는 계측 장비에 따라 측정 위치가 달라질 수는 있으나 체크 포인트 수는 같게 하여야 한다. 이때에는 측정 위치를 손상분석 체크리스트에 반드시 표시하여야 한다.
4) 견인 작업을 위한 장비를 설치하시오.

2. 패널 제작 및 교환 작업
1) 연강판으로 센터 필러의 내측 패널을 제작하고 【도면 2】와 같이 용접하시오.(시험위원에게 확인)
2) 제작된 패널은 【도면 3】과 같이 스포트 용접부 제거 및 절단작업 후 탈거하시오.(시험위원에게 확인)
3) 지급된 신품 패널을 절단하여 루트 간격을 맞춰 가용접하시오. 단, 가용접 간격은 20mm 이상으로 할 것.(시험위원에게 확인)
4) 플러그 용접 홀을 가공하시오.(시험위원에게 확인)
5) 조립된 패널을 【도면 3】과 같이 용접하시오.(시험위원에게 확인)
6) 용접 비드를 연삭하시오.(시험위원에게 확인)
7) 퍼티를 도포하시오.(시험위원에게 확인)

3. 탈·부착 작업
시험위원의 지시에 따라 주어진 자동차에서 (좌 또는 우측) 앞 도어를 탈거하고 조립하여 정상작동이 되도록 하시오.(시험위원에게 확인)
   ※ 탈·부착 작업은 완성 차량에서 실시하여야 하며, 모든 부품이 장착되어 있는 상태에서 진행
   ※ 선택된 부품을 탈·부착시 자동차 제작사 매뉴얼에 따라 진행하되, 단순 탈착이 아닌 전체를 분해하고 조정 작업을 하여야 함.

4. 용접 및 절단 작업
주어진 【도면 4, 5】에 따라 전기용접 및 가스 절단작업을 하시오.(시험위원에게 확인)

국가기술자격검정실기시험문제

자격종목	자동차 차체수리 기능사	작품명	자동차 차체수리 작업

비번호 :
시험시간 : 6시간(1과제 : 70분, 2과제 : 170분, 3과제 : 80분, 4과제 : 40분)

※ 요구사항 일부내용이 변경될 수 있음

가. 요구사항

1. 차체 정렬 작업
1) 선택된 장비에 차량을 장비에 세팅시키고 손상 분석을 위한 계측 장비를 설치하시오.
    ※ 차량정렬 치수도 및 차량정렬 도면(시험장에서 제공)
2) 차체 변형상태를 계측장비를 이용하여 측정하고 변형의 방향을 화살표(→, ←, ↑, ↓)로 기록표 【도면 1】의 손상분석 체크리스트 □에 표시하여 제출하시오. 단, 변형이 없는 경우에는 ○으로 표시한다.
3) 도면 1 손상분석 체크리스트의 체크 포인트는 계측 장비에 따라 측정 위치가 달라질 수는 있으나 체크 포인트 수는 같게 하여야 한다. 이때에는 측정 위치를 손상분석 체크리스트에 반드시 표시하여야 한다.
4) 견인 작업을 위한 장비를 설치하시오.

2. 패널 제작 및 교환 작업
1) 연강판으로 센터 필러의 내측 패널을 제작하고 【도면 2】와 같이 용접하시오.(시험위원에게 확인)
2) 제작된 패널은 【도면 3】과 같이 스포트 용접부 제거 및 절단작업 후 탈거하시오.(시험위원에게 확인)
3) 지급된 신품 패널을 절단하여 루트 간격을 맞춰 가용접하시오. 단, 가용접 간격은 20mm 이상으로 할 것.(시험위원에게 확인)
4) 플러그 용접 홀을 가공하시오.(시험위원에게 확인)
5) 조립된 패널을 【도면 3】과 같이 용접하시오.(시험위원에게 확인)
6) 용접 비드를 연삭하시오.(시험위원에게 확인)
7) 퍼티를 도포하시오.(시험위원에게 확인)

3. 탈·부착 작업
시험위원의 지시에 따라 주어진 자동차에서 (좌 또는 우측) 뒷 도어를 탈거하고 조립하여 정상작동이 되도록 하시오.(시험위원에게 확인)
※ 탈·부착 작업은 완성 차량에서 실시하여야 하며, 모든 부품이 장착되어 있는 상태에서 진행
※ 선택된 부품을 탈·부착시 자동차 제작사 매뉴얼에 따라 진행하되, 단순 탈착이 아닌 전체를 분해하고 조정 작업을 하여야 함.

4. 용접 및 절단 작업
주어진 【도면 4, 5】에 따라 전기용접 및 가스 절단작업을 하시오.(시험위원에게 확인)

국가기술자격검정실기시험문제

자격종목	자동차 차체수리 기능사	작품명	자동차 차체수리 작업

비번호 :
시험시간 : 6시간(1과제 : 70분, 2과제 : 170분, 3과제 : 80분, 4과제 : 40분)

※ 요구사항 일부내용이 변경될 수 있음

가. 요구사항

1. 차체 정렬 작업
1) 선택된 장비에 차량을 장비에 세팅시키고 손상 분석을 위한 계측 장비를 설치하시오.
   ※ 차량정렬 치수도 및 차량정렬 도면(시험장에서 제공)
2) 차체 변형상태를 계측장비를 이용하여 측정하고 변형의 방향을 화살표(→, ←, ↑, ↓)로 기록표 【도면 1】의 손상분석 체크리스트 □에 표시하여 제출하시오. 단, 변형이 없는 경우에는 ○으로 표시한다.
3) 도면 1 손상분석 체크리스트의 체크 포인트는 계측 장비에 따라 측정 위치가 달라질 수는 있으나 체크 포인트 수는 같게 하여야 한다. 이때에는 측정 위치를 손상분석 체크리스트에 반드시 표시하여야 한다.
4) 견인 작업을 위한 장비를 설치하시오.

2. 패널 제작 및 교환 작업
1) 연강판으로 사이드 실의 내측 패널을 제작하고 【도면 2】와 같이 용접하시오.(시험위원에게 확인)
2) 제작된 패널은 【도면 3】과 같이 스포트 용접부 제거 및 절단작업 후 탈거하시오.(시험위원에게 확인)
3) 지급된 신품 패널을 절단하여 루트 간격을 맞춰 가용접하시오. 단, 가용접 간격은 20mm 이상으로 할 것.(시험위원에게 확인)
4) 플러그 용접 홀을 가공하시오.(시험위원에게 확인)
5) 조립된 패널을 【도면 3】과 같이 용접하시오.(시험위원에게 확인)
6) 용접 비드를 연삭하시오.(시험위원에게 확인)
7) 퍼티를 도포하시오.(시험위원에게 확인)

3. 탈·부착 작업
시험위원의 지시에 따라 주어진 자동차에서 트렁크 또는 테일 게이트를 탈거하고 조립하여 정상작동이 되도록 하시오.(시험위원에게 확인)
   ※ 탈·부착 작업은 완성 차량에서 실시하여야 하며, 모든 부품이 장착되어 있는 상태에서 진행
   ※ 선택된 부품을 탈·부착시 자동차 제작사 매뉴얼에 따라 진행하되, 단순 탈착이 아닌 전체를 분해하고 조정 작업을 하여야 함.

4. 용접 및 절단 작업
주어진 【도면 4, 5】에 따라 전기용접 및 가스 절단작업을 하시오.(시험위원에게 확인)

국가기술자격검정실기시험문제

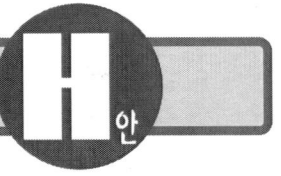

자격종목	자동차 차체수리 기능사	작품명	자동차 차체수리 작업

비번호 :
시험시간 : 6시간(1과제 : 70분, 2과제 : 170분, 3과제 : 80분, 4과제 : 40분)

※ 요구사항 일부내용이 변경될 수 있음

가. 요구사항

1. 차체 정렬 작업
1) 선택된 장비에 차량을 장비에 세팅시키고 손상 분석을 위한 계측 장비를 설치하시오.
   ※ 차량정렬 치수도 및 차량정렬 도면(시험장에서 제공)
2) 차체 변형상태를 계측장비를 이용하여 측정하고 변형의 방향을 화살표(→, ←, ↑, ↓)로 기록표 【도면 1】의 손상분석 체크리스트 □에 표시하여 제출하시오. 단, 변형이 없는 경우에는 ○으로 표시한다.
3) 도면 1 손상분석 체크리스트의 체크 포인트는 계측 장비에 따라 측정 위치가 달라질 수는 있으나 체크 포인트 수는 같게 하여야 한다. 이때에는 측정 위치를 손상분석 체크리스트에 반드시 표시하여야 한다.
4) 견인 작업을 위한 장비를 설치하시오.

2. 패널 제작 및 교환 작업
1) 연강판으로 센터 필러의 내측 패널을 제작하고 【도면 2】와 같이 용접하시오.(시험위원에게 확인)
2) 제작된 패널은 【도면 3】과 같이 스포트 용접부 제거 및 절단작업 후 탈거하시오.(시험위원에게 확인)
3) 지급된 신품 패널을 절단하여 루트 간격을 맞춰 가용접하시오. 단, 가용접 간격은 20mm 이상으로 할 것.(시험위원에게 확인)
4) 플러그 용접 홀을 가공하시오.(시험위원에게 확인)
5) 조립된 패널을 【도면 3】과 같이 용접하시오.(시험위원에게 확인)
6) 용접 비드를 연삭하시오.(시험위원에게 확인)
7) 퍼티를 도포하시오.(시험위원에게 확인)

3. 탈·부착 작업
시험위원의 지시에 따라 주어진 자동차에서 (좌 또는 우측) 뒷 도어를 탈거하고 조립하여 정상작동이 되도록 하시오.(시험위원에게 확인)
   ※ 탈·부착 작업은 완성 차량에서 실시하여야 하며, 모든 부품이 장착되어 있는 상태에서 진행
   ※ 선택된 부품을 탈·부착시 자동차 제작사 매뉴얼에 따라 진행하되, 단순 탈착이 아닌 전체를 분해하고 조정 작업을 하여야 함.

4. 용접 및 절단 작업
주어진 【도면 4, 5】에 따라 전기용접 및 가스 절단작업을 하시오.(시험위원에게 확인)

- ◆ 박상윤　(現) 상계직업전문학교
  　　　　　　E-mail : syp1219@hanmail.net
- ◆ 김태원　(現) 현대·기아자동차(주)
  　　　　　　E-mail : icing925@hanmail.net
- ◆ 전영기　(現) 대성직업전문학교

자동차 차체수리 실기문제집

초 판 발 행 | 2007년 2월 12일
제1판 5쇄 발행 | 2024년 2월 1일

지 은 이 | 박상윤, 김태원, 전영기
발 행 인 | 김길현
발 행 처 | ㈜ 골든벨
등　　록 | 제 1987-000018호　　ⓒ 2007 GoldenBell Corp.
I S B N | 978-89-7971-711-2
가　　격 | 18,000원

이 책을 만든 사람들

편　　　　집	이상호	디 자 인	조경미, 박은경, 엄해정
웹매니지먼트	안재명, 김경희	제 작 진 행	최병석
공 급 관 리	오민석, 정복순	오프마케팅	우병춘, 이대권, 이강연
회 계 관 리	김경아		

ⓤ04316 서울특별시 용산구 원효로 245(원효로1가 53-1) 골든벨 빌딩 5~6F
• TEL : 영업전략본부 02-713-4135 / 기획디자인본부 02-713-7452
• FAX : 02-718-5510　• http : // www.gbbook.co.kr　• E-mail : 7134135@ naver.com

이 책에서 내용의 일부 또는 도해를 다음과 같은 행위자들이 사전 승인없이 인용할 경우에는
저작권법 제93조 「손해배상청구권」에 적용 받습니다.
① 단순히 공부할 목적으로 부분 또는 전체를 복제하여 사용하는 학생 또는 복사업자
② 공공기관 및 사설교육기관(학원, 인정직업학교), 단체 등에서 영리를 목적으로 복제·배포하는 대표, 또는 당해
　 교육자
③ 디스크 복사 및 기타 정보 재생 시스템을 이용하여 사용하는 자
※ 파본은 구입하신 서점에서 교환해 드립니다.